智能系统与技术丛书

Python 自然语言理解

自然语言理解系统开发与应用实战

Natural Language Understanding with Python

[美] 黛博拉·A. 达尔（Deborah A. Dahl）著

李波 江凡 姚志浩 胡轲 刘行 译

图书在版编目（CIP）数据

Python 自然语言理解：自然语言理解系统开发与应用实战 /（美）黛博拉·A. 达尔（Deborah A.Dahl）著；李波等译 .—北京：机械工业出版社，2024.8

（智能系统与技术丛书）

书名原文：Natural Language Understanding with Python

ISBN 978-7-111-75838-9

Ⅰ. ①P…　Ⅱ. ①黛…②李…　Ⅲ. ①软件工具－程序设计②自然语言处理　Ⅳ. ①TP311.561 ②TP391

中国国家版本馆 CIP 数据核字（2024）第 098485 号

机械工业出版社（北京市百万庄大街 22 号　邮政编码 100037）

策划编辑：王春华　　　责任编辑：王春华　冯润峰

责任校对：梁　园　张　征　　　责任印制：郜　敏

三河市国英印务有限公司印刷

2024 年 8 月第 1 版第 1 次印刷

186mm × 240mm · 16 印张 · 317 千字

标准书号：ISBN 978-7-111-75838-9

定价：99.00 元

电话服务　　　网络服务

客服电话：010-88361066　　　机　工　官　网：www.cmpbook.com

010-88379833　　　机　工　官　博：weibo.com/cmp1952

010-68326294　　　金　　书　　网：www.golden-book.com

封底无防伪标均为盗版　　　机工教育服务网：www.cmpedu.com

本书献给我的孙辈Freddie和Matilda。作为不知疲倦的探险家，他们从未停止给我惊喜。他们无尽的好奇心是我灵感的源泉。

PREFACE

前　言

自然语言理解（Natural Language Understanding，NLU）是一种建模语言的方法，使得计算机系统能够处理语言文本，从而支持多种应用程序的开发。

本书是一本关于 NLU 的实用指南。阅读完本书，开发人员将学会如何将 NLU 技术应用于各个领域，同时管理人员也将学会如何明确 NLU 在解决企业实际问题时的应用范围。

本书通过基本概念和实际示例的逐步阐释，首先带你了解什么是 NLU 以及如何应用 NLU 技术。然后，本书将探讨当下流行的 NLU 方法，并提供应用每种方法的最佳实践，包括最新的大语言模型（Large Language Model，LLM）。在此过程中，本书还会介绍最实用的 Python NLU 库。通过阅读本书，你将不仅掌握 NLU 的基础知识，还将学会众多实际问题的解决方案，如数据收集、系统评估、系统改进，以及 NLU 部署与应用。其中最重要的是，本书不仅介绍一系列 NLU 方法，还会介绍在未来的工作中会用到的互联网上丰富的 NLU 资源。

本书的目标读者

对于那些对学习 NLU 感兴趣或对应用自然语言处理（Natural Language Processing，NLP）方法来解决实际问题感兴趣的 Python 开发人员（包括计算语言学家、语言学家、数据科学家、NLP 开发人员、AI 会话开发者以及相关领域的学生）来说，阅读本书将获益颇多。对于那些不具备技术背景的项目经理来说，本书的前几章也颇有趣味性。

为了深入地理解本书，读者需要具备一定的 Python 基础知识，但不需要掌握与 NLU 相关的专业知识。

本书内容

本书共 15 章，将带领读者全面而深入地理解 NLU，首先介绍 NLU 的基本概念，然后逐步讲解 NLU 应用领域和 NLU 系统开发，最后探讨如何改进已经开发的系统。

第 1 章将阐释 NLU 的基本概念，以及 NLU 与语音识别等相关技术之间的区别。

第 2 章将系统地介绍 NLU 的应用领域，并简述每种应用程序的具体需求。此外，还将列举一些以当前技术水平难以实现的应用案例。

第 3 章将概述 NLU 的主要方法及其优缺点，包括基于规则的方法、基于统计的方法和基于深度学习的方法。此外，本章还将讨论当今流行的预训练模型，如 BERT 及其衍生模型。最后，本章将讨论如何组合不同的方法形成一个解决方案。

第 4 章关注自然语言处理前的准备工作。本章首先讨论 JupyterLab 和 GitHub 等通用工具，以及它们的安装和使用方法。然后介绍如何安装 Python 和众多用于 NLU 领域的 Python 库，包括 NLTK、spaCy 以及 TensorFlow/Keras。

第 5 章将介绍如何辨别和收集用于 NLU 的数据。本章将讨论来自数据库、网络和文档的数据，以及数据的隐私性和伦理问题，还将简要介绍绿野仙踪技术（The Wizard of Oz technique）和其他通过模拟生成数据的方法。对于那些无法获得数据，或希望将自己的结果与其他研究人员的结果进行比较的读者，本章还将讨论易获得且广泛使用的语料库。此外，本章将进一步讨论文本数据预处理的基本操作，如词干提取和词形还原。

第 6 章将讨论用于获取数据整体情况的数据分析方法，包括获取词频、类别频率等数据汇总统计信息。本章还将讨论 matplotlib 等可视化工具，以及基于可视化和统计结果做出的各种类型的决策。

第 7 章将讨论在选择算法时需要考虑的各种因素，包括数据规模、训练资源以及计划的应用场合。本章还将讨论使用嵌入向量来表示语言，为定量处理自然语言做好准备。本章最后将介绍如何使用 pipeline 方法组合多种算法。

第 8 章将讨论如何将基于规则的方法用于具体的应用。本章将给出正则表达式、词形还原、句法分析、语义角色分配和本体知识等例子。本章主要使用 NLTK 库。

第 9 章将讨论如何将统计机器学习方法，如朴素贝叶斯、词频逆文档频率（Term Freguency-Inverse Document Freguency，TF-IDF）、支持向量机（Support Vector Machine，SVM）和条件随机场等，应用于文本分类、意图识别和实体提取等任务。本章将重点关注较新的方法，以及这些方法相比于传统方法的性能改进。

第 10 章将讨论基于神经网络［全连接神经网络，循环神经网络（Recurrent Neural

Networle，RNN）和卷积神经网络（Convolutional Neural Network，CNN）］的机器学习方法在文本分类、信息提取等问题上的应用。本章将对这些方法的结果与第 9 章的方法进行比较。本章还将讨论神经网络中的超参数、学习率，以及迭代训练等相关概念。本章使用 TensorFlow/Keras 库。

第 11 章将介绍当前自然语言处理领域表现最出色的方法，即 Transformer 和预训练模型。本章将深入探讨 Transformer 背后的原理，并提供一个使用 Transformer 进行文本分类的例子。本章所有代码都基于 TensorFlow/Keras Python 库。

第 12 章将讨论无监督学习方法的应用，包括主题建模等内容，强调了无监督学习在探索数据和充分利用稀缺数据方面的价值。此外，本章还将讨论部分监督学习，如弱监督学习和远程监督学习。

第 13 章将讨论模型评价的相关问题，包括数据切分（将数据切分为训练数据集、验证数据集和测试数据集）、交叉验证、评估指标（如精度、召回率、曲线下面积、消融实验、统计显著性检测和用户测试等）。

第 14 章将讨论系统维护问题。如果原始模型性能不理想，或者现实情况发生了变化，那么应该如何调整模型？本章将讨论在确保新数据不会降低现有系统的性能的前提下，如何添加新数据以及如何改变应用程序的结构。

第 15 章将提供本书的概述和对未来发展方向的展望。本章将讨论系统可能存在改进的地方，从而使系统训练得更快、适用于更具挑战性的应用程序。此外，本章还会介绍 NLU 领域的研究方向和未来技术的发展趋势。

使用本书的先决条件

本书提供了 Jupyter Notebook 格式的代码示例。要运行这些 Notebook，读者需要具备一定的 Python 编程基础，并熟悉一些基本的 Python 库。此外，还需要安装必要的软件包。

安装软件包的最简单方法是使用 pip 工具。pip 是一个优秀的 Python 包管理工具。如果你尚未在计算机上安装 pip，那么可以按照链接 `https://pypi.org/project/pip/` 提供的安装说明进行安装。

熟练掌握 Python 编程语言将有助于更好地理解本书中的关键概念。本书中的示例可以在 CPU 上运行，不需要使用 GPU，尽管一些复杂的机器学习示例在 GPU 上运行的速度会更快。

本书的所有代码示例均在 Windows 11（64 位）操作系统上通过测试，确保其可行性。本书使用的软件 / 硬件和操作系统要求如下表所示。

<table>
<tr><th>本书使用的软件 / 硬件</th><th>操作系统要求</th></tr>
<tr><th colspan="2">基本平台工具</th></tr>
<tr><td>Python 3.9</td><td rowspan="3">Windows、macOS 或 Linux</td></tr>
<tr><td>Jupyter Notebook</td></tr>
<tr><td>pip</td></tr>
<tr><th colspan="2">自然语言处理和机器学习</th></tr>
<tr><td>NLTK</td><td rowspan="5">Windows、macOS 或 Linux</td></tr>
<tr><td>spaCy 和 displaCy</td></tr>
<tr><td>Keras</td></tr>
<tr><td>TensorFlow</td></tr>
<tr><td>scikit-learn</td></tr>
<tr><th colspan="2">绘图和可视化</th></tr>
<tr><td>matplotlib</td><td rowspan="2">Windows、macOS 或 Linux</td></tr>
<tr><td>Seaborn</td></tr>
</table>

下载示例代码文件

你可以从 GitHub 网站（`https://github.com/PacktPublishing/Natural-Language-Understanding-with-Python`）下载本书的示例代码文件。如果本书的代码有更新，那么 GitHub 库中的代码也会有相应的更新。

下载彩色图片

我们还提供了一个 PDF 文件，包含本书使用的屏幕截图和图表的彩色图像。你可以从以下链接下载：`https://packt.link/HrkNr`。

排版约定

本书使用了多种文本约定，以区分不同类型的信息。

文本代码：用于表示代码示例、数据库表名、文件夹名、文件名、文件扩展名、路径名、虚拟 URL、用户输入以及 Twitter 句柄，例如“我们将使用 `ENCOAdjacencyDistributionModule` 对象建模邻接矩阵”。

以下是一段代码示例：

```
preds = causal_bert.inference(
    texts=df['text'],
    confounds=df['has_photo'],
)[0]
```

命令行输入或输出的写法如下：

```
$ pip install demoji
```

加粗字体：用于表示新术语、重要词汇或屏幕上显示的词汇。例如，菜单或对话框中的词以**粗体**显示。例如，从**管理面板**中选择**系统**信息。

致谢

在我的职业生涯中，大部分时间都专注于顾问工作。作为独立顾问，我享受到的一大好处是有机会与不同机构的各路精英一同合作。这种合作使我能够接触到多种多样的技术，这是我在一家或几家公司工作时难以获得的。

在此，我由衷感谢所有与我一同工作的同事。从我学生时代起，一直到我的整个职业生涯，我都与这些同事通力合作。感谢来自伊利诺伊大学、明尼苏达大学、宾夕法尼亚大学、Unisys公司、MossRehab、心理语言技术公司、自闭症语言治疗机构、Openstream、万维网联盟、万维网基金会、应用语音输入输出协会、今日信息、新互动、大学太空研究协会、美国宇航局阿姆斯研究中心、开放语音网络的同事们，鉴于人数众多，我无法一一列举。从他们身上，我学习到了许多宝贵的经验和知识。

ABOUT THE REVIEWERS

审校者简介

克里什南·拉加万（Krishnan Raghavan）是一位IT专业人士，从事软件开发超过20年，精通多种技术，包括C++、Java、Python、数据库、大数据等。

工作之余，除了陪伴妻女之外，克里什南还喜欢阅读小说和技术相关的书籍。克里什南是Pune志愿者组织GDG的一员，经常协助团队组织各类活动，以此方式回馈社区。克里什南目前正努力学习弹吉他，尽管取得的进展有限。

读者可以通过E-mail（mailtokrishnan@gmail.com）或LinkedIn（www.linkedin.com/in/krishnan-raghavan）联系克里什南。

我要感谢我的妻子Anita和女儿Ananya，她们提供了足够的时间和空间让我完成本书的审阅工作。

曼奈·莫塔达（Mannai Mortadha）是一位专注而且志向远大的人，以崇高的职业道德和持续的学习热情而闻名。曼奈在一个充满智力挑战的环境中成长，对通过知识和创新探索世界怀有浓厚的兴趣。曼奈的学业旅程起始于计算机科学与技术领域。他获得了计算机工程专业的学位，在编程、人工智能和计算机系统设计方面有扎实的基础。凭借卓越的解决问题的天赋和对前沿技术的好奇心，曼奈在学业上表现出色，不断寻求提升自身技能的机会。在学校学习期间，曼奈积极参与各种课外活动，包括参加编程马拉松比赛和编程竞赛。此外，曼奈曾在谷歌、Netflix、微软以及Talan Tunisie等知名公司工作，这些经历不仅锻炼了他的技术能力，还培养了他的沟通和团队合作能力。

CONTENTS

目　录

P A R T 1

第一部分

自然语言理解技术入门

第一部分主要介绍自然语言理解及其应用程序。通过学习这一部分，你将学会如何判断一个问题是否适合使用自然语言理解方法。此外，你还将了解与自然语言理解方法相关的成本和收益。本部分由以下两章组成：

- 第1章 自然语言理解方法与应用程序
- 第2章 识别自然语言理解问题

CHAPTER 1

第1章 自然语言理解方法与应用程序

我们使用自然语言通过口语和书面语形式与他人交流，这种能力是我们成为社会成员的重要因素之一。在全球范围内，幼儿开口说出第一句话的时候，都是值得庆祝的时刻。通常情况下，我们可以轻松地理解自然语言。但当一个人生病、受伤或身处异国他乡时，语言表达可能有困难，这时我们会更加清晰地意识到语言在生活中的重要性。

本章将介绍自然语言以及自然语言理解应用程序。**自然语言理解**方法广泛应用于与人机对话相关的人工智能（Artificial Intelligence，AI）系统中。此外，本章还将讨论自然语言的载体（文档、语音、数据库中的文本字段等）、自然语言类别（英语、中文、西班牙语等）、NLP 相关方法，以及用于 NLP 的 Python 编程语言。

本章将介绍以下内容：

- 自然语言基础知识
- 自然语言与字符编码
- 对话式人工智能与自然语言理解
- 交互式应用程序——聊天机器人与语音助手
- 非交互式应用程序
- Python 自然语言处理展望

这些主题将有助于全面认识 NLU 领域，了解 NLU 的用途，明确 NLU 与其他对话式人工智能应用的关系，并了解 NLU 可用于解决何种类型的问题。同时，你还将了解 NLU 应用程序为终端用户和组织机构带来的诸多好处。

在阅读完本章后，你将能够辨别出各种问题所需的 NLU 技术。无论是企业家、开发人员、学生还是研究人员，都可以根据具体需求将 NLU 技术应用到实际场合中。

1.1　自然语言基础知识

目前尚无任何技术能像人类一样通过理解自然语言从语言中提取丰富的意义。然而，对于给定的具体目标和应用，通过 NLU 方法，当前技术水平足以帮助我们实现许多实用和对社会有益的应用。

口语和书面语都十分丰富且无处不在。口语存在于人和智能系统之间的日常对话中，也存在于广播、电影和播客等媒体中。书面语存在于网络、书籍和人际交流中，如电子邮件等。书面语也存在于表格和数据库的文本字段中，这些字段可能存在于网上，但无法被搜索引擎搜索。

在经过分析后，所有这些形式的语言构成了各种应用程序的基础。本书将为基本的自然语言分析技术奠定基础，使你能够在各种应用程序中灵活使用 NLU 方法。

1.2　自然语言与字符编码

根据 `Babbel.com(https://www.babbel.com/en/magazine/the-10-most-spoken-languages-in-the-world)` 所述，尽管大多数人说的是十大语言之一，但世界上存在着成千上万种口语和书面语形式的自然语言。本书将重点关注世界上的主要语言，但需要注意的是，不同的语言会给 NLP 应用程序带来不同的挑战。例如，在中文书面语中，词之间不存在空格，而大多数 NLP 工具使用空格来识别文本中的词。这意味着在处理中文时，除了识别空格外，还需要额外的步骤来分隔中文的词。这一点可以从图 1.1 由 Google Translate 翻译的例子中看出，该例子中的中文词之间没有空格。

与大多数西方语言不同，书面中文不使用空格分隔单词

图 1.1　中文不像大多数西方语言那样用空格分隔单词

另一个需要注意的问题是，在有些语言中同一个词有许多不同的形式。一个词的尾缀反映出这个词的部分信息，如这个词在句子中所起的作用。如果你主要使用英语，你可能习惯了这种单词尾缀形式较少的情况。这使应用程序可以相对容易地计算一个词出现的频率。然而，这并不适用于所有语言。

例如，在英语中，单词 *walked* 可以用在不同的语境中，其形式相同但含义不同，例如"*I walked*""*they walked*"或者"she *has walked*"。然而，在西班牙语中，同一个动词（*caminar*）可能有不同的形式，比如 *Yo caminé*、*ellos caminaron*，或者 *ella ha caminado*。这给 NLP 带来的挑战是，可能需要额外的预处理步骤才能成功地分析这些语言中的文本。

第 5 章将讨论如何为这些语言添加额外的预处理步骤。

另一个需要记住的要点是，在不同的语言之间，可用的处理工具及其质量可能存在显著的差异。对于世界上的主要语言，如西欧和东亚语言，一般都有相当不错的处理工具。然而，对于使用人数不足 1000 万的语言，可能不存在任何处理工具，或者处理工具的效果较差。这主要是由于可用的训练数据有限，以及处理这些语言的商业兴趣较低。

开发资源相对较少的语言被称为**低资源语言**。对于这些语言，没有足够的书面语样本用于训练大型机器学习模型。也许只有极少数的使用者能够对该语言的运作机理提供见解。这些语言可能濒临灭绝，或者只有少数人群在使用。尽管为其中一些语言开发自然语言方法可能不现实，或者代价非常昂贵，但为这些语言开发 NLP 技术的方法正在积极研究中。

最后，许多常见的语言并不使用罗马字符，如汉语、俄语、阿拉伯语、泰国语、希腊语和印地语等。在处理非罗马字母语言时，重要的是要认识到工具必须能够处理各种不同的字符编码。**字符编码**用于表示各种不同书写系统中的字符。在许多情况下，文本处理库中的函数具有多个参数，这些参数允许开发人员为打算处理的文本指定适当的编码。在为非罗马字母语言选择处理工具时，必须考虑工具能否处理这些字符编码。

1.3　对话式人工智能与自然语言理解

对话式人工智能是一个广泛使用的术语，用于描述使系统可以与人类进行口头和文本交流的方法。这些方法包括语音识别、NLU、对话管理、自然语言生成和文本到语音转换。重要的是要区分这些方法，因为它们经常被混淆。虽然本书的重点放在 NLU 上，但我们也将简要介绍其他相关方法，以便了解这些方法如何组成一个整体：

- **语音识别**：也被称为**语音到文本转换**或**自动语音识别**（Automatic Speech Recognition，ASR）。语音识别是一种将语音音频转换为文本的方法。
- **自然语言理解**：基于书面语言，生成可以由计算机处理的结构化表示。输入的书面语可以是语音识别的结果，也可以是原始书面语文本。结构化表示包含了用户的**意图**或目的。
- **对话管理**：根据 NLU 的结构化输出，决定系统应该做出什么样的反应。系统反应包括提供信息、播放音乐，或执行某些操作从用户那里获取更多信息，以满足用户的意图。
- **自然语言生成**：创建文本，该文本表达了对话管理对用户问题的回复或反馈。
- **文本到语音转换**：基于自然语言生成过程创建的文本输入，该文本到语音转换模块在给定文本时生成语音音频输出。

这些模块之间的关系如图 1.2 所示，它们构成了一个完整的自然语言对话系统。本书的重点是 NLU 部分。然而，由于自然语言应用程序使用了其他模块，如语音识别、文本到语音转换、自然语言生成和对话管理，因此它们也会被偶尔提及。

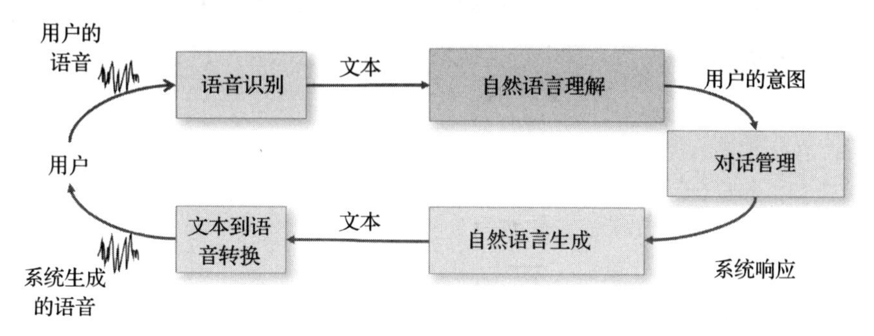

图 1.2　一个完整的口语对话系统

接下来的两节将总结一些重要的自然语言应用程序。你将了解到本书所涉及的方法及其发展潜力。希望这些广泛使用的工具及其实现能引起你的兴趣。

1.4　交互式应用程序——聊天机器人与语音助手

NLP 应用可以被大致分为两类：一类为**交互式应用程序**，其重点关注的是人机对话；另一类为**非交互式应用程序**，其重点关注的是一个文档或一组文档。

在交互式应用程序中，用户与系统能够实时交谈或互发信息。常见的交互式应用程序包括聊天机器人和语音助手，如智能音箱和客户服务应用程序等。这些应用程序的交互性要求系统要做出快速、几乎即时的响应，因为用户正在等待系统的响应。根据交谈习惯，用户通常不会容忍延迟超过几秒钟的回复。这些应用的另一个特点是用户输入通常很短，在口语交互情景下，用户的语音输入可能只有几个词或只持续几秒钟。这意味着依赖于大量可用文本的分析方法将无法很好地适用于这些应用程序。

除了 NLU 本身之外，实现一个交互式应用程序很可能还需要图 1.2 中的一个或多个其他模块。显然，具有语音输入的应用程序将需要语音识别模块，而对用户以语音或文本做出响应的应用程序则需要自然语言生成模块和文本到语音转换模块（如果系统的响应是语音）。任何需要完成多轮对话的应用程序还需要某种形式的对话管理，用于跟踪用户之前在对话中说了什么，并在后续组织系统响应时将这些信息考虑在内。

意图识别是交互式自然语言应用程序的一个重要方面，这将在第 9 章和第 14 章中进行详细讨论。意图本质上是用户在发表言论时的目标或目的。显然，了解用户的意图是为用户提供正确信息的核心。除了意图之外，交互式应用程序通常还需要识别用户输入中的**实体词**或**实体**，其中实体是系统为了解决用户意图而需要的附加信息。例如，如果一个用户说："我想预订一张从波士顿到费城的机票。"意图将是"预订机票"，相关的实体是出发地和目的地。由于预订航班还需要旅行日期，因此日期也是实体。因为用户在这句话中没有提到旅行日期，所以系统接下来应该询问用户日期问题，这个过程叫作**槽填充**（slot filling），将在第 8 章中进行讨论。实体、意图和用户所提问题之间的关系如图 1.3 所示。

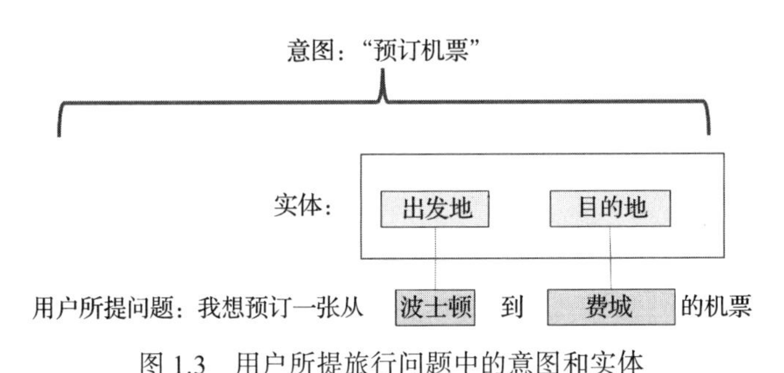

图 1.3　用户所提旅行问题中的意图和实体

请注意，意图代表一句话的整体含义，但实体只代表这句话中特定部分的含义。这个区别很重要，因为这涉及选择什么样的机器学习模型来处理这些信息。第 9 章将更详细地讨论这个话题。

1.4.1　通用语音助手

大多数人都很熟悉智能音箱或手机**通用语音助手**，如亚马逊的 Alexa、苹果的 Siri 和谷歌的 Assistant。通用语音助手能够为用户提供日常信息，包括体育比分、新闻、天气以及知名公众人物的信息。它们还可以播放音乐并控制家电设备。与这些功能相对应，通用语音助手能够识别用户问题的意图，例如，在用户问题"获取 < 地名 > 的天气预报"中，意图是"获取天气预报"，而 < 地名 > 表示一个实体。类似地，在用户问题"< 队伍名称 > 游戏的得分"中，意图是"获得游戏比分"，特定的队伍名称作为实体。这些应用程序一般知识广博，但缺乏深度。在大多数情况下，它们与用户的交谈只是基于一个或最多两个相关的实体。也就是说，在大多数情况下，这类系统无法进行深入而复杂的对话。

通用语音助手封闭且私有。这意味着开发人员很难向其添加通用功能，比如添加一种新的语言。不过，除了前面提到的语音助手之外，还有一款名为 **Mycroft** 的开源助手，它允许开发人员向底层系统添加功能，而不仅仅是使用平台所提供的功能。

1.4.2　企业助手

与通用语音助手相比，一些交互式应用程序拥有某个公司或组织的丰富信息。这些应用程序就是**企业助手**，它们被设计用来执行与某个公司有关的特定任务，如客户服务，或者提供政府或教育机构的信息。企业助手还可以做一些其他事情，比如检查订单的状态、为银行客户提供账户信息，或者让居民了解停电的情况。企业助手通常连接到包含客户或产品信息的数据库。基于这些信息，企业助手可以提供专业领域的专业信息，但知识面狭窄。例如，企业助手可以告诉你某家公司的产品是否有库存，但它并不知道你最喜欢球队的最新比赛结果，而这是通用语音助手非常擅长的。

尽管存在一些开源工具，如 RASA（`https://rasa.com/`），但企业语音助手通常使用诸如 Alexa Skills Kit、Microsoft LUIS、Google Dialogflow 或 Nuance Mix 等开发工具。这些工具功能强大，且易于使用。使用这些工具，只需要开发人员提供包含意图和实体的样本，应用程序就可以在用户的话语中找到这些意图和实体，从而理解用户想要做什么。

与语音助手类似，基于文本的聊天机器人可以执行相同类型的任务，但聊天机器人从用户那里获取的是文本信息而不是语音信息。聊天机器人在网站上变得越来越普遍，它们可以提供网站上的许多信息。由于用户能够轻松地表达出他们感兴趣的内容，因此聊天机器人可以避免用户在非常复杂的网站中进行信息搜索。在很多情况下，用于开发语音助手的工具同样可以用于开发基于文本的聊天机器人。

因为创建应用程序只需要少量编码，所以本书不会在商业工具上花费太多时间。相反，本书将专注商业工具背后的方法，这将使开发人员能够在不依赖商用框架的情况下实现应用程序。

1.4.3　翻译

翻译是交互式应用程序的第三个主要类别。与前面介绍的助手不同，翻译应用程序帮助用户与他人交流沟通，即用户不再与助手进行对话，而是与另一个人进行对话。实际上，这些应用程序扮演了一个翻译的角色，可以翻译两种不同的人类语言，以使两个使用不同语言的人能够相互交谈。这些应用程序可以基于口语或打字输入。虽然口语输入更快、更自然，但如果出现语音识别错误（这是常见的），那么这种错误可能会显著干扰人与人之间交流的流畅性。

在谈论简单主题（例如旅游信息）时，交互式翻译应用程序最实用。对于复杂话题，例如商务谈判，交互式翻译应用程序可能表现不好，因为话题的复杂性会导致过多的语音识别错误和翻译错误。

1.4.4　教育

最后，**教育**是交互式 NLU 的一个重要应用领域之一。语言学习可能是最自然的教育应用程序之一。例如，有一些应用程序可以让学生用正在学习的新语言与应用程序进行交谈。相比于与他人练习对话，这些应用程序更具优势，因为应用程序始终保持一致，不会感到厌烦，而且用户即使犯了错误也不会感到尴尬。其他教育应用程序还可以帮助学生阅读、学习语法，或辅导学生课程等。

图 1.4 是各种不同类型交互式应用程序及其关系的总结。

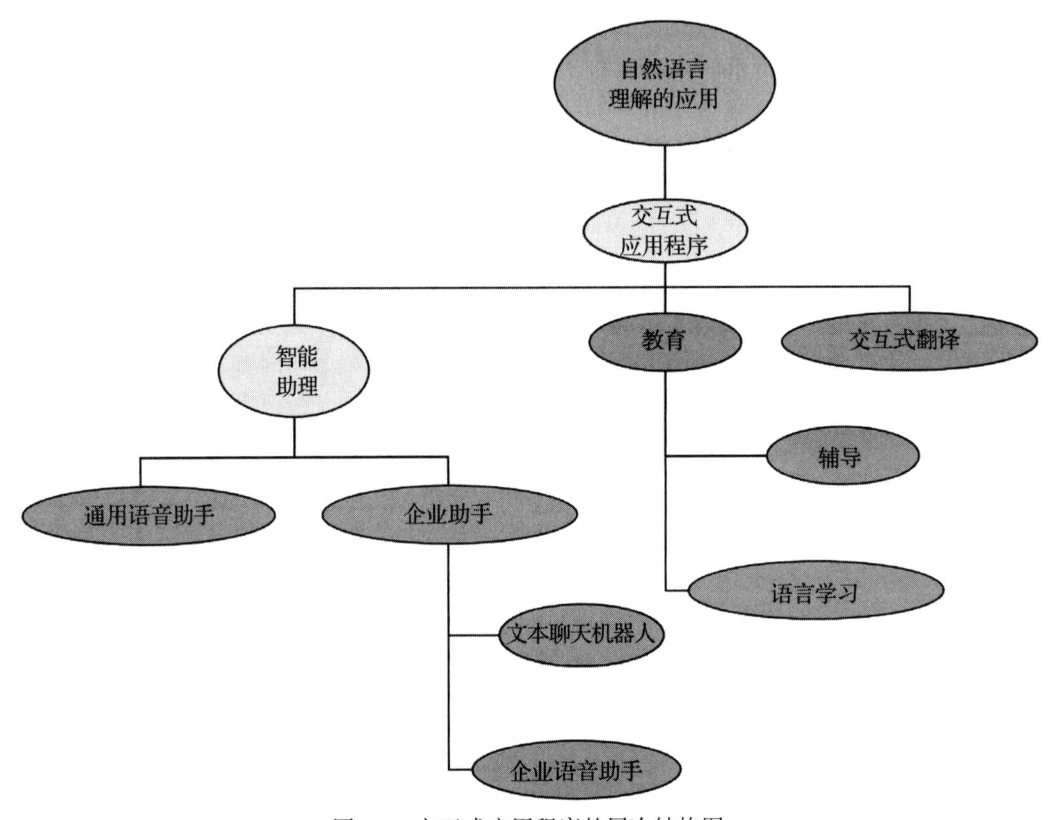

图 1.4　交互式应用程序的层次结构图

到目前为止，本节已经介绍完了交互式应用程序。在这些应用程序中，终端用户可以直接与 NLP 系统对话，或者向系统实时输入文本。这些应用的特点是用户输入短，需要系统快速响应。下面我们将探讨非交互式应用程序，即在没有用户的情况下分析语音或文本。要分析的材料可以是任意长的，且处理时间不必是即时的。

1.5　非交互式应用程序

自然语言应用程序的另一种主要类型是非交互式应用程序（或离线应用程序）。在这些应用程序中，由 NLU 模块完成主要工作，通常不需要图 1.2 中的其他模块。非交互式应用程序处理现有文本，没有用户在场。这意味着无须实时处理，因为用户并没有在线等待答案。同样，非交互式应用程序不必等待用户下一句说什么，因此在许多情况下，处理速度比交互式应用程序更快。

1.5.1 分类

非交互式自然语言应用程序的一个非常重要且广泛的应用场景是文档**分类**，即根据文档的内容将文档分配到不同的类别中。多年来，分类一直是NLP领域的一个主要应用，并且已有各种不同方法来解决这个问题。

分类的一个简单例子是互联网上回答用户常见问题（Frequently Asked Question，FAQ）的应用程序，它首先对问题进行分类，然后提供之前为每个类别准备的答案，从而**回答**用户的常见问题。对于这个应用程序，与允许用户从列表中选择问题相比，分类系统是一个更好的解决方案，因为应用程序可以将问题自动分类到数百个FAQ类别中，从而使用户免于浏览庞大的类别列表。另一个有趣的文本分类例子是根据影评或剧情摘要等信息自动判断电影的类型。

1.5.2 情感分析

情感分析是分类问题的一种，其目标是将文本（例如产品评论）分类为表达正面或负面情绪的文本。听起来感觉只需要寻找正面或负面的词就可以完成情感分析任务，但通过下面这个例子可以看到，尽管这段文本有许多负面的词和短语（担心、坏掉、问题、退货、疼），但该评论实际上是正面的：

“虽然这把椅子坐起来很舒服，但我担心可能会使用不久就会坏掉，因为椅子腿太细。结果这并不是问题。我本以为我需要退货，但我没有遇到任何问题，而且这是唯一一把使用起来后背不疼的椅子。”

考虑到上下文语境，需要使用更复杂的NLP方法去判断这是一个正面的评论。情感分析是一个非常有价值的应用，因为如果有成千上万条产品评论，而且还不断有新的产品评论出现，那么公司很难手动完成这一分类工作。企业不仅希望了解客户如何看待自己的产品，而且希望比较竞争产品的评论与自身产品的评论，这对企业来说也是非常有价值的。如果有数十种类似的产品，这将会大大增加用于分类的评论数量。文本分类应用程序可以自动化文本分类工作。文本分类是一个非常活跃的NLP研究领域。

1.5.3 垃圾邮件与网络钓鱼检测

垃圾邮件检测是另一个非常有价值的分类应用程序，其目标是将电子邮件分类为用户想要浏览的正常邮件和应该丢弃的垃圾邮件。这个应用程序不仅实用，而且具有挑战性，因为垃圾邮件发送者不断尝试规避垃圾邮件检测算法。这意味着垃圾邮件检测方法必须随着创建垃圾邮件方法的发展而发展。例如，垃圾邮件发送者经常拼错一些可能代表该邮件是垃圾邮件的关键词，比如用数字 1 替换字母 l，或用数字 0 替换字母 o。虽然这种拼写错误的单词对人类阅读没有影响，但它与计算机寻找的关键词将不再匹配，因此必须开发垃圾邮件检测方法来发现这些小把戏。

与垃圾邮件检测密切相关的是检测恶意文本消息，恶意文本消息或者包含试图攻击用户的信息，或者包含恶意链接或文档，一旦用户点击这个链接或打开这个文档，恶意软件就会加载到计算机系统中。在大多数情况下，垃圾邮件只是令人讨厌，但网络钓鱼更严重，因为如果用户点击了一个网络钓鱼链接，则可能会产生极具破坏性的后果。因此，任何提高网络钓鱼信息检测的方法都是非常有益的。

1.5.4　虚假新闻检测

另一个非常重要的应用是**虚假新闻检测**。虚假新闻是指那些看起来非常像真实新闻，但包含的信息并非事实的文本，其目的在于误导读者。与垃圾邮件检测、网络钓鱼检测一样，虚假新闻检测同样具有挑战性，因为制造虚假新闻的人都在积极地尝试规避检测。检测虚假新闻不仅对维护社会安全很重要，而且从平台的角度来看也很重要，因为用户会逐渐不信任那些报道虚假新闻的信息平台。

1.5.5　文档检索

文档检索的任务是根据用户的搜索文本提供满足用户搜索查询的文档。这方面最好的例子是我们每天都要进行多次的网络搜索。网络搜索是最为人熟知的文档检索示例，但文档检索方法也适用于在任意一组文档中查找信息，例如，文档可以是数据库或表单的文本字段。

文档检索基于用户查询文本和已有文档之间的良好匹配，因此需要同时分析用户的查询文本和文档。可以使用关键词搜索完成文档检索任务，但简单的关键词搜索容易出现两种错误。首先，查询中的关键词可能与文档中匹配的关键词有着不同的含义。例如，如果一个用户在寻找 glasses，他需要的是戴在眼睛上的眼镜，而不是喝酒用的杯子（注意，眼镜和杯子在英文中都是 glasses）。另一种错误是由于关键词不匹配而找不到相关结果。如果用户只使用了关键词 glasses，就可能发生这种情况，即错过使用关键词 spectacles 或 eyewear 找到的结果，即使用户对这些结果感兴趣。使用 NLP 方法代替简单的关键词查找技术可以提供更准确的结果。

1.5.6　分析

NLP 领域的另一个重要且广泛的应用是分析。**分析**是 NLP 一系列应用的总称。分析试图从文本中获取信息，这里的文本一般是语音转录的文本。一个很好的例子是查看电话客服中心服务电话的转录文本记录，以发现客服混淆了客户的问题或向客户提供了错误信息的情况。分析的结果可以用于电话客服中心的客服培训。分析还可用于审查社交网站上的帖子，以寻找当前热门话题。

1.5.7　信息抽取

信息抽取是另一种 NLP 的应用类型。信息抽取从诸如报纸文章之类的文本中提取结构化信息，这种信息可以用来填充数据库。例如，可以从新闻报道的文本中抽取一个事件的日期、具体时间、参与者和地点等重要信息。这些信息与之前讨论聊天机器人和语音助手时所提到的意图和实体非常相似，我们会发现这两种类型的应用程序使用许多相同的处理方法。

在信息抽取应用程序中，还有一个任务是**命名实体识别**（Named Entity Recognition，NER），用于识别人物、组织和位置在文本中的指代。在报纸文章等长文本中，通常用多种方法来指代同一个人。例如，“乔・拜登”可能被称为“总统”“拜登先生”“他”，甚至“前副总统”等。在识别对“乔・拜登”的指代词时，信息抽取应用程序还必须避免将“拜登博士”误解为“乔・拜登”，因为“拜登博士”指的是他的妻子。

1.5.8　机器翻译

语言之间的翻译（也被称为**机器翻译**）自出现以来一直是最重要的 NLP 应用之一。总体上，机器翻译尚未完全解决，但在过去几年取得了巨大的进展。互联网上机器翻译的应用，如谷歌翻译（Google Translate）和必应翻译（Bing Translate），在文本翻译（例如翻译网页）上表现得非常好，尽管肯定还有改进的空间。

谷歌和必应等机器翻译应用程序在某些类型的文本上效果较差，例如，包含大量专业词汇的技术文档或包含朋友间使用的口语的文本。根据维基百科的说法，谷歌翻译可以翻译 109 种语言。然而，需要注意的是，对于使用人数较少的语言，其翻译准确率要低于使用人数较多的语言。

1.5.9　其他应用程序

正如人类可以阅读和理解文本一样，许多应用程序也能够阅读和理解文本，为人们提供帮助。抄袭检测、语法纠错、学生作文自动打分、基于文本的作者身份识别，这些只是 NLP 应用的一小部分。长文本自动总结和复杂文本简化也非常重要。这两种方法常用于原始输入是非交互式语音的情况，如播客、YouTube 视频或广播。

图 1.5 是对非交互式应用程序的图形化总结。

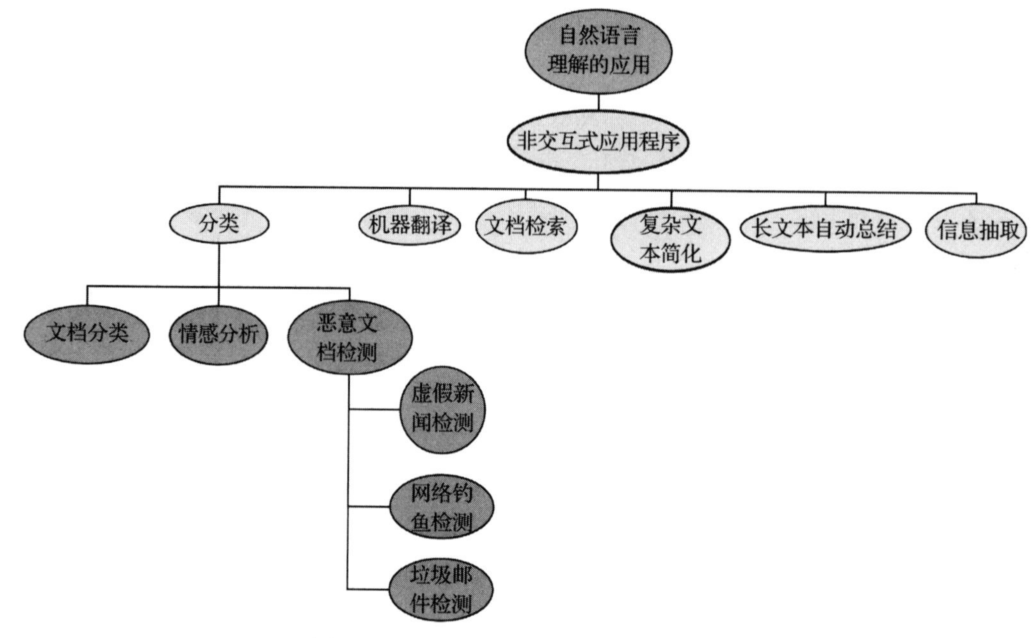

图 1.5 非交互式应用程序的层次结构图

图 1.5 显示了上述讨论的非交互式应用程序之间的关系。很明显，分类是一个主要的应用领域，第 9 章、第 10 章和第 11 章将继续深入探讨分类问题。

1.5.10 应用程序类型总结

前面几小节概述了不同类型的交互式和非交互式应用程序及其之间的关系。很明显，NLP 可以用于解决许多重要的问题。本书的剩余部分将深入研究适合解决各种不同类型问题的具体方法，你将学习如何针对具体问题选择最有效的方法。

1.6 Python 自然语言处理展望

传统上，NLP 使用各种计算机语言，从早期的专用语言（如 Lisp 和 Prolog）到更现代的语言（如 Java），现在使用的则是 Python。目前，Python 可能是 NLP 领域最流行的编程语言，部分原因是它可以相对快速地实现有趣的应用，而且开发人员能够快速获得关于其想法结果的反馈。

Python 的另一个主要优点是存在大量实用的、经过充分测试的而且文档完备的 Python 库。可应用于 NLP 问题的 Python 库有 NLTK、spaCy、scikit-learn 和 Keras 等。

接下来的章节将详细探讨这些库。除了这些库之外，本书还将使用 JupyterLab 等开发工具。Stack Overflow 和 GitHub 网站也提供了非常有价值的 NLP 资源。

1.7 本章小结

本章介绍了自然语言的基础知识和 NLU 的应用。本章还研究了对话式人工智能和 NLU 之间的关系，并探索了交互式和非交互式应用程序。

第 2 章将讨论针对一个实际应用选择 NLU 方法时需要考虑的因素。虽然有很多 NLU 方法可以完成这个应用，但对于目前的技术水平来说，有些方法可能难度太大。其他看似很适合用 NLU 解决的问题，实际上存在更简单的解决方法。第 2 章将探讨如何识别适合实际问题的 NLU 方法。

CHAPTER 2

第 2 章

识别自然语言理解问题

在本章中，你将学习如何识别适合当前技术水平的**自然语言理解**问题。这意味着这些问题对于最前沿的 NLU 方法来说不困难，但也不能通过简单的非 NLU 方法来解决。实际的 NLU 问题还需要足够的训练数据，因为训练数据不足会影响 NLU 系统的性能。此外，一个好的 NLU 系统需要有合理的开发和维护成本。虽然本章将讨论的这些因素大多属于项目经理考虑的范畴，但它们也适用于那些正在寻找研究项目或研究论文题目的学生。

在启动一个与 NLU 相关的项目之前，首先要问的问题是：项目目标是否适合当前 NLU 技术水平，NLU 方法是否能解决你所面临的问题？这个问题的难度与当前 NLU 技术水平相比如何？

在最初阶段就确定问题的性质至关重要。一个问题有不同程度的解决方式。如果项目要求的是原型展示或概念验证，那么解决方案则不必与要求系统部署的解决方案一样，因为需要系统部署的解决方案是为每天稳健地处理数千个用户输入而设计的。同样，如果问题是一个前沿的科研问题，那么对当前技术水平的任何改进都是有价值的，即使从应用型项目角度看这个问题没有被完全解决。解决方案的完整性也是在思考要解决的问题时需要做出的决定之一。

在项目启动阶段，项目经理或负责技术的开发人员就应该确定项目完成时可以接受的系统准确率水平，需要注意的是，在几乎所有的自然语言应用中，实现 100% 的准确率是不可能的。

本章将详细介绍如何识别适用于 NLU 的问题。遵循本章所讨论的原则，你将能够开发一个优质高效的系统，为用户解决实际的问题。

本章将介绍以下内容：

- 识别适合当前技术水平的问题
- 自然语言理解难以解决的问题
- 不需要自然语言理解的应用程序
- 训练数据
- 应用数据
- 开发成本
- 维护成本
- 决定是否使用自然语言理解的流程

2.1 识别适合当前技术水平的问题

> **请注意**
>
> 本章主要关注技术和方法。其他因素（如市场可行性或客户吸引力等问题）同样重要，但不在本书的讨论范围之内。

当今的 NLU 方法擅长处理单一固定任务，以下是一些非常适合当前 NLU 技术水平的项目示例：

- **将产品评论分类为正面评论和负面评论：**在线商家通常为消费者提供评论所购买产品的机会，这对其他潜在的消费者和商家都有帮助。但大型在线零售商面临着如何处理成千上万条评论的挑战。人工审查每条评论几乎不可能，因此需要一个自动化的商品评论分类系统。
- **自动回答诸如账户余额或最近交易信息等银行基本业务问题：**银行等金融机构都设有客服电话中心，专门处理客户问题。通常，客户电话询问的问题都相对简单，如查询账户余额等。银行可以根据客户的账号信息查询银行数据库，从而获得客户问题的答案。一个自动化系统可以通过询问来电者银行账号等所需信息来处理这些问题。
- **简单的股票交易：**股票买卖通常非常复杂，但在许多情况下，用户只是想购买或出售某个公司一定数量的股票。完成这种交易只需要几个关键信息，例如股票账号、公司名称、股票数量以及是购买还是出售股票等。
- **包裹追踪：**包裹追踪通常只需包裹账号，通过查询包裹账号可以告诉用户包裹的状态。虽然在线包裹追踪很常见，但有时人们无法访问互联网。使用基于**自然语言处理**方法的语音应用程序，用户只需打个电话即可追踪包裹。
- **转接客户问题至正确的客服代表：**很多客户问题需要由人工客服回答。对于这些客户，电话客服中心的 NLU 系统可以将客户转接至适合的部门以获取人工客服服务。NLU 系统可以询问客户打电话的原因，分析客户的请求，然后自动地将电话转接至处理该问题的专业客服或部门。

- **提供天气预报、体育比赛成绩和历史事实等信息**：这类应用的特点是请求中包含具体明确的参数。例如，查询体育比赛成绩，参数可能是一个球队的名字，也可能是一场比赛的日期；查询天气预报，参数包括位置和时间。

所有这些应用的特点是有明确、正确的答案，并且用户的输入语言相对简单。这些都是适合当今 NLU 技术水平的项目。

下面将详细介绍提供天气预报、体育比赛比分和史实信息的系统，以解释为什么这些应用非常适合当今的 NLU 技术。

图 2.1 展示了一个可以提供各种不同城市天气预报的应用程序示例。当用户询问“纽约市明天的天气如何”时，系统开始工作。请注意，用户提出的是一个单一的、简短的查询，请求获取特定信息——特定日期、特定地点的天气预报。NLU 系统需要检测意图（天气预报）、实体（地点和日期）。这些都相对容易获取，因为实体非常独特，而且天气预报这一意图也不太可能与其他意图混淆。这使得 NLU 系统能够直接将用户的问题转换为适合气象服务网站处理的结构化信息，如图 2.1 所示。

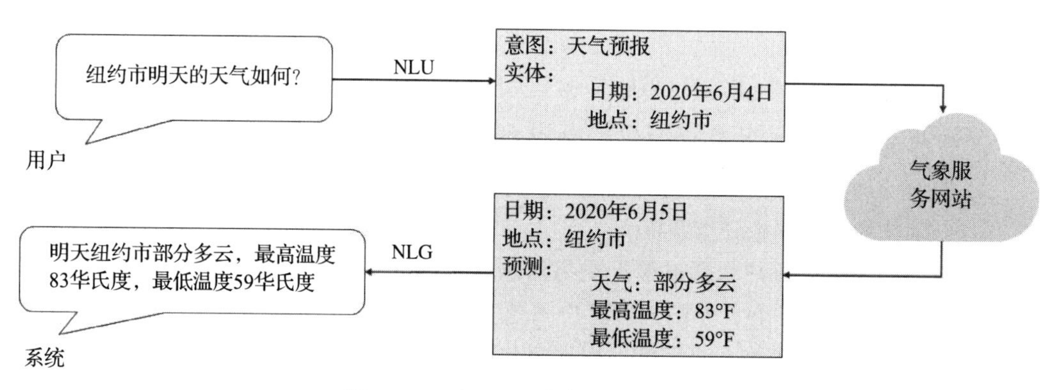

图 2.1　一个 NLU 的实际应用示例

虽然被请求的信息不太复杂，但还是存在许多询问方式。因此，列出一个用户可能问的问题列表并不切实际。表 2.1 展示了一些查询天气的问题。

表 2.1　查询天气的多种问题

几个与问题“纽约市明天的天气如何？”相同的问题
明天纽约的天气会怎么样？
明天纽约的天气如何？
我想要纽约市明天的天气预报。
请问明天纽约的天气。
纽约明天的天气预报。
明天纽约市的天气预报。

这个查询天气的应用是一个典型的 NLU 应用，因为很容易从气象服务网站获取用户所询问的信息（天气预报），而

且气象服务网站还提供了**应用程序接口**（Application Programming Interface，API）。这使得开发人员可以向气象服务网络发送查询信息，并得到以结构化表示的用户所需信息。然后，开发人员可以选择如何向用户呈现这些信息，例如以文本形式、图片形式或文本与图片相结合的形式。

如图 2.1 所示，开发人员选择使用自然语言来表示信息。因此，使用**自然语言生成**（Natural Language Generation，NLG）模块将结构化信息转换为自然语言作为输出。其他展示方式可以是图像展示，例如部分被云层覆盖的太阳的图片，也可以直接展示气象服务网站提供的信息。然而，只有 NLG 适用于语音应用（如智能对话系统），因为语音应用系统无法显示图像。

在天气预报等应用程序中使用 NLU 的最大好处是，尽管用户可以以众多方式提出同一个问题，但 NLU 可以以相同的意图处理该问题，如表 2.1 所示。

表 2.1 展示了查询天气的多种说法或同义问题。这些说法只是询问天气的一些可能方式。即使是一个简单的问题，也存在多种不同的提问方式。如果我们可以列出一个问题的所有问法，那么即使列出的问法很多，NLU 也没有存在的必要了。

理论上，我们可以列出一个问题的所有问法，并将它们映射为结构化的查询信息。但实际上，即使是一个简单的查询天气问题，也很难列出人们问这个问题的所有说法。如果一个用户碰巧问了一个不在列表中的问题，那么系统将无法响应。这可能会让用户感到困惑，因为用户不理解为什么当问类似的问题时系统可以工作，但当问这个问题时系统没有回应。NLU 系统应该具备处理表述稍有不同但意思相同问题的能力。

正如本节所示，如果一个应用程序具有清晰且易于识别的意图和实体，并且可以从网络中获取明确的答案，那么使用当前的 NLU 方法，这个应用程序成功的机会很大。

现在，让我们转向那些不太可能成功的应用程序，因为这些应用程序所需要的 NLU 技术超越了当前技术水平。

2.1.1　自然语言理解难以解决的问题

如何判断一个问题是否过于复杂，超出了当前 NLU 技术水平？首先，需要明确一个问题过于复杂是什么意思。以下是一些试图将 NLU 方法用于超出当前技术水平问题可能导致的后果：

- 系统无法可靠地理解用户的问题。
- 系统的回答将包含错误，因为系统误解了用户的问题。
- 系统将频繁地回答“我不知道”或“我不能这么做”，导致用户体验变差，使用户决定不再使用该应用程序。

需要牢记的是，当前技术水平正在迅速提高。最近，随着 ChatGPT 等基于云的大语言模型的出现，NLU 领域取得了显著的进展。一些现在看似非常困难的应用程序将会变得不再困难。

现在，让我们来探讨当今 NLU 方法难以解决的问题的一些特点。

1. 要求系统具有常识和判断能力

与 2.1 节的天气查询示例不同，需要判断能力的问题往往没有正确答案，甚至没有合理的近似答案。寻求建议便是这类问题之一，给别人提建议需要考虑许多复杂的因素。以下是一些相关的例子：

- 我应该学习 Python 吗？
- 我应该接种 COVID 疫苗吗？
- 我应该买电动车吗？
- 现在是购房的最佳时机吗？

要回答第一个问题，系统需要了解用户的相关情况，比如用户是否已经有编程基础以及用户学习 Python 编程的目的是什么。基于大语言模型的对话系统（如 ChatGPT）通常以通用的方式回应此类问题，例如提供一些大多数人在购房时考虑的问题，但系统无法给用户提供具体且具有针对性的建议，因为系统对用户的情况一无所知。

要求对话系统提供主观意见的问题也具有挑战性，例如：

- 历史上最杰出的电影是哪一部？
- 20 世纪最杰出的演员是谁？
- 用什么好方法可以在半小时内完成烹饪鸡肉？

要完全回答这类问题，系统需要具备常识，例如 20 世纪的演员都有谁。系统可以给出一个随机答案来回答这类主观问题，例如随机选择一部电影并宣称这部电影是有史以来最优秀的电影。然而，随机选择的电影甚至可能不是一部好电影，更不用说是有史以来最杰出的电影了。

在这种情况下，如果用户提出后续问题，那么系统就无法解释或证明自己的观点。所以，如果用户询问系统是否应该购买电动汽车，那么系统可能会简单回答“可以”，但无法提供具体的原因。实际上，当今许多系统可能很难意识到用户提出的问题是一个主观问题。就像那些需要用户信息才能给出针对性答案的问题一样，基于大语言模型的系统会对主观问题给出一些通用答案，但它们会明确表示自己无法处理主观问题。

2. 要求系统处理假设和与事实相反的问题

另一个困难的领域是处理虚构或可能并非事实的问题。当用户询问一些可能发生的事情时，用户的询问往往是一个假设的问题。当今最先进的系统擅长提供具体信息，但在推理方面仍有不足。以下是一些示例：

- 如果我有 15 000 美元的预算，并且我自己亲自动手参与建设，那么我应该建多大的露台？

- 如果有 6 个人，那么我应该订购多少个比萨？
- 如果天气预报显示明天不下雨，那么请提醒我给植物浇水。

同样，系统也不擅长逻辑推理。例如，考虑这句话，“我想找一家附近的亚洲餐厅，但不要日本餐厅。”要正确回答这个问题，系统必须找到亚洲餐厅，同时它必须明白，它应该从列表中排除日本餐厅，尽管日本餐厅也是亚洲餐厅。

3. 要求系统结合语言与传感器信息

一些非常有趣的应用程序涉及语言、相机、麦克风等信息的结合。这种应用程序被称为**多模态**应用程序，因为它们整合了多种信息模态，包括语音、图像以及非语音音频（例如音乐）：

- 这个蛋糕做好了吗？（把相机对准蛋糕）
- 我的车发出的是什么声音？（把麦克风靠近汽车引擎）

这些应用程序目前已经超越了当今商用 NLU 的技术水平，尽管它们可能适用于科研项目。目前，这些应用也超出了大语言模型的能力范围，因为大语言模型只能理解文本输入[㊀]。

4. 要求系统集成通用与专业知识

当用户与 NLU 系统交互时，通常用户有想要完成的目标。在很多情况下，系统拥有用户所不具备的特定领域知识或专业知识，用户希望获取这种专业知识。但是，为系统提供大量的知识非常困难。现在有的网站接口提供简单信息，例如体育比分和天气情况。一些系统（如 Wolfram Alpha）可以回答更复杂的问题，例如科学知识。

另外，回答那些需要专业知识才能解答的问题（例如医学知识）更加困难，因为这类知识的来源难以获取。此外，来源不同的信息可能存在不一致甚至矛盾的情况。当前，互联网是获取大部分知识的主要来源，也是大语言模型的主要信息来源。然而，互联网上的知识可能包含错误、不一致或不适用于特定问题，因此使用时必须谨慎。

以下是一些对于当前 NLU 方法来说具有挑战的例子：

- **回答复杂的技术问题：**对于“我无法连接到互联网”这样的问题，需要给系统提供关于互联网连接以及故障排除的详细信息。系统还必须了解实时信息，例如用户所在地区是否存在互联网中断问题。
- **回答需要理解人际关系的问题：**“自从我和我朋友的男友约会后，我朋友就不再和我交往了。我该怎么办？”这需要系统充分理解“约会”这个概念，甚至涉及不同文化中约会的不同定义，这样系统才能对这样的问题给出一个满意的答案。
- **阅读一本书并告诉我是否会喜欢这本书：**系统目前难以阅读和理解整本书，因为像书籍这样的长文本包含非常复杂的信息。要回答这个问题，系统不仅需要读一

㊀ 当前的大语言模型可以处理多模态信息。——译者注

本书，还需要充分了解用户的阅读喜好。

- **阅读一篇医学杂志论文并告诉我这篇论文的研究结果是否适用于我的病症：** 回答此类问题需要系统熟知用户的健康状况和医疗记录，以及具备理解医学术语和解释医学研究结果的能力。
- **理解幽默：** 理解幽默通常需要丰富的文化知识。例如，一个系统无法通过一些知识来理解传统笑话："为什么鸡要过马路？为了到马路的另一边。"这个笑话之所以有趣，是因为在这个笑话中，这只鸡过马路的理由显而易见但又颇具幽默感。系统难以理解这种幽默，并且无法解释为什么这个笑话有趣。这只是众多笑话中的一个，理解这个笑话并不能帮助系统理解其他笑话。
- **理解修辞：** 当用户说"我能吃一匹马"时并不意味着用户真想吃一匹马，只是意味着用户非常饿。系统必须能够识别这是修辞手法，因为马通常很大，没有人能一次吃掉一匹马，无论这个人有多饥饿。然而，如果用户说"我能吃一个比萨"，那么通常是字面意思而不是修辞手法，表示用户真想吃一个比萨。
- **理解讽刺：** 如果某本书的评论中有这样一句评论："作者是一个真正的天才"，那么评论者可能只是表面上说作者是一位不折不扣的天才，但实际上是在讽刺作者根本不是天才。如果后一句话是"我三岁的孩子可以写一本更好的书"，那么我们可以确定第一句话是有意要讽刺作者。NLU 系统无法理解讽刺，系统不知道三岁孩子不可能写出好书。所以评论者说这本书比三岁孩子写的书还差，是说这本书很糟糕。
- **能够运用复杂的知识：** 作为复杂知识的一个例子，考虑这句话"我的蛋糕就像煎饼一样扁平，出什么问题了？"要回答这个问题，系统必须理解蛋糕不应该是扁平的，而煎饼通常是扁平的。系统还必须明白用户说的是烤熟的蛋糕，因为生蛋糕通常是扁平的。一旦系统把所有这些事情都弄明白了，系统还必须充分了解烘焙过程，才能给出建议，解释蛋糕为什么是扁平的。

这些应用中的共同特点是通常没有一个后端数据源可以提供明确的答案。这意味着没有一个数据源供开发人员查询来回答这样的问题。例如，当用户提问"现在是不是买电动汽车的最佳时机？"时，与之前的天气预报例子形成了鲜明对比，因为在天气预报例子中，开发人员可以访问后端数据源获取信息，从而回答用户的问题。

因此，与其尝试使用单一的后端数据源来回答用户的问题，另一种策略是进行网络搜索。然而，熟悉网络搜索的人都知道，搜索结果可能多达数百万条（例如，"现在是不是买电动汽车的最佳时机？"的搜索结果数量有将近二十亿条），更糟糕的是，这些答案之间可能不一致。一些网页声称现在是买电动汽车的最佳时机，而其他页面声称现在不是。因此，在没有良好数据源的情况下，使用网络搜索来回答这些问题可能不会成功。然而，整合来自网络的信息是大语言模型的一个优势，所以如果网络提供了这些信息，像 ChatGPT 这样的大语言模型就能够利用这些信息。

5. 用户意图不明确的问题

用户并不总是能够清晰地表达他们的意图。举个例子，假设一个游客正在参观一个陌生的城镇，这个城镇提供一个电话查询公共交通信息的服务。如果游客打电话问：“从万豪酒店到市场街 123 号应该乘坐哪趟火车？”那么系统的回答可能是：“你无法乘火车从万豪酒店到达市场街 123 号。”或者提供一条耗时六个小时的绕行火车路线。

人工电话客服则可以理解客户的目的是从万豪酒店到市场街 123 号，而火车只是客户猜测两地之间最佳的交通工具。在这种情况下，人工电话客服可能会这样回应：“这两地之间没有适合的火车路线；你是否想了解其他交通工具？”这对于人工客服来说是件很自然的事情，但对于自动语音系统来说这非常困难，因为系统需要推断用户的真正意图是什么。

6. 要求系统理解多种语言

正如第 1 章所讨论的那样，某些语言的 NLP 方法比其他语言更成熟。如果系统需要与说不同语言的用户（通过语音或文本）进行交流，那么必须开发每种语言的语言模型。系统可能在处理某些语言时表现出更高的准确率，而在处理某些语言时表现得非常差。根据当前的技术水平，NLP 技术能够处理欧洲的主要语言、中东使用的语言和亚洲使用的语言。

在一些应用程序中，系统必须根据用户的输入在不同语言之间进行切换。要做到这一点，系统必须能够仅通过声音或文字识别不同语言。这项技术被称为**语言识别技术**。识别常用的语言并非难事，但识别不常用的语言十分困难。

某些语言的训练数据很少，例如，使用人数少于 100 万的语言。该语言的研究可能还不足够好，以至于难以为该语言开发自然语言应用程序。

比理解多语言更困难的是在同一个句子中混合了两种或多种语言。人们在同一地区使用多种不同的语言，这种情况经常发生。此时，人们通常假定每个人都理解当地各种不同的语言。在同一个句子中混合使用不同的语言被称作**语码转换**。处理存在语码转换的句子比处理多语言应用中的句子更加困难，因为系统必须在句子中的任何一处为识别单词的语言做好准备。这对于当前的技术水平来说是一个挑战。

我们已经探讨了许多难度超越当今 NLP 技术水平的应用程序。现在，让我们转向那些过于简单的应用程序。

2.1.2 不需要自然语言理解的应用程序

除了上述过于复杂的应用程序，本节考虑一些过于简单的应用程序，即可以采用比 NLP 方法更简单的解决方案的应用程序。这些应用程序涉及的问题难度较低，无须使用 NLP 技术。

自然语言的特点是输入不可预测且词到语义之间是非直接映射的。取决于语境，不同的词可以具有相同的意思，而同样的词也可以表达不同的含义。如果输入和含义之间存在简单的一对一映射关系，则不需要使用 NLP 技术。

1. 可用正则表达式解决的问题

第一种不需要 NLU 方法的情况是，输入文本限定在一个有限的集合内，比如城市、州或国家。在系统内部，这些输入可以表示为一个列表，并可以通过查表的方式进行分析。虽然某些输入存在同义词（例如，UK 表示 United Kingdom），但是同义词也可以被添加到列表中，从而解决此问题。

一个稍微复杂但仍然可以解决的问题为，系统的输入按照某些规则组合而成。在这种情况下，也不需要 NLP 方法，因为输入是可预测的。一个典型的例子为电话号码，电话号码有固定的、可预测的格式。另一个典型例子为日期，虽然日期的形式更加多样化，但变化仍然有限。除了这些通用的表达式之外，在特定的应用中，通常还需要分析诸如产品 ID 或序列号等特定格式的表达式。这些类型的输入可以用正则表达式来识别。正则表达式是一种字符（字母、数字或特殊字符）组合的规则。例如，正则表达式 `^\d{5}(-\d{4})?$` 可以匹配美国邮政编码，其格式要么是 5 位数字（`12345`），要么是 5 位数字加一个连字符再加 4 位数字（`12345-1234`）。

如果应用程序中的所有输入都是这些类型的短语，那么正则表达式就足以胜任这项工作，无须使用 NLP 方法。如果整个问题都可以用正则表达式解决，那么就不需要 NLP 方法。如果只有一部分问题可以用正则表达式解决，而另一部分需要使用 NLP 方法解决，那么可以将正则表达式与 NLP 方法结合使用。例如，如果文本中包含格式化的数字（如电话号码、邮政编码或日期），那么可以使用正则表达式仅分析这些数字。Python 提供了正则表达式的库，第 8 章和第 9 章将讨论 NLP 方法和正则表达式的联合应用。

2. 源于已知词汇表的待识别的输入

如果输入仅来自一个集合，则无须使用 NLP 方法。例如，如果输入只是美国的一个州，那么应用程序可以直接匹配州的名称。如果输入不但包含来自一个集合的词，还包含用户添加的其他词，那该问题就变为了**关键词识别**问题。在这种情况下，希望系统给出集合中的词，而忽略不相关的词，例如美国 50 个州中的一个州的名称。当系统询问用户“你住在哪里？”时，系统希望用户回答“亚利桑那”，但是用户可能回答“我住在亚利桑那”。

这种情况可能不需要 NLP——系统只需能够忽略不相关的单词（这个例子中的“`我住在` ”）。可以在正则表达中使用**通配符**来忽略不相关的词。Python 正则表达式使用 * 来匹配任意数量的字符，包括零个字符。使用 + 来匹配至少一个字符。因此，在“我住在亚利桑那”这句话中查找关键字“`亚利桑那`”的正则表达式为“`* 亚利桑那 *`”。

3. 使用图形界面

大多数应用程序依赖**图形界面**。在使用图形界面时，用户通过选择菜单选项和单击按钮与应用程序交互。相比于基于NLU的接口，这些传统的图形界面接口适合许多应用场景，而且更容易构建。那么，什么时候更适合使用基于NLU的接口呢？

当需要用户提供详细信息时，NLU是一个更好的选择。在这种情况下，图形界面菜单会变得越来越复杂，用户需要不断浏览多层菜单才能找到所需信息，或者直到应用程序获取了足够的信息才能回答用户的问题。这个问题在移动设备上尤其明显，由于屏幕尺寸有限，移动设备屏幕能展示和容纳的信息远远小于笔记本电脑或台式电脑，这意味着移动设备屏幕菜单层次会变得很深。与此不同，使用NLU输入时，用户可以一次性陈述完他们的意图，而不必像使用图形界面那样在多个菜单之间进行切换。

使用图形界面的另一个问题是术语不匹配，即菜单中使用的术语可能与用户设想的术语不一样。这种不匹配会将用户引向错误的方向。用户可能已经完成了好几层菜单才意识到错误。在这种情况下，用户需要从头开始操作。

有的网站或应用程序同时包含传统图形操作界面和NLP应用程序，用户可以使用图形界面，也可以与聊天机器人聊天交互。在这种情况下，可以比较图形操作界面和NLP应用程序的使用情况。微软Word 2016就是一个很好的例子。Word是一个非常复杂的应用程序，具有丰富的功能。为一个如此复杂的应用程序制作一个图形界面非常困难，而用户通过图形界面查询所需信息更加困难。

为了解决这个问题，Word同时提供了图形界面和NLP接口。在Word文档顶部，有**开始**、**插入**、**设计**和**布局**等选项。单击这些选项中的任何一个会得到一个菜单栏，提供更多的选项，继续单击某一个选项会打开更多菜单栏。这就是图形化的方法。Word还提供了一个“**告诉我你想要做什么**”选项作为顶级菜单选项之一。如果选择了“**告诉我你想做什么**”选项，那么用户可以以文本形式输入如何在Word中完成某个任务的问题。例如，输入“如何插入一个方程”，Word将提供一个列表，列出在Word文档中插入方程的几种不同方法。这比在嵌套的菜单中查找信息更快、更直接。

当菜单深度超过三级时，开发人员应该考虑在图形应用程序中添加NLU功能，尤其是当每个菜单包含多个选项时。

到目前为止，本书已经研究了诸多决定应用程序是否应该使用NLP方法的因素。接下来将考虑与开发过程相关的因素，包括数据和开发成本。

4. 数据

在确定了NLU方法是否适用于应用问题之后，需要考虑另一个问题：有哪些类型的数据可用于解决这个问题？是否有可用数据？如果没有，那么获取解决问题所需的数据会涉及哪些问题？

这里探讨两种类型数据。本节要讨论的第一种数据是训练数据，或者说是用于训练NLU系统的样本，本节将讨论训练数据的来源，训练数据是否足够，以及在NLU系统开发过程中将这些数据转换为所需格式需要多少工作量。

要讨论的第二种数据是应用数据。应用数据是系统回答用户问题所需的信息，它可以是公开可用的资源，也可以来自内部数据库。对于应用数据，应该确保数据的可用性和可靠性，而且以较低成本获取数据也非常重要。

2.1.3　训练数据

几乎所有的 NLP 应用程序都是经过训练数据训练得到的，所使用的训练数据与 NLP 应用程序所处理的输入一致。这意味着，为了开发 NLP 应用，需要有足够的训练数据。如果没有足够的训练数据，那么在部署 NLP 应用程序时会存在无法处理输入的情况，因为系统在开发阶段没有接触到任何类似的输入。这并不意味着系统需要在训练过程中看到所有可能的输入，因为这几乎是不可能的，特别是输入是复杂或较长的文本文档，如产品评论。

不太可能多次出现一模一样的产品评论。因此，需要设计训练过程，以相同的方式分析语义相似的文档，即使不同的文档措辞有所不同。

机器学习算法（第 9 章和第 10 章中介绍的算法）需要大规模数据。需要区分的意图类别越多，需要的数据就越多。大多数实际的 NLP 应用需要数千个训练数据。

训练数据必须包括正确答案或训练后的系统预期给出的答案。正确答案的术语是注解（annotation）。注解也被称为**真解**（ground truth）或**黄金标准**（gold standard）。例如，如果应用程序的设计目的是判断一个产品评论是正面的还是负面的，则注解（人工提供）会为一组评论分配一个正标签或负标签，这些加了标签的评论将被用作训练数据或测试数据。

表 2.2 展示了一个产品评论及其注解的例子。一个准确的产品评论分类系统可能需要几千条产品评论。在某些情况下，如表 2.2 中的例子，标注任务（给产品评论提供注解）不需要任何特殊的专业知识；几乎任何一个能够阅读文字的人都可以标注产品评论，即判断一个产品评论是正面的还是负面的。这意味着可以通过廉价的众包方式完成简单的标注任务。

表 2.2　正面和负面产品评论例子

文本	注解
我对这个产品非常失望。产品非常脆弱、价格过高，而且油漆容易脱落。	负面
这个产品完全符合我的期望。产品做工很好，看起来很棒，价格也很合适。我十分推荐这款产品。	正面

另外，有些注解必须由本领域的专家提供。例如，在线对话解决复杂的软件故障问题，对这些对话数据的标注需要由专业人士完成。这将使数据标注非常昂贵，甚至可能在缺少专家的情况下无法完成数据标注任务：

虽然数据标注可能会面临一些困难而且成本昂贵，但并不是所有的 NLU 算法都需要标注数据。第 12 章将介绍基于未标注数据的无监督学习，以及未标注数据的局限性。

在 NLP 应用程序中，完整的训练样本被称为**语料库**（corpus），或**数据集**（dataset）。为了确保应用程序的准确性，足够多的训练数据至关重要。训练数据不必在项目开始时就到位，开发人员可以在数据收集尚未完成之前就开始开发，并在开发过程中不断添加数据。然而，在此过程中，如果标注者忘记了早期数据的标注标准，则可能会导致数据标注不一致。

数据的来源有多种途径。Python NLP 库包含一些小规模的简单数据集，可以用于验证算法或系统的正确性与可用性，或用于学生的课程项目。此外，可以从 Hugging Face（`https://huggingface.co/`）或 Linguistic Data Consortium（`https://www.ldc.upenn.edu/`）等渠道获取更大的数据集。

对于企业应用程序来说，早期应用程序存储的客户数据非常有用。举例来说，电话客服的语音记录就是有价值的数据。

另一个有价值的数据来源是数据库中的文本数据，例如产品评论。在很多情况下，数据库中的文本没有标签或注解，但是一段文本往往伴随着另一段带有人工标注的文本，例如用于识别该段评论是正面评论还是负面评论。这种蕴含类别的信息实际上就是一种标签，可以在训练过程中使用，例如用来创建一个产品评论自动分类系统。

最后，还可以专门收集新的数据来支持应用程序。尽管收集数据可能耗时且昂贵，但在某些情况下这是获取数据的唯一途径。数据收集本身就是一个复杂的话题，特别是收集用于创建人机交互对话系统的数据。

第 5 章将会更详细地讨论数据，包括数据收集问题。

2.1.4　应用数据

除了要考虑 NLP 应用程序训练时所需的数据，还必须考虑系统所提供信息的成本。

许多第三方服务网站提供 API，开发人员可以访问这些 API 以获取免费或付费信息。某些网站提供一些公开可用 API 的信息，例如 **APIsList**（`https://apislist.com/`）。这个网站列出了各种各样的 API，这些 API 提供数百个领域的数据，包括天气、社交网络、地图、政府、旅游等。然而，需要注意的是许多 API 需要付费，无论是以订阅形式还是以订单形式，因此在选择应用程序时要考虑这些潜在的成本。

2.2　开发成本

一旦确定有可用的数据并且数据已经或可以按照所需的意图、实体和类别进行标注，则下一个需要考虑的关键因素是开发应用程序的成本。一些技术上可行的应用程序可能因为开发成本过高、风险过大或耗时过长而变得不切实际。

开发成本包括确定解决特定问题最有效的机器学习方法。这可能需要大量的时间并需要进行多次尝试，因为需要探索不同的模型和算法，在此过程中需要进行多次模型训练。确定最有前景的算法需要有经验的 NLP 数据科学家，然而这些专家往往供不应求。开发人员还必须评估一个问题，即开发成本是否与应用程序预计产生的回报一致。

对于小规模应用程序，还应该牢记，开发和部署 NLP 解决方案的成本可能会超过雇用员工执行相同任务的成本。对于某些复杂任务，即使实施了 NLP 解决方案并已完成部分工作，部分复杂任务仍然需要人工介入完成，相应的人力成本也会增加。

2.3　维护成本

针对自然语言应用程序，特别是已经部署了的应用程序，最后要考虑的是维护成本。这一点很容易被忽视，因为 NLU 应用程序的一些维护不适用于大多数传统的应用程序。具体来说，一些自然语言应用程序使用的语言会随着时间的推移而变化。这是很正常的，因为这反映了用户所谈论的事情发生了变化。例如，在客户服务应用程序中，产品名称、商店位置和服务会发生变化，有时这些变化还非常迅速。相应地，用户询问自然语言系统所使用的词汇也会发生变化。这意味着系统需要添加新词，机器学习模型必须重新训练。

同样，提供快速变化信息的应用程序也需要不断更新。例如，COVID-19 这个词是在 2020 年初出现的，以前没有人听说过这个词，但现在非常常见。由于关于 COVID-19 的医疗信息变化迅速，因此必须非常悉心地维护提供 COVID-19 信息的聊天机器人，以确保系统提供最新、准确的信息，而不会提供不正确甚至有害的信息。

为了确保应用程序与用户保持话题同步，需要为自然语言应用程序规划以下三项任务：

- **需要分配开发人员以确保应用程序永远保持最新。**当有新信息出现时，应该及时将新信息添加到系统中，例如新产品或新产品的类别。
- **定期审查用户输入日志。**针对处理不当的输入，必须仔细分析以确定适当的处理方式。用户询问的是新话题（意图）吗？如果是的话，那么就必须添加新意图。他们是否在以不同方式谈论现有的话题？如果是的话，那么需要向现有的意图中添加新的训练样本。
- **当出现问题或用户输入未能正确处理时，需要修改系统。**最简单的修改为添加新词汇，但在更多情况下，可能需要进行根本性的改变。例如，现有的意图需要被拆分为多个意图，这时需要处理原始意图对应的所有训练数据。

维持应用程序更新所需的开发人员数量取决于以下几个因素：

- **用户的数量：**如果系统每天都收到数百或数千个无法正确处理的输入，那么需要开发人员审查这些输入、更新系统，以确保系统能够正确处理这些输入。

- **应用程序的复杂性**：如果应用程序包含数百个意图和实体，那么将需要更多的开发人员使系统保持最新状态，并确保添加的新信息与旧信息一致。
- **应用程序提供信息的波动性**：如果不间断地向一个应用程序添加新词汇、增加新产品和新服务，那么需要频繁地更改系统，以确保系统保持最新。

这些都是独立于硬件或云服务之外的成本，因此需要考虑自然语言应用程序维护的总成本。

2.4　决定是否使用自然语言理解的流程

本章介绍了在开发应用程序时决定是否使用 NLP 方法的应该考虑的诸多因素。图 2.2 将这些因素总结为一个流程图，用于决定是否应该使用 NLU 方法开发应用程序。

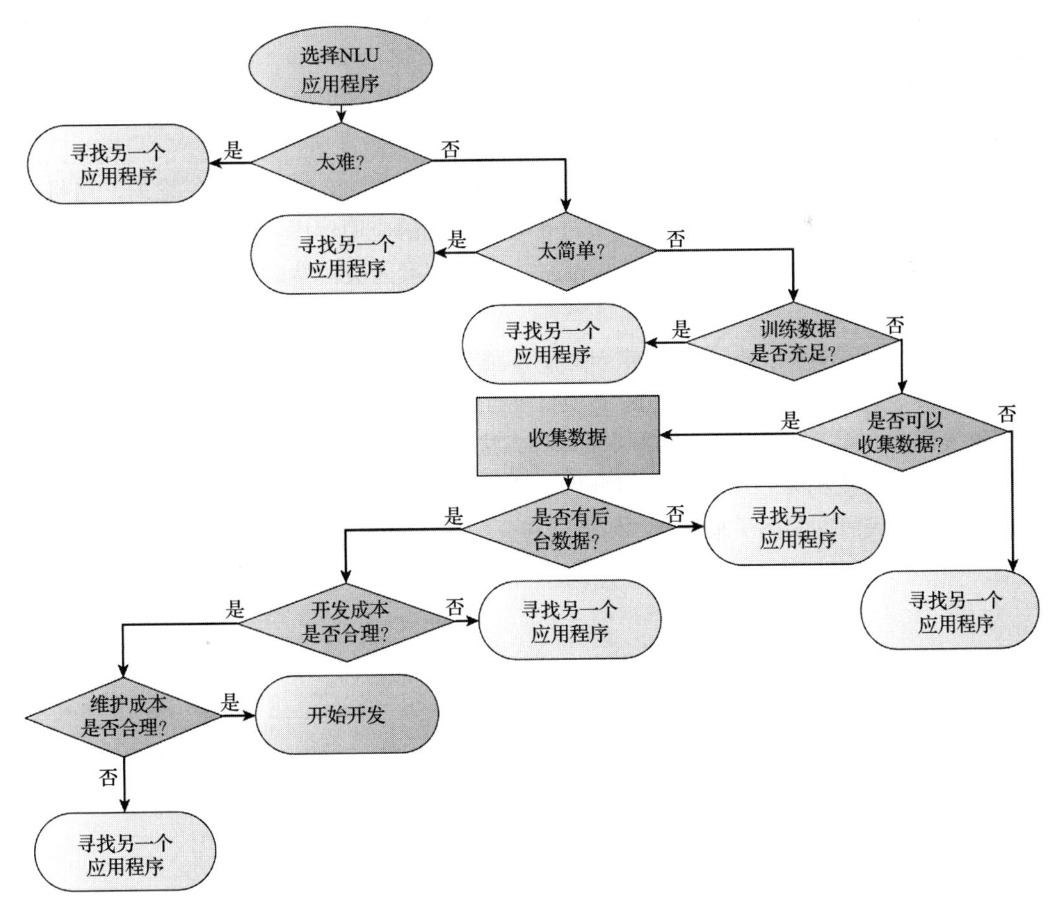

图 2.2　评估一个项目是否应该使用 NLU 方法的流程图

从最上面开始，这个过程首先会问一个问题：根据当前技术水平，这个问题是否过于复杂或过于简单？如果这个问题过于复杂或过于简单，那么应该寻找其他方法，或者重新规划应用程序所解决问题的范围，使其更适合当前的技术水平。例如，重新设计应用程序，以处理更少种类的语言。

如果问题适合当前技术水平，那么接下来的步骤是确保是否有合适的数据可用，如果没有，是否可以收集数据。一旦获得了数据，接下来要考虑的是开发和维护成本是否合理。如果一切看似良好，那么可以继续进行应用程序的开发工作。

2.5　本章小结

本章讨论了如何选择适用于当前 NLP 技术水平的自然语言应用程序，通常是那些涉及具体问题、客观答案、训练数据可用、可以处理多种语言的应用程序。具体来说，本章解决了一些重要问题。我们学会了如何识别难度与当前 NLU 技术水平适当的问题。我们还学习了如何确保系统开发过程中有足够的数据可用，以及如何估计开发和维护的成本。

学习如何评估各种不同类型 NLP 应用程序的可行性，正如本章所讨论的，这将对 NLP 项目的推进非常有价值。选择一个过于雄心勃勃的应用程序将导致项目的挫败，而选择一个对于当前技术水平来说过于容易的应用程序可能会浪费时间，并且会制造一个没有必要的复杂系统。

我们已经达到我们的目标，即学习到了如何从技术的可行性、数据的可用性、系统的维护成本等实际因素来评估一个 NLP 项目可行性。

第 3 章将介绍 NLP 的主要方法以及每种方法的优缺点。这些方法包括基于规则的方法，即专家编写规则来指导系统如何分析系统的输入；还包括机器学习方法，即训练系统通过处理输入的许多例子来学会如何处理和分析系统的输入。

P A R T 2

第二部分

自然语言理解系统开发与测试

在阅读完成本部分之后，你将具备为不同的NLU问题选择适当解决方法的能力，并学会使用Python和NLU相关函数库（如NLTK、spaCy和Keras）实现一个系统，并评估该系统的性能。

本部分由以下几章组成：

- 第3章　自然语言理解方法
- 第4章　用于自然语言理解的Python库与工具
- 第5章　数据收集与数据预处理
- 第6章　数据探索与数据可视化
- 第7章　自然语言处理方法选择与数据表示
- 第8章　基于规则的方法
- 第9章　机器学习第1部分——统计机器学习
- 第10章　机器学习第2部分——神经网络与深度学习
- 第11章　机器学习第3部分——Transformer与大语言模型
- 第12章　无监督学习方法应用
- 第13章　模型评估

CHAPTER 3

第3章 自然语言理解方法

本章将介绍最常见的**自然语言理解**方法，并讨论每种方法的优缺点，包括基于规则的方法、基于统计机器学习的方法和基于深度学习的方法。除此之外，本章还会讨论一些目前比较流行的预训练模型，例如**基于 Transformer 的双向编码器表示**（Bidirectional Encoder Representations from Transformers，BERT）模型及其衍生模型。通过本章学习，你将了解 NLU 不是一个单一的方法，而是一系列的方法集合，这些方法适用于不同的任务。

本章将介绍以下内容：

- 基于规则的方法
- 传统的机器学习算法
- 深度学习方法
- 预训练模型
- 选择自然语言理解方法需要考虑的因素

3.1 基于规则的方法

基于规则的方法的核心是语言通过一定的规则将词与其含义进行关联。例如，当学习外语时，我们通常会学习一些语法，包括单词的含义、单词在句子中如何排序、前缀和后缀如何改变单词的含义等。使用规则方法的前提是，可以将规则提供给 NLU 系统，使得 NLU 系统能够像人一样利用这些规则理解一句话的含义。

从 20 世纪 50 年代中期到 20 世纪 90 年代中期，基于规则的方法在 NLU 领域得到了广泛应用，直到机器学习方法逐渐兴起。尽管如此，基于规则的方法在某些 NLU 问题中依然发挥着重要的作用，无论是单独使用还是与其他方法结合使用。

接下来，我们将首先学习与自然语言相关的规则和数据。

3.1.1　词与词典

几乎每个人都熟悉“词”这个概念，词通常被定义为可单独使用的最小语言单位。正如第 1 章所介绍的，在大多数语言中（并非所有），词与词之间由空格分开。由词组成的集合被称为词典，词典的概念与日常使用的字典类似，都是词的列表。NLP 词典通常还包括词的其他信息，例如，词的含义和词性。根据具体的语言不同，一些词典还可能包含词的不规则形式（例如，在英语中，动词“*eat*”的过去式“*ate*”和过去分词“*eaten*”都是这个词的不规则形式）。除此之外，一些词典还包含词的语义信息，例如，与每个单词含义相关的单词。

3.1.2　词性标注

学校教授的传统词性包括名词、动词、形容词和介词等。NLP 词典使用的词性通常更详细，因为需要表达的信息要更加具体。例如，传统的英语动词具有不同的形式，如过去时、过去分词等。在 NLP 领域，英语常用的词性库源自 Penn Treebank（`https://catalog.ldc.upenn.edu/LDC99T42`）。不同语言对应的 NLP 词典有不同的词性类别。

在处理自然语言时，标注文本中词的词性是一项非常有价值的任务，这一任务被称为**词性标注**（Part-of-Speech tagging，POS tagging）。使用 Penn Treebank 词性库，表 3.1 展示了“*We would like to book a flight from Boston to London*”这句话的词性标注结果：

表 3.1　“***We would like to book a flight from Boston to London***”的词性标注结果

单词	词性	词性标注的含义
we	PRP	Personal pronoun（人称代词）
would	MD	Modal verb（情态动词）
like	VB	Verb，base form（动词，基本形式）
to	TO	To（这个词有它自己的词性）
book	VB	Verb，base form（动词，基本形式）
a	DT	Determiner（article）(限定词，冠词)
flight	NN	Sigularnoun（单数名词）
from	IN	Preposition（介词）
Boston	NNP	Proper noun（专有名词）
to	TO	To
London	NNP	Poper noun（专有名词）

词性标注不仅仅是用词典查找词并标注词的词性，因为许多词不只有一个词性。在

以上示例中，"*book*"这个词是动词，但是在其他地方，这个词通常为名词。所以，在使用词性标注算法标注词性时，不仅仅要看词本身，还要考虑其上下文信息，以此来确定正确的词性。在以上示例中，"*book*"在"*to*"的后面，"*to*"后面的单词通常是动词，因此"*book*"在该示例中的词性为动词。

3.1.3 语法

语法或语法规则是描述词在句子中如何排列的规则，遵循语法规则的句子可以正确传达作者的意思，也很容易被读者理解。语法规则可以用来描述句子与其组成部分之间的部分整体关系。例如，一个常见的英文语法规则为：句子由名词短语与动词短语组成。任何一个 NLP 的语法通常都由数百条规则组成，非常复杂。在搭建 NLU 模型时，一般不会从零开始构建语法规则，常用的 Python NLP 库中都封装了常用的语法规则，如**自然语言工具包**（Natural Language ToolKit，NLTK）和 **spaCy**。

3.1.4 句法分析

确定句子各部分之间关系的过程被称为句法分析。这涉及将语法规则应用于一个具体的句子，以显示句子各组成部分是如何相互关联的。图 3.1 展示了"*We would like to book a flight*"这句话的句法分析结果，这种风格的句法分析被称为**依存句法分析**。在依存句法分析中，使用弧线连接表示两个词之间的关系。例如：名词"*we*"是动词"*like*"的主语，使用带有 **nsubj** 标签的弧线连接这两个词。

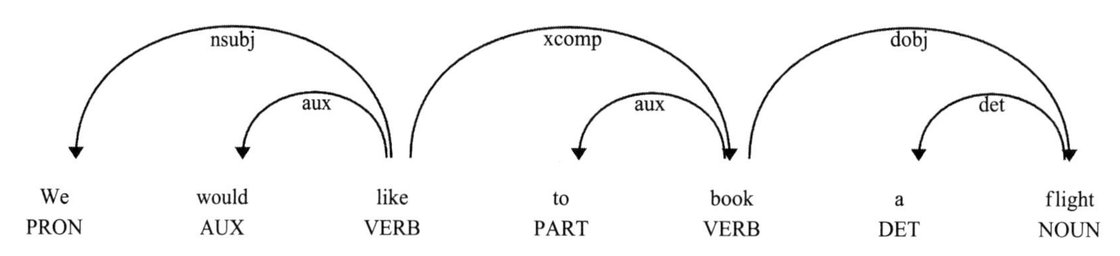

图 3.1 "*We would like to book a flight*"的依存句法分析结果

本章不会过多阐述句法分析的细节，第 8 章将详细地介绍句法分析相关内容。

3.1.5 语义分析

句法分析确定一个句子中各个词之间在整体结构上的关系，但并没有说明各个词之间在意思或含义上是如何相互关联的。这种基于词义的分析方式被称为**语义分析**。语义分析是一个比较活跃的研究领域，方法很多。一种常见的语义分析思路如下，从句子的谓语动词出发，观察该动词和句子其他部分之间的关系（如主语、直接宾语和相关的介词短语）。例如，图 3.1 中“*like*”的主语是“*We*”，“*We*”可以被描述为“*like*”的感受者，因为“*We*”是动作的发出者。同样，“*to book a flight*”可以被描述为“*like*”的对象。通常使用规则完成语义分析任务，但也可以使用机器学习算法来完成，3.2 节将介绍如何使用机器学习算法进行语义分析。

摒弃掉词在句子中的角色，只寻找词之间的语义关系具有重要的意义。例如：可以把“*dog*”认为是一种“*animal*”，或者把“*eating*”认为是一种动作。Wordnet（https://wordnet.princeton.edu/）是查找这类关系的一个有用资源，它是一个人工编制的大型数据库，描述了数千个英语单词之间的关系。图 3.2 展示了“*airplane*”这个单词的部分 Wordnet 信息，首先可以得知的是“*airplane*”是一种“*heavier-than-air craft*”，更宽泛地说它是一种“*aircraft*”，以此类推，直至 Wordnet 最底层说“*airplane*”是一个“*entity*”。

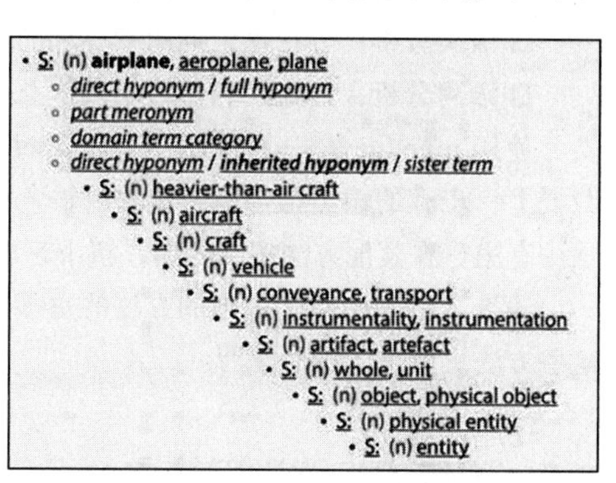

图 3.2　单词“*airplane*”的 Wordnet 信息

3.1.6　语用分析

语用分析指的是根据不同的语境确定词和短语的意思。例如：在长文本中，不同的词可能代指同一件事情，或者同一个词代指不同的事情，这种现象称为**共指**。使用语用分析方法分析句子“*We want to book a flight from Boston to London, the flight needs to leave before 10 a.m.*”，可以得知上午十点之前起飞的航班是想要预订的航班。**命名实体识别**（Named Entity Recognition，NER）是一种非常重要的语用分析方法，它可以将文本中出现的指代词与现实世界中对应的实体联系起来。图 3.3 展示了使用命名实体识别方法分析句子“*Book a flight to London on United for less than 1,000 dollars.*”的结果，其中“*London*”是一个命名实体，标签为地理位置（GPE），“*United*”标签为组织（ORG），“*less than 1,000 dollars*”标签为货币（MONEY）。

Book a flight to London GPE on United ORG for less than $1000 dollars MONEY .

图 3.3　“*Book a flight to London on United for less than 1,000 dollars*”的命名实体识别结果

3.1.7　pipeline

在 NLP 应用程序中，以上阐述的这些任务通常使用 **pipeline** 实现，pipeline 可看

作一系列步骤的封装，其中上一个步骤的结果是下一个步骤的输入。一个经典的 NLP pipeline 如下：

- **词汇查找**：在应用程序词典中查找词。
- **词性标注**：根据上下文确定每个词的词性。
- **句法分析**：分析词之间的关系。
- **语义分析**：分析每个词的意思和句子的整体意思。
- **语用分析**：确定词和短语的具体意义，这取决于上下文，例如代词的理解方式。

使用 pipeline 的一个优点在于，pipeline 中的每个步骤可以使用不同的方法来实现，只要上一步骤的输出符合下一步骤的输入格式即可。因此，pipeline 不仅在基于规则的方法中有用，在其他方法中也有用，接下来的几节将介绍相关内容。

第 8 章将介绍基于规则的方法的更多细节。下面探讨一些不依赖于语言规则的方法，这些方法更侧重于机器学习。

3.2　传统的机器学习算法

虽然基于规则的方法可以获取语言文本的细粒度详细信息，但此类方法存在一些缺陷，也正是这些缺陷推动了替代方法的发展。基于规则的方法主要包含两个缺陷：

- 开发规则是一个费时费力的过程。规则可以由专家根据他们对语言的理解直接编写，或者更常见的方法为从一些被证实正确的文本分析或注释中总结出来。这两种方法都非常耗费时间和精力。
- 规则无法适用于系统遇到的所有文本。制定规则的专家可能会出现疏忽，注释的数据可能没有覆盖所有的情况，用户在提问时可能出现错误，这些情况都要求系统依旧工作，但此时规则未能完全覆盖系统的输入。除此之外，书写文本语言时也可能出现拼写错误，从而出现词典中没有的词。最后，语言本身也会变化，导致现有规则无法涵盖新出现的词和短语。

基于上述原因，基于规则的方法通常不单独使用，而是被用作 NLU pipeline 的一部分，作为其他方法的补充。

传统的机器学习方法起源于分类任务。在分类任务中，意思相似的文档会归类为同一类别。可以将分类概括为以下两个步骤：

- 组织训练数据，使相同类别训练数据中的文档相似。
- 对于模型未见过的新文档，模型会根据其与训练数据集中的文档的相似程度，对其进行分类。

3.2.1　文档表示

文档的表示是基于词实现的。一个非常简单的方法是将文档表示为文档中词的集合，这种方法被称为**词袋法**（Bag of Words，BoW）。使用词袋法表示文档的最简单方式为使用语料库中所有词制作一个列表，然后对于每一个文档，写出列表中哪些词出现在该文档中。

例如，假设有一个语料库，这个语料库由图 3.4 中的三个文档组成。

1. I'm looking for a nearby Chinese restaurant that's highly rated.
2. An Italian restaurant within five miles of here.
3. Are there any inexpensive Middle Eastern places that aren't too far away?

图 3.4　餐厅搜索的小型语料库

这个小型语料库共包含了 29 个英文单词。每个文档可以使用一个长度为 29 的列表表示该文档中出现了语料库中的哪些单词。在这个列表中，1 表示单词出现，0 表示单词未出现，如表 3.2 所示。

表 3.2　餐厅搜索小型语料库每个文档的词袋表示

文档序号	a	an	any	are	aren't	away	Chinese	Eastern	…
1	1	0	0	0	0	0	1	0	…
2	0	1	0	0	0	0	0	0	…
3	0	0	1	1	1	1	0	1	…

表 3.2 展示了语料库中三个文档的词袋列表，该列表仅展示了词汇表中的前八个词。表 3.2 中的每一行代表一个文档。例如，单词“*a*”在第一个文档中出现了一次，所以它所对应的值为 1，而单词“*an*”没有出现，它所对应的值为 0。在数学上这种表示是一个向量。向量在 NLU 领域中是一个非常好用的工具，本书后续章节将会介绍更多关于向量的内容。

词袋法看起来非常简单（例如，它没有考虑任何关于词顺序的信息），但是词袋法的一些衍生算法非常强大，相关内容将在第 9 章～第 12 章进行介绍。

3.2.2　文档分类

词袋法的背后假设是，两个文档共用的词越多，它们在意义上就越相似。这不是一个严格的准则，但实践证明是有用的。

对于许多应用程序，我们希望将含义不相似的文档分组到不同的类别中，这个过程被称为**分类**。如果想将一个新文档分类为某个已有类别，那么需要计算这个新文档向量与每个类别文档向量的相似程度。例如，第 1 章中讨论的情感分析任务，该任务是将文档进行二分类，即文本的主题属于正面情绪还是负面情绪。

有多种算法可以完成文本分类任务。第 9 章将要介绍的**朴素贝叶斯算法**和**支持向量机（Support Vector Machine，SVM）算法**是其中最流行的两种算法。除此之外，基于神经网络的算法也非常流行，尤其是**循环神经网络**。3.3 节将简要概述神经网络相关内容，更多细节将在第 10 章进行介绍。

本节总结了一些传统的机器学习算法。接下来介绍一些深度学习算法。

3.3　深度学习方法

神经网络，尤其是被称为**深度学习**的大型神经网络，在过去几年里已经成为 NLU 领域的热门话题，因为它们显著提高了许多自然语言任务的准确率。

神经网络由多层互相连接的单元组成，这些单元被称为人工**神经元**，类似于生物神经系统中的生物神经元。神经网络中的每个神经元都与其他神经元相连接。如果一个神经元接收到的信号超过了自身预设的阈值，那么这个神经元就会被激活，并且向其他神经元传递信号，其他神经元再根据所接收到的信号判断是否激活。在训练过程中，神经网络会不断调整每个神经元的权重，以最大化分类准确率。

图 3.5 展示了一个使用四层神经网络进行情感分析的示例，其中圆圈表示神经元，线段表示神经元之间的连接。网络的最左侧为第一层，用于接收输入文本。之后的两个隐藏层用于处理输入。包含一个神经元的输出层给出输出结果（正面情绪）。

虽然这把椅子坐起来很舒服，但我担心可能会使用不久就会坏掉，因为椅子腿太细。结果这并不是问题。我本以为我需要退货。但我没有遇到任何问题，而且这是唯一一把使用起来后背不疼的椅子。

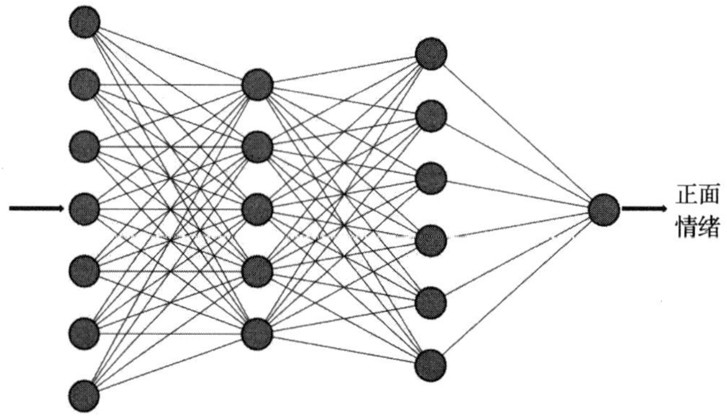

图 3.5　使用神经网络（四层）对产品评价进行情感分析

虽然神经网络在很多年前就已经被提出，但早期受限于计算资源和算力，神经网络发展缓慢，到了近几年训练和使用大型神经网络才逐渐成为可能。与早期算法相比，神经网络具有更高的准确率，尤其是在训练数据充足的情况下，这也是神经网络目前流行的主要原因。然而，训练一个用于大规模任务的神经网络非常复杂且耗时，并且可能还需要专业的数据科学家帮助。在某些情况下，使用神经网络所提升的系统性能与开发成本并不匹配。

关于深度学习和神经网络的更多内容将在第 10 章介绍。

3.4 预训练模型

NLU 领域的最新方法基于这样一个观点，即基于通用文本（如互联网文本数据）训练的语言模型可以为理解自然语言提供所需的信息，从而为许多不同的 NLU 应用程序提供支持。这些模型被称为预训练模型，通常都比较大并且训练时所使用数据也比较大。在将这些预训练模型应用于某个具体应用程序时，通常需要使用该领域的数据微调模型，使模型适应应用程序数据。由于预训练模型已经包含了语言的大量通用信息，因此微调模型所使用的训练数据比传统方法使用的数据要少很多。常用的预训练模型包括 BERT 模型、生成式预训练 Transformer（Generative Pre-trained Transformer，GPT）模型及其衍生模型。

第 11 章将介绍更多关于预训练模型的内容。

3.5 选择自然语言理解方法需要考虑的因素

本章介绍了四类 NLU 方法，分别为：

- ❑ 基于规则的方法
- ❑ 统计机器学习方法
- ❑ 深度学习和神经网络方法
- ❑ 预训练模型

那么，当面对一个具体问题时，应该如何选择合适的解决方法？首先需要考虑的因素是一些实际问题，例如制定解决方案所需的成本、工作量等。接下来，我们对各种方法的特点进行比较。

表 3.3 展示了本章所介绍的四种 NLU 方法，并比较了它们的一些特点，包括开发人员专业知识要求、数据量要求、训练时间、准确率和成本。正如表 3.3 所示，每种方法都有各自的优缺点。对不需要大规模数据的小问题或简单问题而言，应首先考虑基于规

则的方法、机器学习方法或预训练模型。虽然预训练模型的准确率较高且获取成本较低，但是无论是在云上还是本地计算机上，使用大模型的成本都很高，所以开发人员更倾向于避免使用预训练模型。

表 3.3　比较四种 NLU 方法

四种 NLU 方法	开发人员专业知识要求	数据量要求	训练时间	准确率	成本
基于规则的方法	较高（语言学家或领域专家）	少量	大量（专家编写规则）	较高（如果规则正确）	开发规则成本昂贵；训练模型的时间成本较低
统计机器学习方法	中等（专业工具；NLP/数据科学专业知识）	中等	大量（数据标注）	中等	数据标注成本昂贵；训练模型的时间成本较低
深度学习方法	较高（数据科学家）	大量	大量（数据标注；训练模型）	中等偏上	租赁云服务器或购买本地计算机的费用
预训练模型	中等（标准化工具；数据科学专业知识）	少量	中等（数据标注；微调模型）	较高	租赁云服务器或购买本地计算机的费用

因此在选择方法时，应该根据问题本身以及可接受的成本进行选择。除此之外，还应当注意，所选择的方法并非一直不变或不可更改，尤其是对依赖于数据标注的方法，当数据变多时可以同时使用两种或两种以上方法。

3.6　本章小结

本章介绍了多种适用于 NLU 应用程序的方法以及一些重要的技巧。

本章首先解释了基于规则的方法的定义，以及一些常见的基于规则的方法，包括词性标注、句法分析等。然后，介绍了传统机器学习方法，特别是将文本文档转化为数字表示的方法。之后，又介绍了深度学习方法、预训练模型以及这四种方法的优缺点。

第 4 章将介绍 NLU 入门的基础知识，包括如何安装 Python、如何使用 JupyterLab 和 GitHub、如何使用 NLTK 和 spaCy 等 NLU 函数库，以及如何选择合适的函数库。

CHAPTER 4

第4章

用于自然语言理解的 Python 库与工具

本章将介绍处理自然语言前所需的准备工作。首先介绍如何安装 Python；然后介绍 JupyterLab 和 GitHub 等软件开发工具。此外，还将介绍应用于**自然语言处理**领域的 Python 库，包括**自然语言工具包**、**spaCy** 和 **TensorFlow/Keras**。

自然语言理解技术的发展受益于各种功能强大且免费的工具。虽然这些工具非常强大，但没有一个库可以单独完成所有的 NLP 任务，因此了解每个库的优势以及如何组合这些库非常重要。

充分利用这些工具将极大提高 NLU 项目的开发效率。这些工具包括 Python 语言本身、JupyterLab 等开发工具，以及许多能够完成 NLU 任务的自然语言库。同样重要的是，由于这些工具的广泛使用，已经形成了 Stack Overflow（`https://stackoverflow.com/`）等在线社区，这些在线社区是获取 NLU 技术问题答案的绝佳资源。

本章将介绍以下内容：

- ❑ 技术要求
- ❑ 安装 Python
- ❑ 安装 JupyterLab 和 GitHub
- ❑ 常用的自然语言处理 Python 库
- ❑ 一个示例

注

为了简单起见，本章展示的各种 Python 库的安装是在本地计算机上进行的。如果需要在虚拟环境中安装 Python 库，可以访问网站 `https://packaging.python.org/en/latest/guides/installing-using-pip-and-virtual-environments/` 学习在虚拟环境中安装 Python 库的方法。

由于有许多关于 Python、JupyterLab 和 GitHub 等工具的在线资源，因此本章中只对它们的使用方法进行简单的概述，以便将介绍重点放在 NLP 上。

4.1　技术要求

要运行本章中的示例，需要以下软件：

- Python 3
- pip 或 conda（最好是 pip）
- JupyterLab
- NLTK
- sapCy
- Keras

后续小节将介绍这些软件包的安装方法。请注意，为保证正常使用，需要按照上述顺序安装软件包。

4.2　安装 Python

设置开发环境的第一步是安装 Python。如果已经安装了 Python，则可以跳过，直接进入下一步，但需要确保安装的 Python 为 Python 3，因为大多数 NLP 库都要求 Python 3。在命令行窗口中输入以下命令能得到当前 Python 版本：

```
$ python --version
```

请注意，如果系统中同时安装了 Python 2 和 Python 3，需要运行命令 python3-version 来查看 Python 3 的具体版本。一些 NLP 库要求 Python 3.7 及以上版本，所以如果当前 Python 版本比 3.7 低，则需要进行更新。

如果系统还没有安装 Python 3，则可以从官网（http://www.python.org/）下载适用于操作系统的安装程序。Python 可以在几乎所有操作系统上运行，包括 Windows、macOS 和 Linux。安装 Python 完成后，可以在终端上运行下述命令来检查 Python 安装情况和 Python 版本信息：

```
$ python --version
Python 3.8.5
```

Python 安装完成后，还需要安装 NLP Python 库。pip 和 conda 是两个跨平台工具，可用于 Python 库的安装，本书也使用这两个工具来安装一些重要的 NLP 库和机器学习库。本书主要使用 pip 工具，但如果你更喜欢使用 conda，也可继续使用。3.4 及以上版本的 Python 中自带 pip 工具，由于本书使用 3.7 以上版本的 Python，因此 pip 直接可用。可以运行以下命令检查 pip 版本：

```
$ pip --version
```

输出结果如下：

```
$ pip 21.3.1 from c:\<installation dir>\pip (python 3.9)
```

4.3　安装 JupyterLab 和 GitHub

开发环境对开发效率起着至关重要的作用。本节将讨论两个流行的开发环境：JupyterLab 和 GitHub。如果你熟悉其他 Python **交互式开发环境**（Interactive Development Environment，IDE），也可以继续使用。本书后续讨论的示例都将在 JupyterLab 环境中展示。

4.3.1　JupyterLab

JupyterLab 是一个跨平台的编码环境，能够帮助我们轻松使用各种工具，无须在工具的安装和设置方面花费太多时间和精力。JupyterLab 在浏览器环境中运行，本地服务器就能够满足其使用要求，不需要云服务器。

运行以下 pip 命令安装 JupyterLab：

```
$ pip install jupyterlab
```

安装完成后，运行以下命令使用 JupyterLab：

```
$ jupyter lab
```

请注意，需要在代码所在的文件夹内运行上述命令。该命令会启动本地服务器，同时浏览器会出现如图 4.1 所示的 Jupyter 环境。

图 4.1 所示的环境包括以下三种内容：

- **Notebook**：包含项目代码
- **Console**：终端命令行界面，可用于运行 Jupyter Notebook 中的代码
- **Other**：其他类型的本地文件

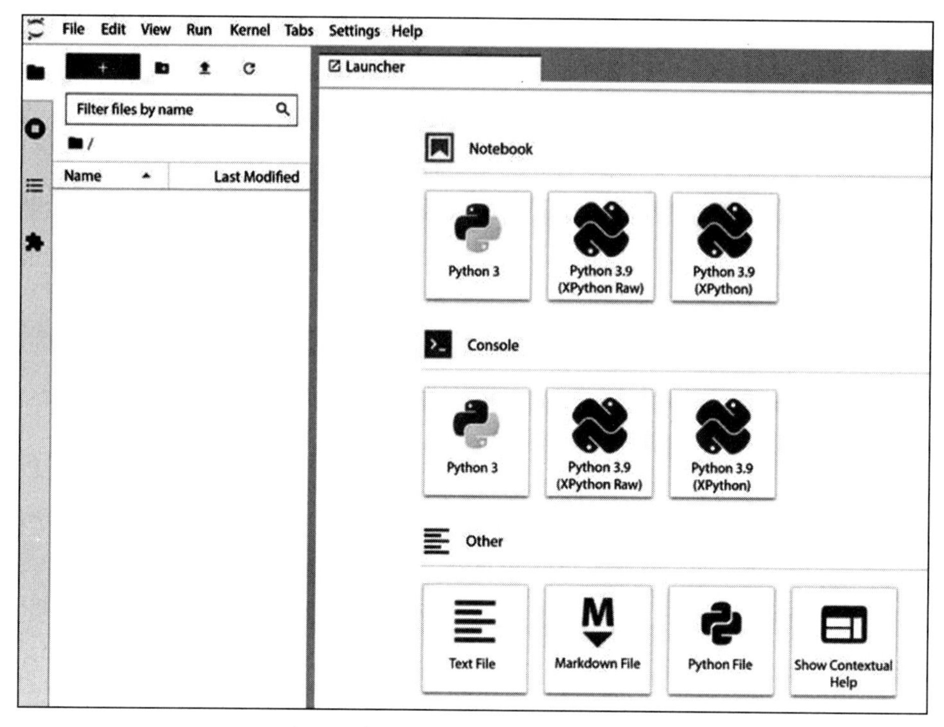

图 4.1　启动 JupyterLab 时出现的界面

单击 Notebook 下的 **Python 3** 图标会得到一个新的 **Notebook**，其中包含一个代码单元（cell），可以在代码单元中写 Python 代码。本章后续和第 5 章将使用 JupyterLab 运行 Python 代码。

4.3.2　GitHub

GitHub 是一个流行的开源代码存储库系统（`https://github.com`）。GitHub 功能丰富，主要用于存储和共享代码、开发代码分支以及编写文档等。目前，GitHub 的核心功能免费，本书使用的代码示例也存储在 GitHub 中（`https://github.com/PacktPublishing/Natural-Language-Understanding-with-Python`）。

4.4 节将介绍几个重要的 NLP 库：NLTK、spaCy 和 Keras。这些库将在本书其他章节中经常使用。

4.4　常用的自然语言处理 Python 库

本节将介绍 NLP 领域常用的 Python 库，特别是 NLTK、spaCy 和 Keras。这些都是

NLP 领域最基本的 Python 库，可以完成 NLP 领域的基本任务。除此之外，还有很多其他 NLP 库适合处理具体特定的任务，鼓励你自行探索这些库的使用方法。

4.4.1 NLTK

NLTK（https://www.nltk.org/）是一个非常流行的开源 Python 库。NLTK 能为常见的 NLP 任务提供支持，从而减少开发自然语言应用程序的工作量。NLTK 还提供了多种语料库（现成的自然语言文本），可用于探索 NLP 问题、测试算法等场合。

本节将介绍 NLTK 的安装过程，并探讨 NLTK 的功能。

正如第 3 章中所提到的那样，可以构建 pipeline 来处理许多 NLU 问题。在 pipeline 中，一般从处理原始字符开始，经多步处理，最终确定文档的意思或含义。NLTK 可以完成 pipeline 中的许多任务。虽然有时 NLTK 提供的结果不能直接作为最终结果，但可以作为 pipeline 的一部分而发挥重要作用。

1. 安装 NLTK

NLTK 安装要求 Python 的版本为 3.7 及以上。在 Windows 系统中安装 NLTK，需要在命令行窗口中运行以下命令：

```
$ pip install nltk
```

如果操作系统是 Mac 或 Unix，则需要在终端窗口中运行以下命令：

```
$ pip install --user -U nltk
```

2. 使用 NLTK

几乎所有的自然语言项目所需要处理的基本任务都可以利用 NLTK 完成。例如，使用 NLTK 的 word_tokenize() 函数可以完成分词任务，即能将文本分解成 token[⊖]。下述代码可以完成这个任务：

```
import nltk
import string
from nltk import word_tokenize
text = "we'd like to book a flight from boston to London"
tokenized_text = word_tokenize(text)
print(tokenized_text)
```

运行上述代码，得到的结果是一个包含词的数组：

⊖ token 是自然语言处理领域中算法能够处理的最小语言单位。token 与自然语言中的词不一样：token 可以是词，也可以是词组，甚至可以是字符、标点符号等。因此，本书不对 token 进行翻译，而是直接使用 token 这个词。——译者注

```
['we',
 "'d",
 'like',
 'to',
 'book',
 'a',
 'flight',
 'from',
 'boston',
 'to',
'London']
```

请注意，“we'd”这个词被分成了两个部分，“we”和“'d”。这是因为这个词是一个缩写，实际上代表了两个单词，即“we”和“would”。

NLTK 还提供了一些基本的统计函数，例如使用 FreqDist() 函数可以计算文本中的每个词出现的频率。继续使用上一个示例中的文本，以下代码计算每个词的频率：

```
from nltk.probability import FreqDist
FreqDist(tokenized_text)
FreqDist({'to': 2, 'we': 1, "'d": 1, 'like': 1, 'book': 1, 'a': 1,
'flight': 1, 'from': 1, 'boston': 1, 'london': 1})
```

这段代码首先从 NLTK 的 probability 包中导入 FreqDist() 函数，然后计算文本中每个词出现的频率，最后得到一个 Python 字典，其中键是词，值是这个词出现的频率。在本例中，“to”出现了两次，其他词都只出现一次。对于短文本来说，研究其频率分布并没有特别大的意义，但在处理大规模数据时，研究频率分布非常有用。4.5 节将给出一个大型语料库的频率分布示例。

NLTK 还能够完成第 3 章所提及的**词性标注**任务。继续使用上一个示例的文本，以下代码使用 nltk.pos_tag(tokenized_text) 进行词性标注：

```
nltk.pos_tag(tokenized_text)
[('we', 'PRP'),
 ("'d", 'MD'),
 ('like', 'VB'),
 ('to', 'TO'),
 ('book', 'NN'),
 ('a', 'DT'),
 ('flight', 'NN'),
 ('from', 'IN'),
 ('boston', 'NN'),
 ('to', 'TO'),
 ('london', 'VB')]
```

类似地，NLTK 还提供了用于句法分析的函数。除此之外，NLTK 还能创建第 1 章提到的**正则表达式**。

这些都是 NLTK 中有用的函数。由于 NLTK 函数众多，因此这里无法一一列举，本书的第 6 章和第 8 章将继续介绍 NLTK 中一些其他的函数。

4.4.2 spaCy

spaCy 是另一个非常流行的 NLP 库，可以完成许多与 NLTK 相同的 NLP 任务。这两种工具都非常强大，但 spaCy 通常运行更快，因此更适用于需要实际部署的应用程序。这两个工具库都支持多种语言，但要注意并非每种语言都支持所有 NLU 任务，因此在选择 NLTK 和 spaCy 时，需要考虑应用程序使用的语言类别。

1. 安装 spaCy

运行以下 `pip` 命令安装 spaCy：

```
$ pip install -U spacy
```

2. 使用 spaCy

与 NLTK 一样，spaCy 也有许多基本的文本处理函数。利用 spaCy 完成分词任务的代码与 NLTK 的非常相似，只是函数名略有不同。最终得到的结果都是一个数组，数组中的每个元素是一个词。请注意，在以下代码中，`nlp` 对象使用 `en_core_web_sm` 模型初始化，该模型包含网络数据集 `en_core_web_sm` 的统计信息。

```
import spacy
from spacy.lang.en import English
nlp = spacy.load('en_core_web_sm')
text = "we'd like to book a flight from boston to london"
doc = nlp(text)
print ([token.text for token in doc])
['we', "'d", 'like', 'to', 'book', 'a', 'flight', 'from', 'boston',
'to', 'london']
```

spaCy 同样也可以计算一个文本的统计信息，比如文本中词出现的频率：

```
from collections import Counter
word_freq = Counter(words)
print(word_freq)
Counter({'to': 2, 'we': 1, "'d": 1, 'like': 1, 'book': 1, 'a': 1,
'flight': 1, 'from': 1, 'boston': 1, 'london': 1})
```

spaCy 和 NLTK 之间的唯一区别是，NLTK 使用 `FreqDist()` 函数，而 spaCy 使用 `Counter()` 函数。但是，两者给出的结果相同，都是一个以词为键、以频率为值的 Python 字典。

spaCy 同样可以完成词性标注任务，代码如下：

```
for token in doc:
    print(token.text, token.pos_)
```

标注结果如下：

```
we PRON
'd AUX
like VERB
to PART
book VERB
a DET
flight NOUN
from ADP
boston PROPN
to ADP
london PROPN
```

请注意，NLTK 和 spaCy 使用不同的词性标签。这并不是一个问题，因为不存在正确或标准的词性标签。然而，在同一个应用程序中，词性标签应该保持一致。所以开发人员应该注意这种差异，确保不要混淆 NLTK 和 spaCy 的词性标签。

命名实体识别是 spaCy 的另一个非常有用的功能。命名实体识别的任务是识别文本中特定人员、组织、地点或其他实体的指代词。命名实体识别既可以是一个独立的任务，也可以是某个任务的一部分。例如，一家公司想知道其产品什么时候在脸书上被提及，因此需要在脸书网站数据上进行命名实体识别。另外，这家公司可能还想了解其产品是被正面提及还是被负面提及，因此在这种情况下，需要同时进行命名实体识别和**情感分析**两项任务。

大多数 NLP 库都可以完成命名实体识别，但使用 spaCy 更容易。给定一个文档，只需要运行 `displacy.render()` 函数，并指定参数 `style` 为 `'ent'`：

```
import spacy
nlp = spacy.load("en_core_web_sm")
text = "we'd like to book a flight from boston to new york"
doc = nlp(text)
displacy.render(doc,style='ent',jupyter=True,options={'distance':200})
```

结果显示，“`boston`”和“`new york`”都被标注为 **GPE**（Geopolitical Entity，地缘政治实体），如图 4.2 所示。

we'd like to book a flight from **boston GPE** to **new york GPE**

图 4.2　“*we'd like to book a flight from Boston to New York*”的命名实体识别结果

可以用几乎相同的代码完成句法分析（分析句子中词与词之间的句法关系），只需要将 style 参数从 'ent' 改为 'dep'。图 4.6 中展示了一个句法分析的例子。

```
nlp = spacy.load('en_core_web_sm')
doc = nlp('they get in an accident')
displacy.render(doc,style='dep',jupyter=True,options={'distance':200})
```

4.4.3 Keras

Keras（https://keras.io/）是另一个流行的 NLP Python 库。相比于 NLTK 或 spaCy，Keras 更专注机器学习。本书将其作为 NLP 深度学习应用程序的首选。Keras 建立在由谷歌开发的 TensorFlow（https://www.tensor flow.org/）之上，因此，可以在 Keras 中直接使用 TensorFlow 函数。

由于 Keras 专注于机器学习，因此其处理文本的能力有限。例如，与 NLTK 和 spaCy 相比，Keras 没有词性标注或句法分析等功能。如果需要完成这些任务，最好还是使用 NLTK 或 spaCy。但 Keras 有分词和删除无用符号（标点符号、HTML 等）的功能。

Keras 在使用神经网络处理文本方面表现出色，这将在第 10 章中进行详细讨论。尽管 Keras 没有与 NLP 相关的高级函数（例如专门用来词性标注或句法分析的函数），但可以使用 Keras 创建一个强大的词性标注模型，在经过训练数据训练后，可在应用程序中部署。

由于 Keras 包含在 TensorFlow 中，所以在安装 TensorFlow 时会自动安装 Keras。在安装完 TensorFlow 后，不需要额外步骤安装 Keras。运行以下命令可以完成 Keras 安装：

```
$ pip install tensorflow
```

4.4.4 其他自然语言处理 Python 库

还有很多其他 Python 库拥有处理自然语言的功能，例如，用于**深度神经网络**（Deep Neural Network，DNN）的 PyTorch（https://pytorch.org），用于传统机器学习的 scikit-learn（https://scikit-learn.org/stable/），以及用于主题建模的 Gensim（https://radimrehurek.com/gensim/）。但是，建议你首先使用前几节所介绍的 NLP 库。如果后续遇到的需求超越了这几个库所提供的功能（例如不具备的功能、不支持的语言以及更快的处理速度），那么届时可以探索其他 NLP 库。

下面将讨论如何选择 NLP 库。请注意，选择 NLP 库并非非此即彼。如果一个库有另一个库没有的优势，那么可以混合使用这两个库。

4.4.5 自然语言处理 Python 库的选择

前面几节所讨论的 NLP 库都非常实用而且功能强大，但是这些库的很多功能是重叠的。这就产生了一个问题，即针对一个具体应用程序应该选择哪些库。虽然可以在同一个应用程序中使用所有 NLP 库，但使用较少的库可以降低应用程序的复杂程度。

NLTK 在语料库统计和基于规则的语言预处理方面非常强大。例如，一些常用的语料库统计功能包括单词计数、词性计数、词对（二元词组）计数，以及上下文单词列表。spaCy 的速度很快，其 displaCy 可视化库对于深入理解处理结果非常有帮助。Keras 在处理深度学习问题时功能强大。

在项目开始时，通常选择使用能帮助快速了解数据整体情况的工具，如 NLTK 和 spaCy。这种初步分析对后续全面处理数据和部署系统时选择工具非常有帮助。由于使用 Keras 等工具训练深度学习模型非常耗时，因此通常使用传统机器学习方法先进行初步探索，这将有助于选择合适的模型。

4.4.6　其他有用的 Python 库

除了上面介绍的 NLP 库之外，还有许多其他有用的开源 Python 库或软件包。这些工具可以处理包括自然语言在内的通用数据。常用的软件包如下：

- **NumPy**：NumPy（`https://numpy.org/`）是一个功能强大的软件包，包含许多数值计算函数，这将在第 9 章～第 12 章进行介绍。
- **pandas**：pandas（`https://pandas.pydata.org/`）是一个通用的数据分析与处理软件包，通常处理表格形式的数据，也可以处理自然语言数据。
- **scikit-learn**：scikit-learn（`https://scikit-learn.org/stable/`）是一个强大的机器学习软件包，也具有文本处理的功能。

还有几个用于数据可视化的软件包，对数据和处理结果的图形化表示非常有帮助。可视化在 NLP 开发中非常重要，因为它提供的图形化结果通常比数字表格更容易理解。例如，可视化可以帮助观察数据变化趋势、精确定位误差以及比较实验条件。本书将经常使用可视化工具，特别是在第 6 章。可视化工具既包括用于表示各种类型数值的通用可视化工具，也包括用于表示自然语言的专用工具，例如，用于展示句法分析和命名实体识别结果的可视化工具。常用的可视化工具如下：

- **Matplotlib**：Matplotlib（`https://matplotlib.org/`）是一个非常流行的 Python 可视化库，特别擅长创建数据图，包括 NLP 数据。如果使用多种方法处理数据，并想比较这几种方法的优劣，那么绘制这几种方法处理数据的结果会帮助我们很快评估这几种方法。第 13 章将重点讨论模型评估方法。
- **Seaborn**：Seaborn（`https://seaborn.pydata.org/`）是一个基于 Matplotlib

的软件包，能够生成具有吸引力的图表，展示与数据有关的信息。

- **displaCy**：displaCy是spaCy工具的一部分，特别擅长表示NLP结果，如第3章所讨论的词性标注、句法分析和命名实体识别。
- **WordCloud**：WordCloud（`https://amueller.github.io/word_cloud/`）是一个专门用于可视化语料库词汇的软件包，尤其在可视化词频时非常有用。4.5节将使用WordCloud软件包。

到目前为止，我们已经了解了NLP应用程序开发环境以及可能会用到的NLP库。4.5节将通过一个示例把所有内容整合起来。

4.5 一个示例

本节在JupyterLab环境中对电影评论数据集进行情感分类，从而帮助我们更好地掌握NLTK和spaCy用法。

本节使用的语料库包含2000条电影评论文本数据，每个评论文本都有一个标签，表示该文本表达是正面情绪还是负面情绪（`http://www.cs.cornell.edu/people/pabo/movie-review-data/`）。电影评论数据情感分类是第1章所介绍的情感分析任务的一个极佳的例子。

数据集引用

Bo Pang and Lillian Lee，Seeing stars：Exploiting class relationships for sentiment categorization with respect to rating scales，Proceedings of the ACL，2005.

4.5.1 设置JupyterLab

在命令行窗口（Windows系统）或终端（Mac系统）中输入以下命令来启动JupyterLab：

```
$ jupyter lab
```

这个命令会启动一个本地Web服务器，并在Web浏览器中打开一个JupyterLab窗口。在JupyterLab窗口中，通过选择**File |New| Notebook**打开一个未命名的新Notebook（选择**File|Rename Notebook**可以重命名该Notebook）。

然后，开始导入将要使用的库，如下所示。我们将使用NLTK和spaCy库，以及其他一些用于数值运算和可视化的库。

```
# NLP imports
import nltk
import spacy
from spacy import displacy

# general numerical and visualization imports
import pandas as pd
import seaborn as sns

import matplotlib.pyplot as plt
from collections import Counter
import numpy as np
```

在 JupyterLab 的代码单元格中输入上述代码并运行该单元格（**Run|Run Selected Cells**）。这时，这些库将被加载，并会出现一个新的代码单元格。

在新的代码单元格中输入 `nltk.download()` 来下载电影评论数据。一个 NLTK 下载程序窗口被打开，如图 4.3 所示。

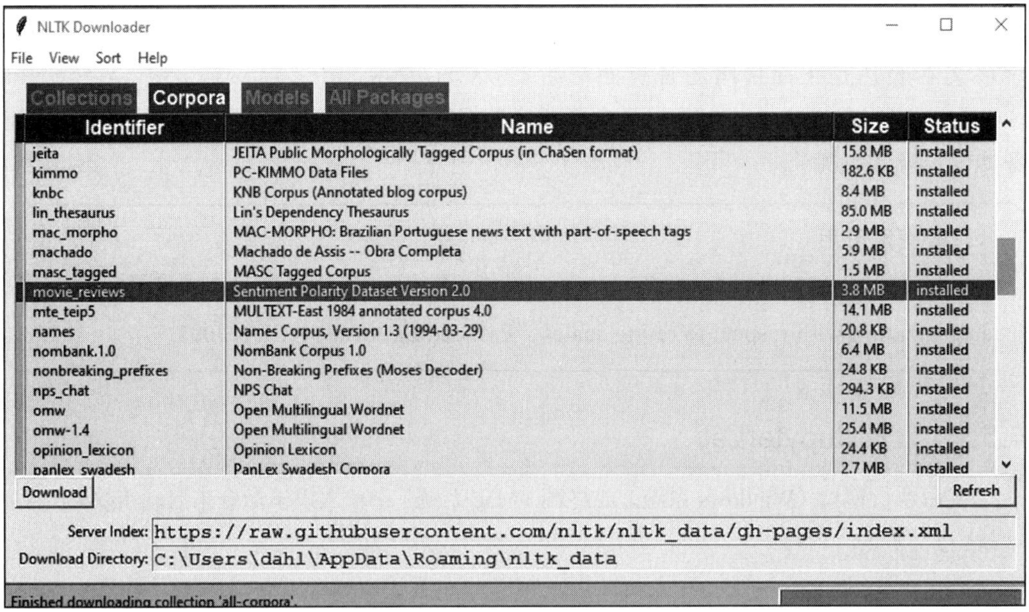

图 4.3　NLTK 下载程序窗口

单击下载窗口的 **Corpus** 选项，选择 `movie_reviews`，点击 **Download** 按钮，即可下载该语料库。如果要更改数据的下载位置，可以选择 **File|Change Download Directory** 调整下载位置。在下载窗口单击 **File|Exit**，退出下载窗口，返回 JupyterLab 界面。

下载的数据包含两个文件，名字分别为 `neg` 和 `pos`，分别存储正面评论数据和负面评论数据。这里，文件名称即为数据标签或人工对数据的标注，表示数据样本是正样本还是负样本。这种目录结构是文本类别注解的常用存储方法，许多数据集都以这种方式存储。

movie_reviews 文件夹中的 README 文件详细解释了数据标注过程。

查看语料库中的一些电影评论文本，你会发现正确标注文本并不容易。

以下代码导入电影评论数据集，并输出语料库中的一个句子：

```
#import the training data
from nltk.corpus import movie_reviews
sents = movie_reviews.sents()
print(sents)
[['plot', ':', 'two', 'teen', 'couples', 'go', 'to', 'a', 'church',
'party', ',', 'drink', 'and', 'then', 'drive', '.'], ['they', 'get',
'into', 'an', 'accident', '.'], ...]
In [5]:
sample = sents[9]
print(sample)
['they', 'seem', 'to', 'have', 'taken', 'this', 'pretty', 'neat',
'concept', ',', 'but', 'executed', 'it', 'terribly', '.']
```

因为 movie_reviews 是一个 NLTK 语料库，因此 NLTK 中关于语料库的函数都可以用来处理这个数据集，包括将所有句子表示成一个数组，数组的每个元素为一个句子。我们还可以使用编号选取语料库中的句子，例如，以上代码选择并输出语料库中第 9 个句子。

可以看到，这些句子已经完成了分词，即每个句子被分割成单个词（包括标点符号）。在几乎所有的 NLP 应用程序中，分词都是一个重要的数据预处理步骤。

4.5.2　处理一句话

现在，使用 NLP 方法处理这个句子。这里将使用 spaCy 库进行词性标注和基于规则的句法分析，然后使用 displaCy 库对结果进行可视化。

首先，创建一个基于互联网数据 en_core_web_sm 的 nlp 对象，en_core_web_sm 是一个基础的小型英文语言模型。也可以使用大型英文语言模型，但是加载大语言模型耗费更多时间。为了便捷，在此使用小型语言模型。然后，使用 nlp 对象进行词性标注和句法分析，如以下代码所示：

```
nlp = spacy.load('en_core_web_sm')
doc = nlp('they get in an accident')
displacy.render(doc,style='dep',jupyter=True,options={'distance':200})
```

在 displacy.render() 的函数输入中，设置 styles='dep' 表示使用依存句法分析。依存句法分析是一个展示句子中词与词之间相互关系的常用方法。第 8 章将详细介绍依存句法分析。依存句法分析结果如图 4.4 所示。

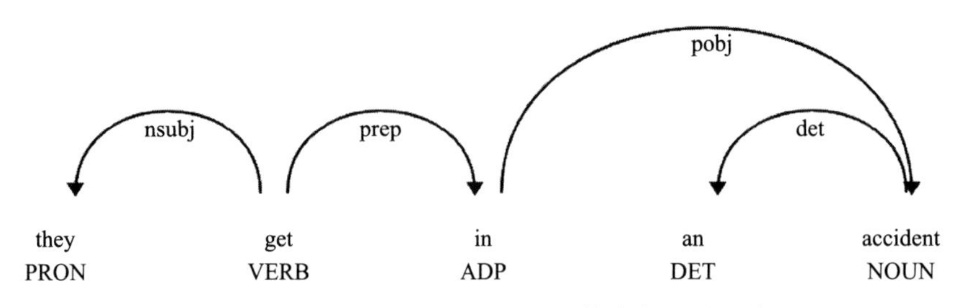

图 4.4 “*they get in an accident*”的依存句法分析结果

至此，我们已经加载了语料库，并查看了语料库中的几个句子。下面，我们将查看一些该语料库的整体属性。

4.5.3 查看语料库属性

语料库包含许多属性，其中最有趣的属性是词频和词性频率。本节的后续部分将关注这两个属性。尽管因为篇幅本书不会介绍语料库的其他属性，但认识词频和词性频率属性将作为探索语料库其他属性的起点。

1. 词频

以下代码将给出语料库中最常用的词：

```
words = movie_reviews.words()
word_counts = nltk.FreqDist(word.lower() for word in words if word.
isalpha())
top_words = word_counts.most_common(25)
all_fdist = pd.Series(dict(top_words))

# Setting fig and ax into variables
fig, ax = plt.subplots(figsize=(10,10))

# Plot with Seaborn plotting tools
plt.xticks(rotation = 70)
plt.title("Frequency -- Top 25 Words in the Movie Review Corpus",
fontsize = 30)
plt.xlabel("Words", fontsize = 30)
plt.ylabel("Frequency", fontsize = 30)
all_plot = sns.barplot(x = all_fdist.index, y = all_fdist.values,
ax=ax)
plt.xticks(rotation=60)
plt.show()
```

在以上代码中，首先使用语料库对象的 `words()` 方法收集 `movie_review` 语料库中的单词。紧接着，使用 NLTK 的 `FreqDist()` 函数来统计单词数量。在此过程中，将所有单词改写为小写形式，并忽略数字和标点符号。然后，为了方便可视化，把要显示的单词数量限制在 25 个。也可以在代码中尝试将 `top_words` 设置成其他不同的值，观察使用各种不同数量的单词图形如何变化。

最后，调用 plt.show() 显示单词频率的分布，如图 4.5 所示。

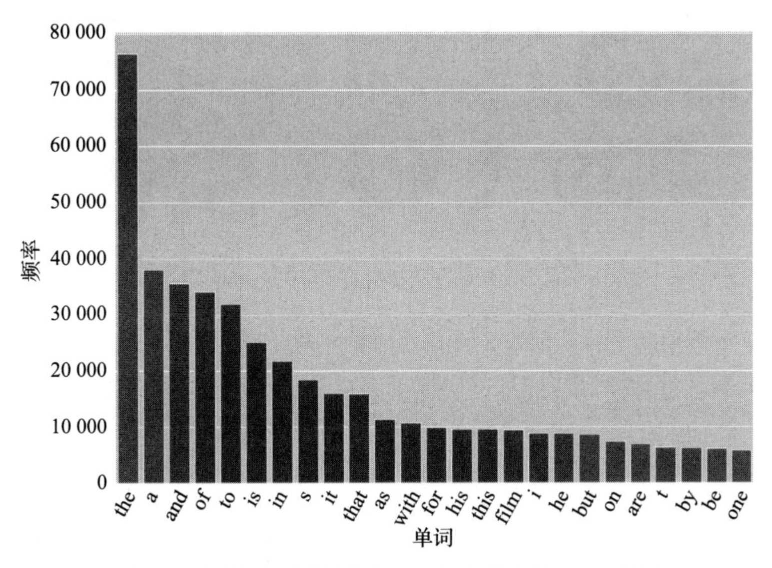

图 4.5 电影评论语料库中出现频率最高的 25 个单词

如图 4.5 所示，出现频率最高的单词是“**the**”，出现频率大约是第二常见单词“**a**”的两倍。

另一种对词频进行可视化的方法是**词云图**，即用大字体表示出现频率高的单词。以下代码展示了如何使用词频分布 all_fdist 计算词云图，并使用 Matplotlib 绘制得到的词云图：

```
from wordcloud import WordCloud
wordcloud = WordCloud(background_color = 'white',
                      max_words = 25,
                      relative_scaling = 0,
                      width = 600,height = 300,
                      max_font_size = 150,
                      colormap = 'Dark2',
                      min_font_size = 10).generate_from_
frequencies(all_fdist)

# Display the generated image:
plt.imshow(wordcloud, interpolation='bilinear')
plt.axis("off")
plt.show()
```

得到的词云图如图 4.6 所示。可以看到，与其他单词相比，频繁出现的单词“**the**”和“**a**”字体非常大。

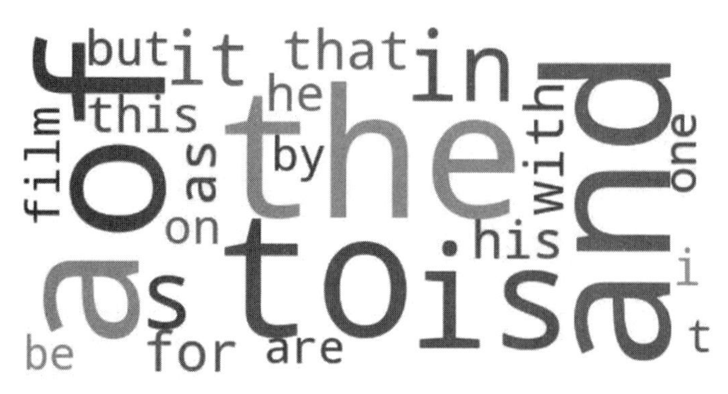

图 4.6　电影评论语料库中出现频率最高的 25 个单词组成的词云图

请注意，本例中几乎所有的高频词都是英语中常用的词。唯一的例外是“**film**”，但因为语料库数据是电影评论，这是可以理解的。这些频繁出现的单词同时也会频繁出现在其他文本中，因此这些高频词无法作为区分不同类别文本的依据。假设我们正在处理一个分类问题，比如情感分析，应该考虑在训练分类器之前将文本中这些常见的单词删除。这种类型的单词一般被称为**停用词**（stopwords）。移除停用词是一个常见的数据预处理步骤。第 5 章将会详细讨论删除停用词的方法。

2. 词性频率

NLTK 词性标注使用的词性标签是广泛使用的 Penn Treebank 词性。关于 Penn Treebank 具体词性的信息，请参考此网站 `https://www.cs.upc.edu/~nlp/SVMTool/PennTreebank.html`。Penn Treebank 共有 36 种词性标签。以往的 NLP 研究发现，传统的英语词性（例如名词、动词、形容词、副词、连词、感叹词、代词和介词）不够细粒度，达不到计算语言的要求，所以通常会添加额外的词性。例如，不同形式的动词，如 *walk*、*walks*、*walked* 和 *walking*，被认为具有不同的词性。具体来说，*walk* 词性为动词基本形式（Verb base form，VB），而 walks 的词性为动词第三人称单数形式（Verb，third-person singular present，VBZ）。在传统的英语语法中，这些都被称为动词。

可以运行以下代码来查看最常见的词性。为了降低复杂度，限制词性标签的数量为 18。完成每个句子的词性标注后，遍历每个句子，统计每个词性标签出现的次数，然后，按出现频率从高到低对词性标签进行排序。

```
movie_reviews_sentences = movie_reviews.sents()
tagged_sentences = nltk.pos_tag_sents(movie_reviews_sentences)
total_counts = {}
for sentence in tagged_sentences:
    counts = Counter(tag for word,tag in sentence)
    total_counts = Counter(total_counts) + Counter(counts)
sorted_tag_list = sorted(total_counts.items(), key = lambda x:
x[1],reverse = True)
```

```
all_tags = pd.DataFrame(sorted_tag_list)
most_common_tags = all_tags.head(18)
# Setting figure and ax into variables
fig, ax = plt.subplots(figsize=(15,15))
all_plot = sns.barplot(x = most_common_tags[0], y = most_common_
tags[1], ax = ax)
plt.xticks(rotation = 70)
plt.title("Part of Speech Frequency  in Movie Review Corpus", fontsize
= 30)
plt.xlabel("Part of Speech", fontsize = 30)
plt.ylabel("Frequency", fontsize = 30)
plt.show()
```

在以上代码中，首先从语料库中提取句子，然后标注每个单词的词性。注意，需要对整个句子进行词性标注，而不是对单个单词进行标注，因为许多单词有多个词性，一个单词的词性标签还取决于句子中的其他单词。例如，“*book a flight*”这句话中的“*book*”词性为动词，而在“*I read the book*”这句话中，“*book*”词性为名词。

可以看到在电影评论语料库中，最常见的标签是 NN（普通名词），其次是 IN（介词或连词），以及 DT（限定词）。

再次使用 Matplotlib 和 Seaborn 对结果进行可视化，结果如图 4.7 所示。

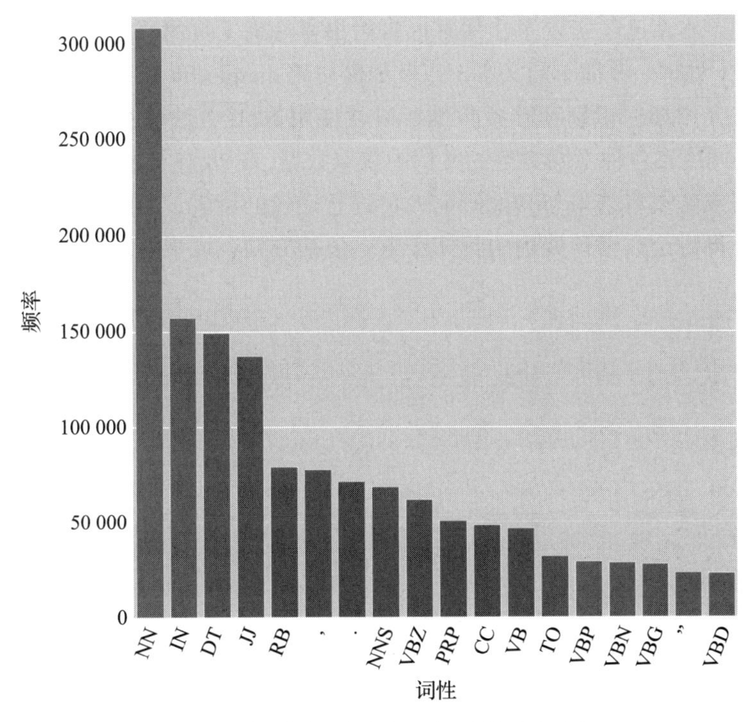

图 4.7　电影评论语料库的词性频率分布图

还可以查看文本的其他属性，例如文本长度的分布。可以比较正面评论和负面评论的各种属性，看看能否找到一些属性可以区分这两类文本。例如，正面评论和负面评论的平均长度是否不同或者词性分布是否有差异？如果发现其中存在一些差异，那么就可以利用这些属性来对电影评论文本进行分类。

4.6　本章小结

本章介绍了 NLP 应用程序开发过程中使用的主要开发工具和 Python 库。本章讨论了 JupyterLab 开发环境、GitHub 代码存储库系统以及 NLTK、spaCy 和 Keras 等主要 NLP 库。虽然这些不是所有的 NLP 库，但对于几乎任何一个 NLP 项目来说，使用这些库都足以启动这个项目。

本章介绍了主流 NLP 库的安装和基本使用方法，并就如何选择函数库提供了一些建议。本章还介绍了一些有用的软件包，并以一个简单的示例来说明如何使用库来完成一些 NLP 任务。

本章所讨论的主题使你基本了解了 NLP 中最有用的 Python 软件包，本书后续部分中将使用这些软件包。此外，本章所讨论的内容也为未来选择 NLP 项目的工具提供了一些基本的原则。本章已经实现了让你掌握自然语言处理工具的目标，并展示了如何使用 NLTK 和 spaCy 处理一些简单的文本，以及如何使用 matplotlib 和 Seaborn 进行可视化。

第 5 章将介绍如何识别和准备数据，以便使用 NLU 方法进行处理。我们将探讨如何从数据库、网络和各种不同类型的文档中获取数据，以及涉及的隐私和道德准则问题。对于没有数据或希望将结果与其他研究人员进行比较的读者，第 5 章还将讨论常用的语料库。我们还将讨论数据预处理的具体步骤，包括分词、词干提取、停用词移除和词形还原等。

CHAPTER 5

第 5 章

数据收集与数据预处理

本章将介绍**自然语言理解**应用程序中的数据收集和数据预处理。本章将首先介绍从数据库、网络和各种类型文档中获取数据的方法，以及随之带来的隐私和道德问题。然后，本章将简要介绍**绿野仙踪技术**。之后，本章将介绍一些常用的语料库。对于没有数据，或计划将自己的结果与其他研究人员的结果进行比较的开发人员，可以使用这些语料库。最后，本章将介绍一些数据预处理方法，如词干提取和词形还原。

本章将介绍以下内容：

- 数据收集与数据标注
- 确保数据的隐私性并遵守道德准则
- 数据预处理
- 针对具体应用程序的数据预处理
- 选择合适的数据预处理方法

5.1 数据收集与数据标注

数据是所有**自然语言处理**项目的起点。数据可以是手写文本数据，也可以是转录语音文本数据。数据的目标是教会 NLP 系统在遇到类似数据时应该如何决策。文本数据集合也被称为语料库或数据集，本书经常会使用这两个术语。最近，大型预训练模型取得了巨大突破，大大减少了许多应用程序对数据的需求。然而，在大多数情况下，这些预训练模型（将在第 11 章详细讨论）并没有减少应用程序对具体场景数据的需求。

文本语言数据的长度是任意的，可以非常短，如推特，也可以非常长，如多页文档或书籍。文本语言数据可以是交互式的，例如，用户与聊天机器人的聊天记录，也可以是非交互式的，例如，报纸文章或博客。同样，口语数据的长度也是任意的。像书面语言一样，口语可以是交互式的，比如两个人的对话，也可以是非交互式的，比如新闻广播。但所有类型 NLP 数据都有一个共同之处，即数据都表示语言。具体来讲，数据都是文本数据，由一种或多种人类语言单词组成。每一个 NLP 项目的目标都是通过算法处理文本语言数据以获取说话人想表达的意思。

所有 NLP 项目的第一步都是寻找正确的数据。因此，在开始一个项目时，需要考虑数据问题。

5.1.1 收集应用程序所需数据

如果你心中已经对实际应用程序有了具体设想，那么很容易确定所需要数据的类型。例如，当计划构建一个企业助手（图 1.3 所示的交互式应用类型之一）时，需要用户与人工客服或系统之间的对话数据，例如，电话客服中心的对话记录。

1. 电话客服中心的对话记录

如果你计划设计一个语音助手，那么该助手的目的是减轻电话客服中心的工作负担。在这种场景下，许多人工客服与客户的历史通话记录都可以作为训练数据。在历史通话记录中，客户提问的问题是应用程序需要理解的句子，客服的回答是应用程序应该给出的应答。通常，需要对这些数据进行标注。在标注每句话的意图和实体之前，首先应该设计意图和确定实体范围。

原始数据在经过标注之后就可以作为应用程序的训练数据。根据所使用的不同方法，训练过程也会有较大的差异。第 9 章和第 10 章将详细介绍使用训练数据训练模型的相关细节。

2. 聊天记录

如果你有一个聊天网站，那么客户输入的问题可以作为训练数据，就像电话客服中心的对话记录一样。这两种数据的区别在于，电话客服中心的数据是语音形式的，而不是输入的文本。除此之外，两者在数据标注、设计和模型训练等方面十分类似。相较于语音形式的数据，输入的文本数据更短，并且可能包含拼写错误。

3. 数据库

企业数据通常存储在数据库中。数据库通常支持用户以自由文本的形式存储各种类型的文本数据，而无格式或结构的约束。在数据库中，这种类型的文本被称为自由文本字段（free text field）。自由文本字段通常用于存储一些事件的信息，例如，事件报告及其总结。在数据库中，以自由文本字段格式存在的数据通常包含其他字段没有的信息。通过 NLP 方法对自由文本字段进行分类和分析，可以学习到非常有价值的信息。这种分析可以帮助我们获取数据库主题信息之外的信息。

4. 留言和客户评论

和自由文本字段一样，留言和客户评论也支持自由格式的文本输入。留言和客户评论都是非常有价值的数据，可以用来分析用户对产品的态度和产品失败的原因。虽然可以通过人工分析此类信息，但人工分析数据昂贵且耗时。在许多情况下，留言和客户评论文本数据非常多，可以作为许多 NLP 应用程序的基础数据。

到目前为止，本节讨论了一些具体应用所需要的数据。另外，在一些科研项目中也需要分析数据。5.1.2 节将介绍如何收集科研项目所需要的数据。

5.1.2　收集科研项目所需数据

如果你希望为 NLP 科学研究做出贡献，或者想要将你的算法与其他研究人员的工作进行比较，那么所需要的数据将与前文介绍的数据大不相同。相比于使用之前从未有人使用过的数据（例如，企业内部的私有数据），建议使用其他研究人员也可以免费获取的数据。理想情况下，这种数据应该是公开的，但如果不是，那么你应该在 NLP 网络社区分享该数据，以便于他人也能复现你的研究项目。大多数学术会议或学术期刊都要求在论文发表或出版之前公开新收集的数据。接下来将介绍几种收集新数据的方法。

收集数据

虽然目前已经有很多开源数据，但有时，这些开源数据中可能没有项目需要的数据。例如，要进行一项非常特殊的科学研究，或者对一个快速演变的主题比较感兴趣（如 COVID-19）。又例如，项目需要特定地区的数据，或者一年中某些时段的季节性数据。基于这些原因，可能需要为项目收集具有针对性的数据。对于上述情况，有几种收集数据的好方法，包括 **API**、众包数据和绿野仙踪法。下面将介绍这三种方法。

（1）API

可以通过 API 访问某些社交网站数据。例如，开发人员可以使用推特 API 访问推特数据（`https://developer.twitter.com/en/docs/twitter-api`）。

（2）众包数据

可以使用亚马逊公司 Mechanical Turk（`https://www.mturk.com/`）平台人工生成数据。在此过程中，必须向众包工作者描述清楚希望生成的数据，以及数据的参数和数据的约束。众包数据生成方法适用于生成普通人都能理解的简单数据，而不是专业的或特殊的科研数据。众包是获取数据的一种有效方式，然而，为了让生成的数据更好地发挥作用，还必须采取一些预防措施：

- 为了使创建的数据与系统在部署期间遇到的真实数据足够相似，需要向众包工作者提供详尽的数据说明。在生成数据过程中，需要监控生成的数据，以确保众包工作者正确地遵循说明。

- 要为专门的应用程序创建合适的数据，众包工作者必须具备适当的知识。例如，要生成医疗报告数据，众包工作者必须具有医学背景。
- 众包工作者必须对数据所使用的语言掌握足够充分，以确保生成的数据能够代表真实数据。生成数据不需要完全符合语法规则，因为在系统部署过程中遇到的真实语言输入也不一定符合语法规则，尤其是语音数据。过于追求语法正确会使数据变得生硬、不切实际。

（3）绿野仙踪法

绿野仙踪法是一种数据收集方法。该方法基于设置一个人机交互的场景，在这个场景中，用户的输入表面上是由系统处理，但实际上是由人工处理的。绿野仙踪法得名于电影《绿野仙踪》中巫师奥兹说的话"不要在意幕后的那个人"，而幕后的那个人实际上就是大家所熟知的巫师。这种方法的原理是，如果用户认为是系统在处理数据，那么用户的行为将与他们使用实际系统时的行为一致。虽然绿野仙踪法可以生成高质量的数据，但是这种方法非常昂贵，因为在进行实验时，必须仔细设置系统，以便使实验中的受试者认为他们的交互对象是一个自动化系统。网站 https://en.wikipedia.org/wiki/Wizard_of_Oz_experiment 提供了一些有关绿野仙踪法的详细信息。更多关于绿野仙踪法的实验信息，请参阅网站 https://www.answerlab.com/insights/wizard-of-oz-testing。

在数据收集过程中，我们不仅对语言本身感兴趣，还比较关心对数据的附加描述信息，或称为元数据。5.1.3 节将简要介绍元数据的概念，然后介绍一种极其重要的元数据类型——标注。

5.1.3　元数据

数据集通常包含元数据。元数据是关于数据的信息，而非数据本身。任何对数据或后续数据处理有用的信息都会被添加到元数据中。一些常见的元数据包括语言文本数据中的语言类别信息、口语数据的发言人、发言时间和地点，以及文本数据的作者。如果口语数据源自语音识别的结果，那么元数据将包含语音识别系统的置信度信息。接下来将要介绍的文本数据的标注也是一种重要的元数据。

标注

一种重要的元数据是文本数据对应的 NLP 结果，或者文本数据的标注。

在大多数情况下，新收集的数据都需要进行标注，除非要做的实验只涉及无监督学习（请阅读第 12 章）。标注是一个将输入的文本与希望 NLP 系统产生的结果相关联的过程。通过处理已标注的样本，系统学习如何分析数据，然后再将学习到的规律和模式应用到新的、未标注的样本上。

由于标注实际上是监督学习中的监督信息，所以在无监督学习中数据不需要使用预期的 NLP 结果进行标注。

有很多软件工具可以用于标注自然语言文本数据，例如，**GATE**（General Architecture for Text Engineering）(`https://gate.ac.uk/`)，该软件有一个非常好用的界面，使标注者能够为一个文档或部分文档标注其含义。

下面介绍语音数据转录和标注人员之间标注一致性的问题。

（1）转录

转录将音频转换为文本数据。转录是标注语音数据的一个必要步骤。如果语音中的噪声较少，那么商用**自动语音识别**（Automatic Speech Recognition，ASR）系统就可以提供非常好的转录结果，例如 Nuance Dragon（`https://www.nuance.com/dragon/business-solutions/dragon-professional-individual.html`）。如果使用商用自动语音识别系统进行转录，那么研究人员应该审查转录结果，以便发现和纠正语音识别系统可能产生的错误。另外，如果语音数据非常嘈杂，或者涉及多人相互交谈，此时商用自动语音识别系统可能会给出很多错误结果，导致自动转录结果无法使用。在这种情况下，人工转录软件的效果更好，例如 TranscriberAG（`http://transag.sourceforge.net/`）。需要注意的是，人工转录包含噪音或有其他有问题的语音可能比较缓慢，因为转录员需要先理解语音，然后再进行转录。

（2）标注一致程度

对于同一个数据样本，不同的标注人员给出的标注结果可能不一样。标注人员对于同一个样本的正确标注常常存在分歧，特别是在数据标注说明不清晰的情况下。除此之外，标注人员在标注时可能没有仔细思考，或者数据的真实标注结果具有极大的主观性。基于这些原因，往往由多位标注人员共同标注同一个数据样本，尤其是主观数据。多位标注人员共同标注同一个数据往往存在不一致的情况。标注文本情感标签就是这方面的一个典型示例。标注者之间的一致程度被称为**标注一致程度**，这种程度由所谓的 **kappa 统计量**来衡量。kappa 统计量比只计算相同标注的百分比更可取，因为它还考虑到了标注人员可能偶然标注一致的情况。

NLTK 包含一个名为 `nltk.metrics.agreement` 的子包，这个包可用于计算**标注一致程度**。

到目前为止，我们已经讨论了数据的收集。当然，也有许多已经标注完毕的数据集可以免费使用。5.1.4 节将介绍这些数据集，后续章节将使用这些已有的数据集处理数据。

5.1.4　常用语料库

获取数据的最简单方法是使用已有的语料库。这些已有的语料库几乎涵盖了所有的

NLP 问题或任务。使用已有的语料库可以省去收集数据和标注数据的工作，除非已有语料库中的标注不适合你的研究或应用。在数据集发布之前，所有的隐私问题都已经被考虑到。使用已有语料库的一个额外优势是，其他研究人员可能已经发表了使用该数据集的论文，你可以将其与自己的工作进行比较。

有许多已有的数据集可供下载和使用，这些数据集几乎涵盖了所有的 NLP 任务。其中，有些数据集免费，有些收费。

可以通过多种途径获得已有数据集，例如：

- Linguistic Data Consortium（https://www.ldc.upenn.edu/）：提供多种语言的文本、语音数据，而且管理捐赠的数据。
- Hugging Face（https://huggingface.co/）：提供多种语言的数据集，以及 NLP 模型。其中一些流行的数据集包括电影评论数据集、产品评论数据集和推特情感分析数据集。
- Kaggle（https://www.kaggle.com/）：提供了很多数据集，包括用户贡献的数据集。
- European Language Resources Association（ELRA）（http://www.elra.info/en/）：一个提供多种语言数据的欧洲组织。
- NLP 库发布的数据（如 NLTK 和 spaCy）：NLP 库提供数十个各种大小、各种语言的语料库。很多数据都经过了标注，支持许多不同类型的应用程序。
- 政府数据：政府收集了大量包括文本在内的数据，这些数据通常公开且可用于科学研究。
- Librispeech（https://www.openslr.org/12）：一个大型的语音阅读数据集，旨在为视觉障碍人士提供有声读物。该数据集主要用于语音项目。

到目前为止，本章已经介绍了获取数据和添加元数据的相关内容，包括数据标注。在使用数据开发 NLP 应用之前，还需要确保数据符合相关的道德准则。5.2 节将介绍在开发应用程序时涉及的道德准则方面的内容。

5.2　确保数据的隐私性并遵守道德准则

语言数据，尤其是企业内部的数据，可能包含一些敏感信息。一个典型的例子是医疗数据和金融数据。这些类型的应用程序很可能包含与健康或财务有关的敏感信息。如果这些信息关联到具体的个人，那么这些信息会变得更加敏感。这种与特定个人相关的信息称为**个人可识别信息**（Personally Identifiable Information，PII），美国劳工部对个人可识别信息的定义为“能够直接或间接推断个人身份的任何形式的信息”（https://www.dol.gov/general/ppii）。个人可识别信息是一个广泛而复杂的问题，如何对其进行全面处理超出了本书的讨论范围。然而，值得讨论的是，如果在创建 NLP 应用程序时需要处理敏感数据，那么应该考虑以下问题。

5.2.1　确保训练数据的隐私

当使用通用语料库时，数据通常是已经处理好的，因此敏感信息已经被删除。如果使用的数据是自己收集的，那么将不得不考虑如何处理原始数据中的敏感信息。

使用占位符替换敏感数据是一种常见的策略，例如，使用 `<NAME>`、`<LOCATION>` 和 `<PHONENUMBER>` 等占位符。如此，在训练过程中，模型可以在没有任何敏感数据的情况下学会处理自然语言。这种方法不会影响模型处理自然语言的能力，因为很少有模型会根据具体的人名或位置对数据进行分类。如果分类依赖于更具体的信息，例如 `<LOCATION>`，则可以使用更具体的占位符，例如，城市或国家名称。使用占位符非但没有弊端，反而具有一定的优点，即它减少了模型对特定名称过拟合的可能。

5.2.2　确保运行时数据的隐私

在应用程序运行阶段，输入的数据通常会包含用户为了完成目标而提供的敏感数据。通常，保护表格数据（非 NLP 数据，例如，社会保障号码或信用卡号码）所采取的预防措施也适用于文本数据和语音数据。在某些情况下，此类数据的处理会受到法律的约束，你需要了解并遵循相关法律法规。

5.2.3　人道地对待实验参与者

可以通过实验收集自然语言和语音数据，例如，绿野仙踪数据收集方法。大学和科研机构一般设有专门的委员会，负责审查涉及人类的实验，以确保实验对象受到人道的对待。例如，实验对象必须对实验知情并且同意实验、实验对象不能受到任何伤害、实验对象享有匿名权、必须避免欺骗实验对象的行为、实验对象可以随时退出实验。如果想要通过实验收集数据，那么请熟悉上述相关委员会或类似机构设置的规则以及实验审批流程。你可能需要为审批过程预留足够的时间。

5.2.4　人道地对待众包工作者

如果通过众包工作者来创建和标注数据，比如亚马逊公司的 Mechanical Turk 平台上的工作者，那么公平公正地对待他们非常重要，最重要的是公平且及时地支付工资。当然，也需要确保他们有合适的工具来完成工作，并听取他们关于任务的任何看法和问题。

到目前为止，我们介绍了如何获取数据，以及相关的道德问题。接下来将介绍数据预处理。5.3 节首先会介绍一些通用的数据预处理方法，然后介绍一些针对特定应用程序的数据预处理方法。

5.3 数据预处理

在实际 NLP 项目开始之前，通常需要对数据进行清洗或预处理。

数据预处理主要有两个目标。第一个目标是删除系统无法处理的符号或问题，包括表情符号、HTML 标记、拼写错误、外来词或一些 Unicode 字符（如智能引号）等。许多现有的 Python 库可以帮助实现这个目标，5.3.1 节将展示如何使用这些工具。第二个目标是对文本进行正则化，以便忽略文本中单词之间无关紧要的差异。例如，在一些应用程序中，需要忽略单词大小写之间的差异。

有很多数据预处理方法可能有助于准备自然语言数据。数据预处理方法可以分为两大类，一类是通用的方法，另外一类是针对特殊应用的专用方法。本节将讨论这两种类型的数据预处理方法。

不同的应用程序需要不同类型的数据预处理方法。对于一个具体的 NLP 应用程序，除了最常见的数据预处理任务（例如分词）外，还需要仔细考虑需要进行哪种数据预处理。某个应用程序的数据预处理可能会完全删除其他应用程序所需要的基本信息。因此，对于数据预处理的每一个步骤，需要重点考虑这个步骤的目的以及它将如何服务于整个应用程序。特别地，如果 NLP 应用程序使用了大语言模型，那么应该谨慎使用数据预处理方法。这是由于大语言模型在训练时使用的是原始的非正则化文本，正则化输入数据会使数据与大语言模型训练文本之间的差异变大。正则化文本会导致诸如大语言模型这类机器学习模型出现问题。

5.3.1 删除非文本数据

许多自然语言程序只能处理文本字符，但文档中可能会包含一些非文本字符。根据应用程序的目的，可以从文本中完全删除非文本字符，也可以用某些系统能够处理的字符替换它们。

需要注意的是，非文本字符并不是一个固定的概念。非文本字符的定义在某种程度上取决于具体的应用场景。一般将 ASCII 字符集（https://www.ascii-code.com/）中的标准字符当作构成文本的标准字符，其他字符有时可以被当作非文本字符。例如，应用程序的非文本内容可能包括货币符号、数学符号，或者与文本主要字符不同的字符（例如，在一篇英文文档中的一个中文词）。

接下来将介绍如何删除、替换两类常见的非文本字符，即表情符号和智能引号。处理这两种非文本字符的应用程序可以为处理其他类型的非文本字符提供一个通用框架。

1. 删除表情符号

表情符号是一种非常常见的非文本字符。网络社交帖子中通常包含表情符号。然而，从 NLP 的角度来说，表情符号是一种非常特殊的文本形式。如果 NLP 工具不支持表情符号，那么你通常有两个选择，要么将其删除，要么使用其他等效文本符号进行替代。在大多数情况下，可能会选择删除或替代表情符号，但在某些情境下，NLP 应用程序可以直接读取并理解这些表情符号，所以保留这些符号可能会更有意义。

替换表情符号的一种方法是使用正则表达式来搜索文本中表情符号的 Unicode（参考网站 `https://home.unicode.org/` 获取更多有关 Unicode 的信息）。尽管如此，由于表情符号的组合各种各样，因此很难编写一个覆盖所有表情符号组合的正则表达式。另一种方法是访问 `unicode.org` 网站获取 Unicode 数据的 Python 库，这些库包含了标准表情符号（`https://home.unicode.org/`）。

其中 `demoji` 库（`https://pypi.org/project/demoji/`）就是一个可以用来删除或替换表情符号的 Python 库。

`demoji` 库的使用非常简单，只需要安装 `demoji` 库，然后处理可能包含表情符号的文本：

1）首先，安装 `demoji`：

```
$ pip install demoji
```

2）然后，运行以下代码将表情符号替换为相应的描述性文本：

```
demoji.replace_with_desc(text)
```

如果想要完全删除这些表情符号，或者希望使用其他文本替换，可以运行以下代码：

```
demoji.replace(text,replacement_text)
```

图 5.1 展示了一段包含生日蛋糕表情符号的文本，并展示了如何将其替换为文本 `:birthday cake:`，或者直接删除该表情符号。

```
1  import demoji
2
3  happy_birthday = "Happy birthday!🎂"
4
5  text_with_emojis_replaced = demoji.replace_with_desc(happy_birthday)
6  print(text_with_emojis_replaced)
7
8  text_with_emojis_removed = demoji.replace(happy_birthday,"")
9  print(text_with_emojis_removed)
10

Happy birthday!:birthday cake:
Happy birthday!
```

图 5.1　替换或删除表情符号

即使表情符号不会引起软件的运行问题，这些表情符号所代表的含义也会被忽略，因为 NLP 系统无法理解表情符号的含义。如果将表情符号替换为描述其含义的文本，那么 NLP 系统会理解其含义，例如，图 5.1 中的表情符号表示生日蛋糕。

2. 删除智能引号

文本处理程序有时会自动将输入的引号转换为“智能引号”或“花引号”，这使文本看起来更美观，但某些软件可能不支持这种格式。对于无法处理智能引号的 NLP 系统，使用智能引号可能会导致一些预期不到的问题。如果文本包含智能引号，那么可以使用 Python 字符串替换方法将其替换为普通引号，代码如下所示：

```
text = "here is a string with "smart" quotes"
text = text.replace(""", "\"").replace(""","\"")
print(text)
here is a string with "smart" quotes
```

需要注意的是，在替换为普通引号时需要使用反斜杠。

前面介绍了删除表情符号、智能引号等非文本字符的方法。接下来将介绍文本的正则化方法，该方法可以使文本格式标准化。

5.3.2 文本正则化

本节将介绍一种非常重要的方法——文本正则化。本节将讨论多种文本正则化方法以及如何使用 Python 实现这些方法。

1. 分词

几乎所有的 NLP 系统都以词为基本单位，因此为了后续处理的正常进行，必须对文本进行分词处理。许多语言使用空格作为词与词之间的分隔符，但在某些特殊情况下，这种方法不适用。图 5.2 展示了一段分别使用空格作为分隔符和使用 NLTK 分词函数进行分词的代码。

```python
import nltk
from nltk import word_tokenize

# a set of a few sentences to illustrate tokenization
text = ["Walk here.", "Walk  here.", "Don't walk here.", "$100"]

print("Split on white space")

for sentence in text:
    tokenized = sentence.split(" ")
    print(tokenized)

print("Using NLTK tokenization")

for sentence in text:
    tokenized = word_tokenize(sentence)
    print(tokenized)
```

图 5.2 分别使用空格作为分隔符和使用 NLTK 分词函数进行分词的 Python 代码

运行图 5.2 中的代码可以得到表 5.1 所示的分词结果。

表 5.1 分别使用空格作为分隔符和使用 NLTK 分词函数进行分词的结果

待分割的句子	分割时遇到的问题	使用空格作为分隔符的分词结果	NLTK 分词结果
Walk here.	分割后的 token 不应该包含标点符号	['Walk','here.']	['Walk','here', '.']
Walk here.	多出的空格不应该单独作为一个 token	['Walk',' ','here.']	['Walk','here', '.']
Don't walk here.	缩写词 "don't" 应该拆成两个 token	["Don't",'walk', 'here.']	['Do',"n't", 'walk', 'here', '.']
$100	$ 应该单独作为一个 token	['$100']	['$','100']

通过表 5.1 可以看到，使用空格作为分隔符分割文本的方法在某些情况下会给出错误结果：

- 在表 5.1 的第一行中，当句尾有标点符号且标点符号与单词之间没有空格时，使用空格作为分隔符来分词会错误地将标点符号与单词连在一起作为一个 token。这意味着这些词 "walk" "walk," "walk." "walk?" "walk:" "walk!" 都会被系统视为不同的 token。如果大部分单词都出现了这种问题，那么基于其中一种形式训练的模型将不能处理其他形式的单词。
- 在第二行中，当按空格拆分时，连续两个空格将会形成一个额外的空白 token。这会导致所有认为两个单词相邻的算法失效。
- 当用空格作为分隔符分割句子时，单词缩写也会产生问题。缩写不会被拆成两个单词，这意味着 NLU 算法可能无法理解 do not 和 don't 具有相同含义。
- 最后，在处理带有货币符号或其他类似符号词语时，算法无法区分 "$100" 和 "100 美元" 这两个短语具有相同的含义。

使用正则表达式很容易处理这几种特殊情况。然而，在实际操作中，正则表达式很难覆盖所有的情况。如果试图扩展正则表达式以覆盖更多情况，那么正则表达式会变得非常复杂且难以维护。出于这些原因，使用 NLTK 库以及其他类似的库是一种更好的方法。这些库都经过多年测试，性能比较稳定。你可以编写代码尝试各种不同分词方法，看看不同的方法给出什么样的结果。

如表 5.1 所示，无论使用哪种方法，结果都是一个字符串列表，这种格式便于后续处理。

2. 将大写字母转换为小写字母

在使用大小写字母的书写系统中，大多数文档都既包含大写字母也包含小写字母。与分词情况一样，相同的单词以不同的大小写格式出现意味着一种格式的数据不适用于其他格式。例如，“*Walk*”“*walk*”和“*WALK*”会被视为不同的单词。为了使它们被视为同一个单词，通常会将文本转换为小写形式。可以使用 Python 中的 `lower()` 函数来处理分词后的每一个 token，如图 5.3 所示。

```
1 mixed_text = "WALK! Going for a walk is great exercise."
2 mixed_words = nltk.word_tokenize(mixed_text)
3 print(mixed_words)
4
5 lower_words = []
6 for mixed_word in mixed_words:
7     lower_words.append(mixed_word.lower())
8 print(lower_words)
['WALK', '!', 'Going', 'for', 'a', 'walk', 'is', 'great', 'exercise', '.']
['walk', '!', 'going', 'for', 'a', 'walk', 'is', 'great', 'exercise', '.']
```

图 5.3　将文本转换为小写格式

然而，将所有单词都转换为小写形式也有缺点，即大小写差异有时对语义非常重要。全部单词小写的一个显著缺点是，NLP 系统难以区分专有名词和普通名词，因为转为小写后这两类名词的大小写差异将会消失。如果词性标注模型或命名实体识别模型是在包含大小写字母的数据上训练的，那么转为小写后可能会导致词性标注错误或命名实体识别错误。同样，有时候单词的大写形式用于强调，这可能反映了作者在句子中表达的情感或作者的情感状态，比如兴奋或愤怒，这些信息可能对情感分析有帮助。出于这些原因，在处理数据时，应该考虑 pipeline 中的每个步骤，以确保所需要的信息没有被删除。5.4.6 节中将对此进行更详细的讨论。

3. 词干提取

在许多语言中，单词的形式会因其在句子中的用法不同而存在差异。举例来说，在英语中，名词的单数和复数具有不同的形式，不同时态的动词也不一样。相对来说，英语中的单词变化较少，而其他语言可能有更多形式的变化。例如，西班牙语拥有数十种动词形式，包括过去时、现在时、将来时，动词的主语是第一、第二、第三人称以及单数或复数。在语言学领域，单词具有不同的形式通常被称为**屈折形态学**（inflectional morphology），而这些形式的词尾则被称为**屈折词素**（inflectional morphemes）。

当提及一个人时，不同形式的单词对传达说话人的意图至关重要。但如果模型的目的是对文档进行分类，那么就没有必要关注单词的各种不同形式。就像带标点符号的单词一样，相同的单词附带不同的标点符号可能会导致它们被 NLP 系统视为完全不同的单词，尽管这些单词含义相同。

词干提取（stemming）和**词形还原**（lemmatization）是正则化不同形式单词的两种方法。词干提取较为简单，因此首先介绍该方法。一般来说，词干提取是指删除单词末尾的一些附加的字母，这些字母经常（但不总是）出现屈折词素，例如，“*walks*”末尾的“*s*”，或者“*walked*”末尾的“*ed*”。词干提取算法不涉及深入理解单词的含义，它只是根据一些规则猜测哪些字母可能是单词末尾附加的字母。基于此原因，词干提取算法很容易出现错误。这些错误可能是由于删除了过多的字母或者保留了太少的字母而导致实际上不同的单词被错误地归并为同一个单词，或者是由于删除过少字母而导致不同形式的同一单词被处理成两个不同的单词。

NLTK 库中的 PorterStemmer 是一个广泛使用的词干提取工具，它的使用方法如图 5.4 所示。

```
import nltk
from nltk.stem.porter import PorterStemmer
stemmer = PorterStemmer()
text_to_stem = "Going for a walk is the best exercise. I've walked every evening this week."
tokenized_to_stem = nltk.word_tokenize(text_to_stem)
stemmed = [stemmer.stem(w) for w in tokenized_to_stem]
print(stemmed)
```

```
['go', 'for', 'a', 'walk', 'is', 'the', 'best', 'exercis', '.', 'I', "'ve", 'walk', 'everi',
'even', 'thi', 'week', '.']
```

图 5.4 使用 PorterStemmer 进行词干提取

请注意，图 5.4 所示的结果中包含了一些错误。其中，walked 变成 walk、going 变成 go 是正确的结果，但其他结果是错误的：

- exercise → exercis
- every → everi
- evening → even
- this → thi

PorterStemmer 仅适用于英语，因为其词干提取算法是基于英语规则实现的，例如，删除词尾的“*s*”，这个规则只适用于英语。NLTK 库还包括一个多语言的词干提取工具，即 SnowballStemmer。SnowballStemmer 适用于多种语言，包括阿拉伯语、丹麦语、荷兰语、英语、芬兰语、法语、德语、匈牙利语、意大利语、挪威语、葡萄牙语、罗马尼亚语、俄语、西班牙语和瑞典语。

然而，这些词干提取器中没有包含任何针对它们所处理语言的知识，因此它们可能会犯错误，就如之前所看到的那样。一种类似但更准确的方法是使用词典处理单词，这种方法称为**词形还原**。词形还原不容易出现前文所述的错误。

4. 词形还原与词性标注

与词干提取一样，词形还原的目标也是减少文本中单词的形式。然而，词形还原实际上是将每个单词替换为其根词（root word）形式或词元（lemma）形式（通过查询词典获取），而不仅仅是简单地删除单词的后缀。不过，识别词元往往需要考虑词性，如果缺乏准确的词性信息，那么词形还原可能会不准确。单词的词性通常可以通过词性标注来确定。第3章中已经介绍过，词性标注用于识别文本中每个单词最可能的词性。因此词形还原与词性标注通常被一起使用。

针对上文提到的词典，可以使用普林斯顿大学开发的WordNet词典（`https://wordnet.princeton.edu/`）。WordNet词典是一个单词及其词性的重要信息来源。起初，WordNet词典主要适用于英语，但现在已经有基于其他语言的WordNet词典。第3章在介绍语义分析时简要提到了WordNet词典，因为WordNet词典不仅包含词性信息，还包含语义信息。

在以下示例中，我们仅使用词性信息，而不使用语义信息。图5.5展示了导入WordNet词形还原器、分词器和词性标注器的流程。需要首先将词性标注使用的词性和WordNet中的词性进行对齐，因为两者使用的词性名称可能不完全一致，之后再对每个单词进行词形还原处理。

```
1  import nltk
2  nltk.download("wordnet")
3  from nltk.stem.wordnet import WordNetLemmatizer
4  from nltk import word_tokenize, pos_tag
5  from nltk.corpus import wordnet
6  from collections import defaultdict
7
8  # align names for parts of speech between WordNet and part of speech tagger.
9  tag_map = defaultdict(lambda: wordnet.NOUN)
10 tag_map["J"] = wordnet.ADJ
11 tag_map["V"] = wordnet.VERB
12 tag_map["R"] = wordnet.ADJ
13
14 lemmatizer = WordNetLemmatizer()
15 text_to_lemmatize = (
16     "going for a walk is the best exercise. i've walked every evening this week"
17 )
18 print("text to lemmatize is: \n", text_to_lemmatize)
19
20 tokens_to_lemmatize = nltk.word_tokenize(text_to_lemmatize)
21 lemmatized_result = ""
22 for token, tag in pos_tag(tokens_to_lemmatize):
23     lemma = lemmatizer.lemmatize(token, tag_map[tag[0]])
24     lemmatized_result = lemmatized_result + " " + lemma
25 print("lemmatized result is: \n", lemmatized_result)
```

```
[nltk_data] Downloading package wordnet to
[nltk_data]     C:\Users\dahl\AppData\Roaming\nltk_data...
[nltk_data]   Package wordnet is already up-to-date!
text to lemmatize is:
 going for a walk is the best exercise. i've walked every evening this week
lemmatized result is:
  go for a walk be the best exercise . i 've walk every evening this week
```

图5.5　“*going for a walk is the best exercise. i’ve walked every evening this week*”的词形还原结果

如图 5.5 给出的词性还原结果所示，输入文本中的许多单词被其词元替换。例如，“going”被替换为“go”，“is”被替换为“be”，“walked”被替换为“walk”。值得注意的是，“evening”并没有被替换为“even”，因为词形还原与词干提取不同。如果“*evening*”表示的是动词“*even*”的现在分词，那么它会被“even”取代。但在上述示例中，“*evening*”是一个表示夜晚的名词。

5. 删除停用词

停用词在文本文档中极为常见，但是停用词并不能为文本分类等任务提供区分性信息。因此，在文本分类应用中，通常会将停用词删除。然而，当应用程序需要详细分析句子时，这些常见的词汇就比较重要了，因为它们有助于系统理解句子的意思。

通常情况下，停用词包括代词、介词、冠词和连词等词汇。然而，针对特定语言，哪些词汇应被视为停用词是一个非常主观的问题。例如，spaCy 库中有 326 个英语停用词，而 NLTK 库的英语停用词只有 179 个。这些停用词是由 spaCy 库和 NLTK 库的开发人员根据他们在实际应用中的经验选择的。你可以根据应用程序的需求确定所使用的停用词。

接下来介绍 NLTK 库和 spaCy 库提供的停用词。在运行 NLTK 库和 spaCy 库之前需要进行一些初始设置。如果使用的是命令行窗口或终端，那么你可以输入以下命令来确认 NLTK 库和 spaCy 库是否可用：

```
1. pip install -U pip setuptools wheel
2. pip install -U spacy
3. python -m spacy download en_core_web_sm
```

如果使用的是第 4 章所介绍的 Jupyter Notebook（这也是本书所推荐的），那么你可以在 Jupyter 的代码单元中输入相同的命令，但是需要在每个命令之前添加“！”。设置完毕后，可以运行图 5.6 中的代码来查看 NLTK 库的停用词。

```
1 from nltk.corpus import stopwords
2 nltk.download('stopwords')
3 nltk_stopwords = nltk.corpus.stopwords.words('english')
4 print(nltk_stopwords)
```

```
['i', 'me', 'my', 'myself', 'we', 'our', 'ours', 'ourselves', 'you', "you're", "you've", "you'll", "you'd",
es', 'he', 'him', 'his', 'himself', 'she', "she's", 'her', 'hers', 'herself', 'it', "it's", 'its', 'itself'
hemselves', 'what', 'which', 'who', 'whom', 'this', 'that', "that'll", 'these', 'those', 'am', 'is', 'are',
'have', 'has', 'had', 'having', 'do', 'does', 'did', 'doing', 'a', 'an', 'the', 'and', 'but', 'if', 'or', '
'at', 'by', 'for', 'with', 'about', 'against', 'between', 'into', 'through', 'during', 'before', 'after', '
```

图 5.6　查看 NLTK 库的前几个停用词

请注意，图 5.6 只显示了前几个停用词，你可以运行代码来查看所有停用词。

类似地，可以运行图 5.7 所示的代码查看 spaCy 库的停用词，这里也只显示了前几个停用词。

```
1 import spacy
2 nlp = spacy.load('en_core_web_sm')
3 spacy_stopwords = nlp.Defaults.stop_words
4 print(spacy_stopwords)
```

```
{''m', 'now', 'very', 'elsewhere', 'out', 'used', 'besides', 'mine', ''re', 'top', 'each', 'whence', ''d', 'enough'
'would', 'mostly', 'that', 'such', 'for', 'everything', 'some', 'n't', 'its', 'becomes', "'m", 'also', 'own', 'call
g', 'no', 'side', 'myself', 'toward', 'amount', 'did', 'otherwise', 'ca', 'n't', 'how', 'so', 'which', 'whatever',
s', 'almost', 'eleven', 'nevertheless', 'seemed', 'he', 'anyhow', 'front', 'always', 'therein', 'please', 'fifteen'
l', 'although', 'behind', 'bottom', 'much', 'yours', 'too', 'herein', 'made', 'without', 'after', 'hence', 'are', '
```

图 5.7　查看 spaCy 库的前几个停用词

对比这两个库提供的停用词，可以看到两者有很多共同之处，但也有一些差异。在具体应用中，使用哪个库的停用词由你自己决定，这两套停用词在实践中都很好用。

6. 删除标点符号

删除标点符号同样非常重要，类似于停用词，标点符号在文档中出现的频率也非常高，而且对文档分类等任务没有太多帮助。

删除标点符号的常见方法有两种：第一种是定义一个包含标点符号的字符串，然后根据字符串设计正则表达式，最后使用该正则表达式删除文本中的标点符号；第二种是直接移除文本中的所有非字母非数字字符。相比较而言，第二种方法更可靠，因为它能够轻松删除那些不常见的标点符号。图 5.8 给出了删除标点符号的代码。

```
# define a sample text and tokenize it
text_to_remove_punct = "going for a walk is the best exercise!! i've walked, i believe, every evening this week."
tokens_to_remove_punct = nltk.word_tokenize(text_to_remove_punct)

# remove punctuation
tokens_no_punct = [word for word in tokens_to_remove_punct if word.isalnum()]
print(tokens_no_punct)
```

```
['going', 'for', 'a', 'walk', 'is', 'the', 'best', 'exercise', 'i', 'walked', 'i', 'believe', 'every', 'evening',
'this', 'week']
```

图 5.8　删除标点符号的代码

在图 5.8 所示的代码中，原始文本存储在 `text_to_remove_punct` 变量中，文本中包含了几个常见的标点符号，例如，感叹号、逗号和句号。运行代码给出的结果存储在 `tokens_no_punct` 变量中，最后一行输出了删除标点符号后的结果。

5.3.3　拼写错误校正

另一种清除文本噪声和正则化文本的方法是校正拼写错误的单词。相较于拼写正确的单词，拼写错误的单词在训练数据中出现的频率较低，因此在处理新文本时，识别拼写错误的单词具有一定的挑战性。此外，经过正确拼写文本训练的模型难以识别和处理拼写错误的词汇。因此，需要在 NLP pipeline 中添加拼写校正步骤。然而，并非每个项目都需要纠正文本中的拼写错误，部分原因如下：

- 某些类型的文本中拼写错误非常多，例如，社交网络上的帖子。因为新的待处理的文本中也会出现拼写错误，所以最好不要对训练数据或运行中的输入数据进行拼写校正。
- 拼写错误校正并不总是准确的，错误的校正会导致本来正确的单词被改为错误的单词，这不仅无益于处理过程，反而会引入更多错误。
- 某些文本数据包含专有名词或陌生词汇。此时，如果进行拼写错误校正，只会引入错误。

Python 中有许多拼写检查器可用于拼写错误校正，一个推荐的拼写检查器是 `pyspellchecker`。`pyspellchecker` 的安装方式如下：

```
$ pip install pyspellchecker
```

图 5.9 所示的代码进行拼写检查。

```
from spellchecker import SpellChecker

spell_checker = SpellChecker()

# find words that may represent spelling errors
text_to_spell_check = "Ms. Ramalingam voted agains the bill"
tokens_to_spell_check = nltk.word_tokenize(text_to_spell_check)
spelling_errors = spell_checker.unknown(tokens_to_spell_check)

for misspelled in spelling_errors:
    # Get the one `most likely` answer
    print(misspelled, " should be", spell_checker.correction(misspelled))
```

```
ms.  should be is
ramalingam  should be None
agains  should be against
```

图 5.9　使用 `pyspellchecker` 进行拼写检查

从图 5.9 可以看出，拼写检查很容易出错。在 `pyspellchecker` 的检查结果中，将 `agains` 更改为 `against` 是正确的，但是将 `Ms.` 更改为 `is` 是错误的。除此之外，检查器对 `Ramalingam` 这个单词一无所知，所以没有对这个单词进行更改。

请注意，ASR（自动语音识别）生成的输出一般不包含拼写错误，因为 ASR 只能输出词汇表中的单词，这些单词的拼写都是正确的。当然，自动语音识别系统的输出可能存在其他类型的错误，但这些错误是将正确的单词替换为错误的单词，并不能通过拼写错误校正来纠正这些错误。

此外，还需要注意，词干提取和词形还原输出的 token 不一定是真正的单词，所以不需要校正。因此，如果在 pipeline 中添加了拼写错误校正步骤，请确保将其置于词干提取和词形还原之前。

还原缩写词

还原缩写词也是一种增加数据一致性的方法。在缩写词还原过程中，将类似于"*don't*"这样的词写成完整形式，即"*do not*"。这样，当系统捕捉到"*don't*"时，可以分别识别出"*do*"和"*not*"。

至此，本节已经介绍了许多通用的数据预处理方法。接下来将探讨一些适用于特定应用程序类型的数据预处理方法。

5.4　针对具体应用程序的数据预处理

前几节所介绍的数据预处理方法适用于大多数类型的文本数据。接下来将介绍一些适用于特定应用程序类型的数据预处理方法。

5.4.1　用类 token 替换单词和数字

有时数据中包含具有相同语义的特定单词或 token。例如，一个文本语料库可能包含美国各个州的名称，但出于特定应用程序的需求，我们只关心是否提到了美国的州，而不关心具体是哪个州。在这种情况下，可以使用一个类 token 替代州的名字。图 5.10 给出了一个示例。

System: where do you live?

User: I live in Texas

Class token substitution: I live in <state_name>.

图 5.10　用类 token 替代美国州的名字

如果使用 `<state_name>` 代替 `Texas`，那么系统可以更容易识别其他州的名字，因为系统无须学习如何识别 50 个州的名字，只需学习识别类 token`<state_name>`即可。

使用类 token 的另一个原因在于文本中数字类型的 token 可能包含敏感或隐私信息，例如，日期、电话号码或社会保障号码等。以社会保障号码为例，可以用类 token`<social_security_number>`替代社会保障号码。这样做的好处在于能够屏蔽或隐藏敏感信息。

5.4.2　修改数据

正如 5.2 节所介绍的，数据中可能包含敏感信息，如人名、健康信息、社会保障号码或电话号码等。因此在使用数据训练模型之前，应该对这些信息进行处理。

5.4.3　特定领域的停用词

NLTK 库和 spaCy 库都有自己的停用词表，可以向该表格添加或删除停用词。例如，如果应用程序包含某些领域特殊的词汇，但这些词汇不在停用词表中，那么可以将这些词添加到停用词表中。相反，如果一些通常的停用词在某个应用程序中实际具有特殊的意义，那么可以从停用词表中删除这些词汇。

一个典型的例子是单词“*not*”，它同时被 NLTK 库和 spaCy 库列为停用词。在许多文档分类任务中，将“*not*”视为停用词是合理的。然而，在情感分析等任务中，“*not*”和其他类似词汇（例如“*nothing*”或“*none*”）可能代表负面情绪。例如，删除句子“*I do not like this product*”中的“*not*”时，这句话变为“*I do like this product*”，其表达的情感信息完全改变。在这种情况下，应该从停用词表中移除“*not*”和其他表示否定的词汇。

5.4.4　删除 HTML 标记

如果应用程序是一个基于网页的应用程序，那么其中通常会包含 HTML 格式的标记，这些标记通常对 NLP 任务无用。此时可以使用 Beautiful Soup 库（`https://www.crummy.com/software/BeautifulSoup/bs4/doc/`）来删除这些 HTML 标记。Beautiful Soup 库提供了多种用于处理 HTML 文档的函数，其中最有用的函数是 `get_text()` 函数，它能够从 HTML 文档中提取纯文本内容。

5.4.5　数据不平衡问题

文本分类任务的目标是为每个文档分配一个类。文本分类任务是 NLP 应用程序中最常见的任务之一。在实际的数据集中，某些类包含的样本数量远大于其他类，这个问题被称为**数据不平衡问题**。如果数据严重不平衡，则会导致机器学习算法出现问题。有两种常见的方法用于解决数据不平衡问题——过采样和欠采样。过采样是指复制小类中的一些文档再添加到数据集中，以缩小各类之间的样本数量的差异，而欠采样则是指删除大类中的一些样本。这两种方法也可以组合使用，即对大类数据进行欠采样，同时对小类数据进行过采样。第 14 章将详细讨论这一问题。

5.4.6　文本预处理 pipeline

为 NLP 准备数据通常涉及多个步骤，其中每个步骤都需要使用前一步骤的输出，类似这样的一系列预处理步骤被称为数据预处理 **pipeline**。例如，一个 NLP pipeline 可以包括分词、词形还原、删除停用词。通过在 pipeline 中添加或删除步骤，可以尝试不同预处理方法的组合，并评估结果的变化。

数据预处理 pipeline 不仅可以为训练模型准备数据，还可以为测试或运行模型准备数据。一般来说，如果总是需要某一个数据预处理步骤（例如分词），那么可以考虑对训练数据进行一次预处理，然后保存处理后的数据。如果你正在尝试不同的数据预处理步骤组合以寻找最佳组合，那么这将非常节省时间。

5.5 选择合适的数据预处理方法

表 5.2 总结了本章所介绍的预处理方法，以及它们的优缺点。对于一个具体项目来说，了解不同方法的特点非常重要。

表 5.2 各种数据预处理方法的优缺点

预处理方法	定义	优点	缺点	评价
删除 / 替换非文本数据	删除表情符号、HTML 标记，以及其他非文本符号	非文本有时会导致处理出错，最好的情况是引入均匀噪声		去除非文本不太可能引入错误
平衡数据集	通过过采样或欠采样平衡类数据	使用平衡数据集，机器学习算法的性能会更好		除非失衡很严重，否则没有必要
分词	将文本分解为 token	等待后续步骤处理	过于简化的分词方法会给出错误结果	几乎所有的 NLP 算法都需要进行分词处理
拼写错误校正	使用正确的拼写替换拼写错误的单词	能够利用更多的数据	不准确的拼写错误校正会引入错误	
词性标注	为每个 token 标注词性	提高词性还原的准确率；有助于区分不同含义的单词	词性标注错误会传导到后续处理步骤	
词干提取和词形还原	删除单词后缀，使意思相似的单词看起来相同	将意思相同但尾缀不同的词组合在一起形成更多数据	不准确的词干提取和词形还原会给系统带来错误	不可以置于句法分析之前，因为会删除重要信息
转换为小写单词	改为小写形式	将意思相同但大小写不同的单词组合在一起形成格式统一的数据	使用大写字母作为专有名词特征的命名实体识别算法会出现错误	

（续）

预处理方法	定义	优点	缺点	评价
删除标点符号	删除逗号、句号、问号和类似的标点符号	删除无法用于文本分类的符号	情感分析任务使用“?”“!”等符号作为特征，删除标点符号会增加情感分析任务的错误率	
删除停用词	删除极其常见的词，如代词、介词和冠词	删除频繁出现但无法用于文本分类的符号		不可以置于词性标注或情感分析之前，因为会删除重要信息
缩写词还原	将“don't”等缩写词转化为非缩写形式（“do not”）	将缩写单词改写为非缩写单词形成更多数据		

许多数据预处理方法，例如拼写错误校正，都存在引入错误的风险，这是因为这些方法并非绝对完美。对于那些研究程度较低的语言，相关的算法可能不如研究程度较高的语言成熟。

因此，建议在初始时使用最基本的数据预处理技术（如分词），只有当测试的结果不令人满意时，才考虑使用其他方法。有时，数据预处理造成的错误可能会使整体结果变差。因此，持续不断地评估系统非常重要，只有这样才能确保使用的新方法不会使结果变得更差。第 13 章将详细介绍模型评估方法。

5.6 本章小结

本章首先介绍了收集和使用自然语言数据的方法，包括通用语料库以及为具体的应用程序收集数据。

之后，本章介绍了多个为 NLP 项目准备数据的方法，包括数据标注。数据标注为监督学习提供了数据基础。最后，本章介绍了一些常见的数据预处理步骤，这些步骤可以去除数据中的噪声、降低数据的多样性，使机器学习算法能够专注于不同类别文本的最显著的差异。此外，本章还涵盖了与隐私和道德规范相关的内容，介绍了如何妥善保护文本数据中的隐私信息，以及如何确保协同工作的众包工作人员在生成或标注数据时受到公平的对待。

第 6 章将介绍一些探索数据的方法，例如，概括统计（词频、类别频率等），以便更全面地了解数据集。此外，还将介绍一些可视化工具，例如 matplotlib，这些工具可以以图形的方式展示文本数据，帮助我们发现更多信息。最后，我们将介绍如何基于可视化和统计结果做出决策。

CHAPTER 6

第 6 章

数据探索与数据可视化

在**自然语言理解**应用程序的开发过程中，数据的探索和可视化是不可或缺的步骤。本章将介绍一些数据探索方法，例如词频可视化和文档相似性可视化。除此之外，本章还将介绍几个重要的数据可视化工具，例如 Matplotlib、Seaborn 和 WordCloud。这些工具能够以图形化的方式展示数据，帮助开发人员探索数据内部的模式和关系。通过使用这些方法和工具，我们能够更加深入地了解数据，并对后续的 NLU 任务做出明智的决策，从而提高数据分析的准确性和有效性。无论你是数据科学家还是数据开发人员，数据探索与数据可视化都是提取文本数据有用信息的基本技能，有助于为后续 NLU 任务做好准备。

本章将深入探讨与数据初步探索相关的几个主题，尤其是数据可视化。本章将首先介绍数据可视化的作用和重要性。接下来，本章将以电影评论数据集为例，详细介绍数据可视化方法。然后，本章将探讨多种数据探索方法，包括概括统计、词频可视化以及度量文档相似性。紧接着，本章将分享一些常见的数据可视化技巧以及需要注意的事项。最后，本章将讨论如何将数据可视化信息应用于数据进一步处理的决策之中。

本章将介绍以下内容：

- 为什么要进行数据可视化
- 数据探索
- 数据可视化注意事项
- 基于数据可视化信息对后续数据处理做出决策

6.1 为什么要进行数据可视化

数据可视化是指以图表或图形的形式展示数据。几乎所有**自然语言处理**系统在执行特定任务之前，都需要利用可视化方法对数据进行初步探索，因为很难直接“看到”大量文本数据中的模式。然而，通过数据可视化方式通常更容易“看到”数据的整体模式。这些模式对决定使用何种 NLP 方法非常有帮助。

此外，可视化方法还有助于开发人员理解 NLP 分析的结果，并为后续处理方法提供指导。由于查看 NLP 分析结果并不属于数据初步探索步骤，因此我们将这部分内容推迟至第 13 章和第 14 章。

为了探索数据可视化方法，本章将引入一个文本文档数据集。这个文本文档数据集涉及一个二分类问题，接下来将对该问题进行详细描述。

句子极性文本数据集

句子极性数据集是一个广泛使用的数据集，来源于**互联网电影数据库**（Internet Movie Database，IMDB）中的电影评论。这些评论已经被分类为正面评论和负面评论两个类别。通常使用这个数据集完成文本二分类任务，即将电影评论分类为正面评论或负面评论。这个数据集由康奈尔大学的一个团队收集。有关该数据集的更多信息，请访问数据集网站 `https://www.cs.cornell.edu/people/pabo/movie-review-data/`。

电影评论数据集是 **NLTK** 库内置数据集之一，该数据集共包含 1000 条正面评论和 1000 条负面评论。

下面是数据集的一个正面评论样本：

```
kolya is one of the richest films i've seen in some time .
zdenek sverak plays a confirmed old bachelor ( who's likely to remain
so ) , who finds his life as a czech cellist increasingly impacted by
the five-year old boy that he's taking care of .
though it ends rather abruptly-- and i'm whining , 'cause i wanted to
spend more time with these characters-- the acting , writing , and
production values are as high as , if not higher than , comparable
american dramas .
this father-and-son delight-- sverak also wrote the script , while his
son , jan , directed-- won a golden globe for best foreign language
film and , a couple days after i saw it , walked away an oscar .
in czech and russian , with english subtitles .
```

下面是数据集的一个负面评论样本：

```
claire danes , giovanni ribisi , and omar epps make a likable trio of
protagonists , but they're just about the only palatable element of
the mod squad , a lame-brained big-screen version of the 70s tv show .
the story has all the originality of a block of wood ( well , it would
if you could decipher it ) , the characters are all blank slates ,
and scott silver's perfunctory action sequences are as cliched as they
come .
by sheer force of talent , the three actors wring marginal enjoyment
from the proceedings whenever they're on screen , but the mod squad is
just a second-rate action picture with a first-rate cast .
```

虽然我们可以逐个查看这个包含2000个样本的数据集中的每一个样本，但是很难通过查看每一个样本来提取数据中的总体模式。由于数据规模庞大，因此我们很难通过细节勾勒出整体图像。6.2节将介绍一些帮助开发人员识别数据集总体模式的工具。

6.2 数据探索

数据探索，又称为探索性数据分析（Exploratory Data Analysis，EDA），是初步查看数据、了解数据模式、获取数据整体认识的过程。这些模式和对数据的认知将帮助我们确定最适合处理数据的方法。由于一些NLU方法处理大规模数据时需要大量计算，因此我们希望避免在不适合的方法上浪费时间。数据探索可以在项目开始阶段缩小方法选择的范围。数据可视化在数据探索中非常有帮助，因为它能够帮助我们快速了解数据中的模式。

针对一个具体的语料库，最基本的值得探索的信息包括单词总数、词频、文档平均长度以及每个类别中文档的数量等。本章首先查看单词的频率分布，并介绍几种词频可视化方法，然后探讨一些用于度量文档相似性的方法。

6.2.1 频率分布

频率分布是指某些特定类型对象在上下文中出现的次数。在本章中，上下文是一个数据集。我们将会查看在数据集及其子集中单词和n元组（单词序列）出现的频率。本节将首先介绍词频分布的定义，并介绍一些数据预处理步骤；然后，本节将使用Matplotlib和WordCloud等工具可视化单词频率；接着，本节将用同样的方法处理n元词组。最后，本节将介绍一些用于可视化文档相似性的方法，包括词袋模型和k均值聚类。

1. 词频分布

语料库中出现的单词及其频率具有丰富的信息量。在深入研究NLP项目之前，可以使用NLTK库初步探索这些信息。首先，导入NLTK库和电影评论数据集，如图6.1所示。

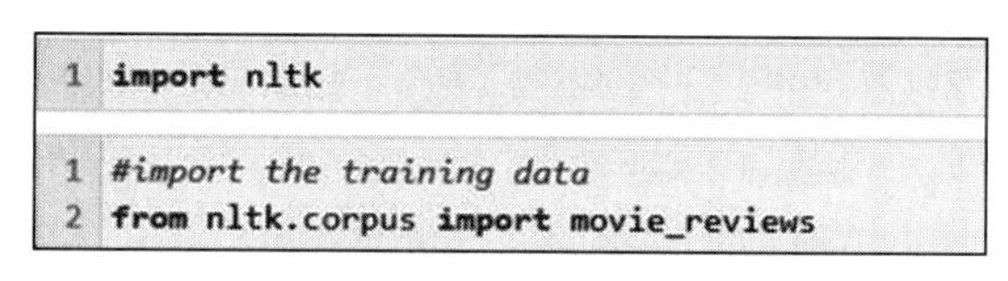

```
1 import nltk

1 #import the training data
2 from nltk.corpus import movie_reviews
```

图6.1　导入NLTK库和电影评论数据集

图6.2展示了探索数据的代码，该代码将`movie_reviews`数据集的单词收集到一个列表中，并在以下步骤中查看其中的一些单词：

1）使用NLTK提供的`words()`函数收集语料库中的单词，并将其存储在Python列表中。

2）使用Python中的`len()`函数计算列表大小，即语料库的单词总数。

3）输出单词列表，如图6.2所示。

```
3 corpus_words = movie_reviews.words()
4 print(len(corpus_words))
5 print(corpus_words)
```

图 6.2　创建语料库单词列表，统计单词数量并输出每个单词

上述代码运行结果如下：

```
1583820
['plot', ':', 'two', 'teen', 'couples', 'go', 'to', ...]
```

由于列表中的单词数量较多，因此代码运行结果仅展示前几个单词，例如 'plot'、':'、'two' 等。通过输出列表长度，可以确定语料库中包含 1 583 820 个不同的单词，显然这些单词太多，无法一一列举。需要注意的是，该单词列表还包含标点符号，特别是冒号。因为标点符号在文本中非常普遍，而且这些符号几乎不包含关于文档间差异的有用信息，甚至可能会对文档的分类结果造成干扰，因此需要删除这些标点符号。

图 6.3 展示了一种删除标点符号的方法，其中的代码可以分解为以下步骤：

1）初始化一个空列表 words_no_punct，用于存储删除标点符号后的单词。

2）遍历单词列表 corpus_words。

3）只保留由字母、数字组成的单词。第 4 行使用 Python 中的 string.isalnum() 函数检测单词是否符合要求，通过检测的单词被添加到 words_no_punct 列表中。

4）在删除标点符号后，我们对单词出现的频率感兴趣。在电影评论语料库中，哪些单词最常见？ NLTK 提供了一个有用的 FreqDist() 函数来计算单词的频率。图 6.3 第 6 行使用了这个函数。

```
1 # remove punctuation
2 words_no_punct = []
3 for word in corpus_words:
4     if word.isalnum():
5         words_no_punct.append(word)
6 freq = nltk.FreqDist(words_no_punct)
7 #common words
8 print("Common Words:", freq.most_common(50))
```

```
Common Words: [('the', 76529), ('a', 38106), ('and', 35576), ('of', 34123), ('to', 31
937), ('is', 25195), ('in', 21822), ('s', 18513), ('it', 16107), ('that', 15924), ('a
s', 11378), ('with', 10792), ('for', 9961), ('his', 9587), ('this', 9578), ('film', 9
517), ('i', 8889), ('he', 8864), ('but', 8634), ('on', 7385), ('are', 6949), ('t', 64
10), ('by', 6261), ('be', 6174), ('one', 5852), ('movie', 5771), ('an', 5744), ('wh
o', 5692), ('not', 5577), ('you', 5316), ('from', 4999), ('at', 4986), ('was', 4940),
('have', 4901), ('they', 4825), ('has', 4719), ('her', 4522), ('all', 4373), ('ther
e', 3770), ('like', 3690), ('so', 3683), ('out', 3637), ('about', 3523), ('up', 340
5), ('more', 3347), ('what', 3322), ('when', 3258), ('which', 3161), ('or', 3148),
('she', 3141)]
```

图 6.3　电影评论数据集中最常见的前 50 个单词及其频率

5）使用 NLTK 的 most_common() 方法查看频率分布中出现最频繁的单词。该方法的输入有一个参数，用于指定想要查看的单词数量，如第 8 行所示。

6）最后，输出最常见的前 50 个单词。

观察图 6.3 可知，the 是电影评论数据集中出现最频繁的单词，共出现了 76 529 次。然而，这种表示方法不便于展现不常用单词的频率。例如，展示排名第十的最常用单词，以及其与排名第十一的常用单词之间的频率差异。这是我们引入数据可视化工具的原因之一。

使用 plot() 函数绘制如图 6.3 所示的图。plot() 函数的输入有两个参数：

1）第一个参数用于控制所显示单词的数量。在本例中该参数为 50。

2）第二个参数决定因变量是每个单词的频率（cumulative=False），还是所有单词的累积频率（cumulative=True）。调用 plot() 函数绘制频率图代码如下：

```
freq.plot(50, cumulative = False)
```

结果如图 6.4 所示，图中绘制了每个单词的频率，频率越高，排名越靠左。

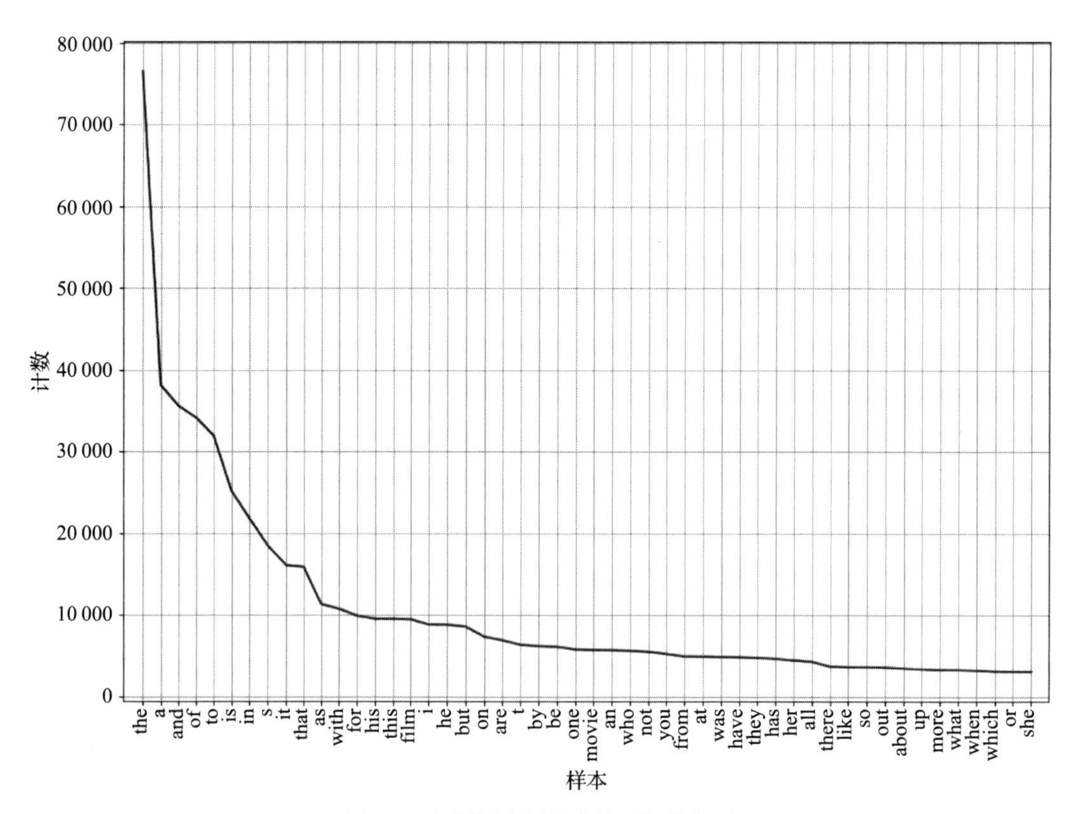

图 6.4　电影评论语料库的词频分布图

修改 cumulative=True 并增大 freg.plot() 函数第一个参数的数值后，再次调用 plot()，可以在绘制的图中看到更多不常见的单词。然而，这并不会提供太多信息。虽然图 6.4 展示了数据集中各种不同单词的频率，但图中展示的常用单词的频率更为重要。一些出现频率较高的单词，如 the、a 和 and 等，实际上提供的信息量不大。与标点符号一样，它们在大多数文档中都频繁出现，不太可能帮助我们区分不同类别的文本（正面评论或负面评论）。这类单词被称为停用词。通常需要在 NLP 预处理阶段删除停用词，因为它们并未携带太多信息。

NLTK 提供了各种不同语言的常用停用词列表。下述代码查看 NLTK 提供的英语停用词列表，如图 6.5 所示。

```
1 import nltk
2 from nltk.corpus import stopwords
3
4 stop_words = list(set(stopwords.words('english')))
5 print(len(stop_words))
6 print(stop_words[0:50])
```

```
179
['each', 'did', 'such', "should've", 'can', "shouldn't", 'him', 'as', 'there', 'n
ow', 'out', 'o', 'during', 'because', 'yourselves', 've', 'up', 'ours', 'the', 't
o', 'ma', 'both', 'am', 'after', 'all', 'your', 'hers', "mightn't", 'hadn', 'me',
"that'll", 'isn', 'same', 'from', 'just', 'he', 'she', 'haven', "hasn't", 'on',
'who', 'yourself', 'had', 'whom', 'we', 'down', 'shan', 'i', 'under', 'no']
```

图 6.5　NLTK 提供的前 50 个英语停用词

图 6.5 展示了一些英语停用词，代码可分解为以下几个步骤：

1）导入 nltk 和 stopwords 包。

2）将停用词存储在 Python 列表中，以便对其进行列表操作。

3）使用 len() 函数计算列表大小，并输出结果（179）。

4）输出前 50 个停用词。

NLTK 中还提供了其他语言的停用词列表。运行图 6.6 中的代码可以查看停用词列表的语言类型。

```
1 languages = stopwords.fileids()
2 print('Stopwords for ', len(languages), ' languages are included in NLTK')
3 print(languages)
```

```
Stopwords for  29  languages are included in NLTK
['arabic', 'azerbaijani', 'basque', 'bengali', 'catalan', 'chinese', 'danish', 'dutch',
'english', 'finnish', 'french', 'german', 'greek', 'hebrew', 'hinglish', 'hungarian', 'in
donesian', 'italian', 'kazakh', 'nepali', 'norwegian', 'portuguese', 'romanian', 'russia
n', 'slovene', 'spanish', 'swedish', 'tajik', 'turkish']
```

图 6.6　NLTK 提供停用词列表的语言类型

上述代码可以分解为以下 3 个步骤：

1）收集 NLTK 所提供的停用词列表的语言类型名称。停用词存储在若干文件中，每个文件对应一种语言，因此加载文件是获取语言名称的一种方式。

2）输出语言列表的长度。

3）输出语言的名称。

在加载完停用词列表后，我们很容易删除语料库中的停用词。在完成如图 6.3 所示的删除标点符号的任务后，遍历单词列表 words_no_punct，并删除停用词列表中所包含的单词：

```
words_stop = [w for w in words_no_punct if not w in stop_words]
```

注意，将删除标点符号和删除停用词两个步骤合并更为高效，即在一次遍历单词列表时，同时判断每个单词是否为标点符号或停用词，并在满足任一条件时将其删除。为清晰起见，本节将这两个步骤分开展示。但在实际应用中，需要将这两个步骤合并。与删除标点符号一样，可以使用 NLTK 的频率分布函数查看删除停用词后常见的单词，如图 6.7 所示。

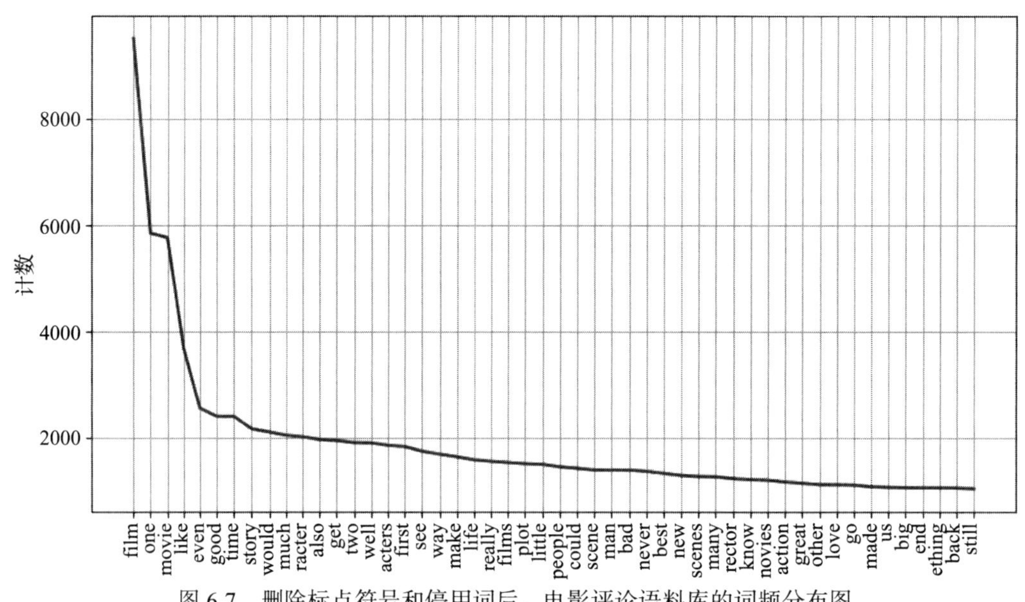

图 6.7　删除标点符号和停用词后，电影评论语料库的词频分布图

从图 6.7 可以看到，在删除停用词后，我们对电影评论语料库中的单词有了更清晰的了解。现在，最常见的单词是 film，而第三常见的单词是 movie，这符合我们对电影评论语料库的预期。类似的评论语料库（例如，产品评论语料库）预计会给出不同的词频

分布。有时，仅凭借频率分布提供的信息，就足以完成一些 NLP 任务。

例如，在作者研究中，研究任务是根据文本文档预测文档的作者。这是一个典型的分类问题。可以通过比较未知作者文档中单词的频率与已知作者文档中单词的频率来完成这个任务。另外一个例子是领域分类任务，例如确定文档是电影评论还是产品评论。

2. 使用 Matplotlib、Seaborn 和 pandas 可视化数据

虽然 NLTK 提供了一些基本的绘图函数，但还有其他一些更强大的 Python 绘图包可以用于绘制各种数据图像，包括 NLP 数据。本节将介绍一些常用的 Python 绘图工具。

Matplotlib（`https://matplotlib.org/`）是一款非常流行的多用途可视化工具，支持各种可视化类型，包括动画和交互式可视化。我们将使用 Matplotlib 重新绘制图 6.4。Seaborn（`https://seaborn.pydata.org/`）构建在 Matplotlib 之上，是一个更高级可视化工具。这两个工具经常与另一个 Python 数据包 pandas（`https://pandas.pydata.org/`）一起使用，pandas 通常用于处理表格数据。

我们将使用 Matplotlib、Seaborn 和 pandas 进行数据可视化，使用的数据与图 6.7 所使用的数据相同。

图 6.8 展示了数据可视化的代码。

```
1 import nltk
2 import pandas as pd
3 import seaborn as sns
4 import matplotlib.pyplot as plt
5
6 frequency_cutoff = 25
7 all_fdist = nltk.FreqDist(freq_without_stopwords).most_common(frequency_cutoff)
8
```

图 6.8　删除标点符号和停用词后，收集最常见的前 25 个单词

图 6.8 展示了准备数据的代码，该代码可解析为以下步骤：

1）导入 NLTK、pandas、Seaborn 和 Matplotlib 库。

2）将截止频率设置为 `25`（可以是我们感兴趣的任何数字）。

3）计算语料库中非标点符号、非停用词的单词词频（第 7 行）。

我们从导入 NLTK、pandas、Seaborn 和 Matplotlib 软件包开始。截止频率设置为 `25`，即只绘制最常见的前 25 个单词的频率分布图（代码中第 7 行），结果如图 6.9 所示。

图 6.7 和图 6.9 使用的是相同的数据。两图呈现的最常见单词均为 `film`，其次为 `one`，再次为 `movie`。二者的区别在于图 6.9 是柱状图，每个单词对应一个柱，可以更直观地展示单词的信息。相比之下，直接从图 6.7 中获取每个单词的频率较为困难，因为很难直接从图中的线中读取数据。

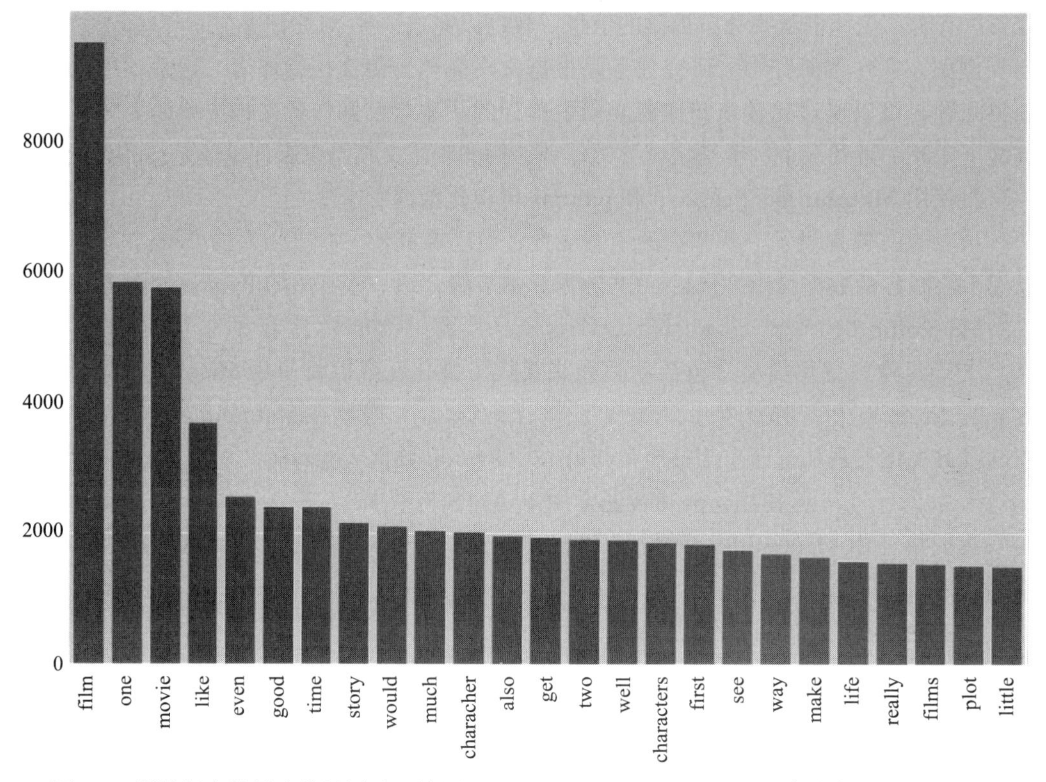

图 6.9　删除标点符号和停用词后，使用 Matplotlib、Seaborn 和 pandas 库绘制的词频分布图

但是，图 6.7 中的连续的曲线可以更清晰地展示整体频率分布。因此，具体选择哪种数据可视化方法，取决于希望从数据中获取的信息类型。当然，没有限制只能使用一种数据可视化方法，有时也可组合使用多种可视化方法。

此外，两图均呈现了自然语言数据中常见的一种模式，即常见的单词具有非常高的出现频率，而不常见单词的出现频率急剧下降。这种模式是 **Zipf 定律**的一种体现（关于 Zipf 定律的更多信息，请参阅网站 `https://en.wikipedia.org/wiki/Zipf%27s_law`）。

3. 使用词云图可视化数据

词云图是另一种可视化词频分布的方法。词云图使用不同大小的字体来显示数据集中的单词，将频繁出现的单词以较大的字体显示，不频繁出现的单词以较小的字体显示。词云图是一种很好的可视化方法，能够让频繁出现的单词在视觉上突显出来。

图 6.10 中的代码展示了如何导入 `WordCloud` 包并创建电影评论语料库的词云图。

```
1 import nltk
2 from wordcloud import WordCloud
3 import matplotlib.pyplot as plt
4 import pandas as pd
5
6 frequency_cutoff = 200
7 all_fdist = nltk.FreqDist(freq_without_stopwords).most_common(frequency_cutoff)
8 all_fdist = pd.Series(dict(all_fdist))
9
10 long_words = dict([(m, n) for m, n in all_fdist.items() if len(m) > 2])
11 wordcloud = WordCloud(colormap="tab10",background_color="white").generate_from_frequencies(long_words)
12 plt.figure( figsize=(20,15))
13 plt.imshow(wordcloud, interpolation='bilinear')
14 plt.axis("off")
15 plt.show()
```

图 6.10　绘制词云图

上述代码可解析为以下几个步骤：

1）第 2 行导入了一个新的库，即 WordCloud。第 6 行将截止频率设置为 200，即只选择最常见的前 200 个单词。

2）第 7 行创建了一个频率分布。

3）第 8 行将频率分布转换为 pandas Series 数据类型。

4）为了减少单词数量，第 10 行选择包含两个以上字母的单词。

5）第 11 行生成词云图。colormap 参数指定了一种 Matplotlib 颜色映射（可以在网站 https://matplotlib.org/stable/tutorials/colors/colormaps.html 查看所有颜色映射类型）。

6）第 12 行～第 14 行设置绘图区域。

7）第 15 行展示可视化结果。

图 6.11 展示了上述代码生成的词云图。

与图 6.7 和图 6.9 展现的结果一致，最常见的单词是 film、one 和 movie。词云图可视化能够突出显示最常见的单词，而其他类型的图很难做到这一点。但是，我们很难直接在词云图中区分不常见的单词。例如，很难在词云图中直接判断单词 good 出现的频率是否高于单词 story。正如前文所述，在选择可视化方法时，应该考虑从数据中获取什么类型的信息。

本章接下来的部分将深入探索数据，从而更全面地了解数据。

4. 正面与负面电影评论

我们需要了解不同类别电影评论（正面评论和负面评论）之间的差异，或者更一般地说，任何不同类别之间数据的差异。例如，正面评论和负面评论中的高频词汇是否不同？初步了解正面评论和负面评论的属性可以让我们了解类别之间为何不同，这反过来会帮助我们选择 NLP 方法，使训练后的系统能够自动区分类别。

图 6.11　电影评论语料库的词云图

针对这一问题，可以使用任何基于频率的可视化方法探索数据，包括图 6.7 中的曲线图、图 6.9 中的柱状图或图 6.11 中的词云图。本示例选择使用词云图帮助分析两类数据之间的词频差异。

首先导入所需的 Python 库，如图 6.12 所示。

```
1  import nltk
2  from nltk.corpus import movie_reviews
3  from nltk.corpus import stopwords
4  from wordcloud import WordCloud
5  import matplotlib.pyplot as plt
6
```

图 6.12　导入生成词云图所需的 Python 库

接下来定义两个函数，以便在语料库的不同部分执行类似的操作，如图 6.13 所示。

```
7  # remove punctuation and stopwords
8  def clean_corpus(corpus):
9      cleaned_corpus = []
10     for word in corpus:
11         if word.isalnum() and not word in stop_words:
12             cleaned_corpus.append(word)
13     return(cleaned_corpus)
14
15 # show a word cloud, given a frequency distribution
16 def plot_freq_dist(freq_dist):
17     frequency_cutoff = 50
18     long_words = dict([(m, n) for m, n in freq_dist.items() if len(m) > 2])
19     wordcloud = WordCloud(colormap="tab10",background_color="white").generate_from_frequencies(long_words)
20     plt.figure( figsize=(20,15))
21     plt.imshow(wordcloud, interpolation='bilinear')
22     plt.axis("off")
23     plt.show()
```

图 6.13　定义生成词云图需要的函数

图 6.13 中的第一个函数 `clean_corpus()` 用于删除语料库中的标点符号和停用词，第二个函数 `plot_freq_dist()` 用于绘制基于频率分布的词云图。这样我们就已经准备好创建词云图了，如图 6.14 所示。

```
25 stop_words = list(set(stopwords.words('english')))
26 corpus_neg_words = movie_reviews.words(categories="neg")
27 corpus_pos_words = movie_reviews.words(categories="pos")
28 negative_words = clean_corpus(corpus_neg_words)
29 positive_words = clean_corpus(corpus_pos_words)
30 neg_freq = nltk.FreqDist(negative_words)
31 pos_freq = nltk.FreqDist(positive_words)
32
33 plot_freq_dist(pos_freq)
```

图 6.14　绘制正面评论和负面评论的词云图

上述代码可以分解为以下几个步骤：

1）定义完毕所需函数，第 26 行、第 27 行代码将语料库分成负面评论数据和正面评论数据。

2）与图 6.2 中返回语料库的所有单词不同，图 6.14 仅返回特定类别中的单词。在该示例中，类别为正面（pos）和负面（neg）。

3）第 28 行、第 29 行删除两组单词中的停用词和标点符号。

4）第 30 行、第 31 行计算两组单词的频率分布。最后，绘制词云图。

图 6.15 为正面评论数据的词云图。

图 6.15　正面评论数据的词云图

图 6.16 为负面评论数据的词云图。

图 6.16　负面评论数据的词云图

将图 6.15、图 6.16 与图 6.11 中的原始词云相比较，可以发现单词 film、one 和 movie 在正面评论和负面评论中均具有较高的频率，这些单词也是在语料库中出现频率最高的单词。因此，在区分正面评论和负面评论时这些单词并没有太大作用。

在正面评论的词云图中，good 的尺寸比负面词云图中的尺寸更大一些，这意味着 good 在正面评论中出现的频率更高一些。但是，在负面评论中，good 出现的频率也不低。因此，good 不能作为正面评论的明确标志。其他单词的频率差异情况与 good 基本类似，例如，story 在正面评论中更常见，但也会在负面评论中出现。这说明简单的关键词识别并不能完成评论分类问题。

第 9 章和第 10 章将介绍更适合于解决文本分类问题的方法。然而，我们可以看到，对词云的初步探索也是非常有用的。在我们选择处理方法时，词云图帮助我们排除了简单的基于关键词检测的方法。

接下来我们将查看语料库中其他频率信息。

5. 其他频率度量方法

到目前为止，本节只研究了词频。除此之外，还有许多值得关注的文本属性频率，例如，字符或词性的频率。你可以尝试扩展本章前面介绍的代码来计算电影评论文本数据集的其他属性频率。

语言的一个重要特点是单词不孤立出现，它们以特定的组合和顺序出现。单词的含义会因上下文语境的不同发生巨大的变化。例如，“*not a good movie*”和“*a good movie*”具有完全相反的意思。第 8 章～第 11 章将介绍几种考虑单词上下文语境的方法。

这里仅介绍一种非常简单的方法——查看相邻出现的单词。同时出现的两个单词被称为**二元词组**（bigram），例如“*good movie*”。由三个单词组成的序列被称为**三元词组**

（trigram）。由 *n* 个单词组成的序列被称为 ***n* 元词组**（ngram）。NLTK 提供了一个统计 *n* 元词组的函数 ngrams()，该函数以 n 为参数。图 6.17 ～图 6.19 中的代码统计并展示电影评论语料库的二元词组。

```
1  import nltk
2  from nltk.util import ngrams
3  from nltk.corpus import movie_reviews
4
5  frequency_cutoff = 25
6
7  # collect the words from the corpus
8  corpus_words = movie_reviews.words()
9
10 # remove punctuation and stopwords
11 cleaned_corpus = clean_corpus(corpus_words)
```

图 6.17　统计电影评论语料库中的二元词组（一）

图 6.17 中的代码可分解为以下几个步骤：

1）导入 nltk 库、ngrams 函数和电影评论语料库。

2）将截止频率设置为 25。与前面的示例一样，截止频率可以根据实际情况设置为其他值。

3）第 8 行的代码收集语料库中的所有单词（如果仅想获取正面评论或负面评论单词，可以像图 6.14 一样，设置 categories='neg' 或 categories='pos'）。

4）最后，在第 11 行使用图 6.13 中定义的 clean_corpus() 函数删除标点符号和停用词。

在图 6.18 中收集二元词组。

```
13 # collect the bigrams in the corpus
14 bigrams = ngrams(cleaned_corpus,2)
15
16 # make a list from the bigrams
17 list_bigrams = list(bigrams)
18
19 # put together the bigrams into a single string
20 consolidated_bigrams = []
21 for bigram in list_bigrams:
22     consolidated_bigram = bigram[0] + " " + bigram[1]
23     consolidated_bigrams.append(consolidated_bigram)
```

图 6.18　统计电影评论语料库中的二元词组（二）

图 6.18 中的代码可分解为以下几个步骤：

1）第 14 行使用 ngrams() 函数并设置参数为 2，表示对象为二元词组（相邻的两个单词）。可以设置该参数为任意数字，但是太大的参数用处不大，因为随着 n 值增加，对应的 *n* 元词组在语料库中出现的次数会越来越少。在某种程度上，可能会存在语料库中 *n* 元词组样本不足的问题，这样 *n* 元词组的频率信息不能反映数据中的模式。二元词组或三元词组比较常见，足以用于识别语料库中的模式。

2）第 21 行～第 23 行遍历了二元词组列表，将每对单词合并为一个字符串，并添加到 consolidated_bigrams 列表中。

图 6.19 计算了二元词组的频率，并使用柱状图显示频率分布。

3）第 27 行使用 NLTK 的 FreqDist() 函数处理列表 consolidated_bigrams，第 29 行将 FreqDist() 函数返回的结果转换为 pandas 的 Series 类型数据。

4）剩余的代码使用 Seaborn 和 Matplotlib 设置柱状图。第 39 行展示可视化结果。

```
25 # make a frequency distribution from the bigrams
26
27 freq_bigrams = nltk.FreqDist(consolidated_bigrams).most_common(frequency_cutoff)
28 # Convert to a Pandas series
29 all_fdist = pd.Series(dict(freq_bigrams))
30
31 # set figure and axis variables and set sizes for the x and y axes
32 fig, ax = plt.subplots(figsize=(50,40))
33
34 # create a bar graph using Seaborn
35 sns.set(font_scale=2)
36 # display the bigrams on the y-axis and the counts on the x-axis
37 all_plot = sns.barplot(x=all_fdist.values, y=all_fdist.index, ax=ax)
38
39 plt.show()
```

图 6.19　展示电影评论语料库中二元词组的频率分布

由于截止频率设置为 25，因此最终只显示频率最高的前 25 个二元词组。你可以使用其他截止频率，重新做上述实验并对比实验结果。

图 6.20 展示了图 6.19 中的代码给出的最终结果。由于二元词组比单个单词更长，因此需要更多的空间用于显示，所以图 6.20 交换了 *x* 轴和 *y* 轴。统计结果显示在 *x* 轴上，二元词组显示在 *y* 轴上。

图 6.20 揭示了语料库中几个值得关注的信息。例如，最频繁出现的二元词组 special effects 在语料库中出现约 400 次，远少于最常见单词 film 的出现次数（约 8000 次）。这种差异在预料之中，因为二元词组统计两个单词同时出现的次数。此外，可以观察到许多二元词组是**习语**或惯用语。习语由两个或多个单词组合而成，其意义不再是简单地将各个单词的意义相加，例如 New York（纽约）和 Star Trek（星际迷航）。还有一些二元词组不属于习语，而是常用短语，比如 real life 和 one day。在这个列表中，所有二元词组都是合理的，在电影评论语料库中看到其中任何一个二元词组都不奇怪。

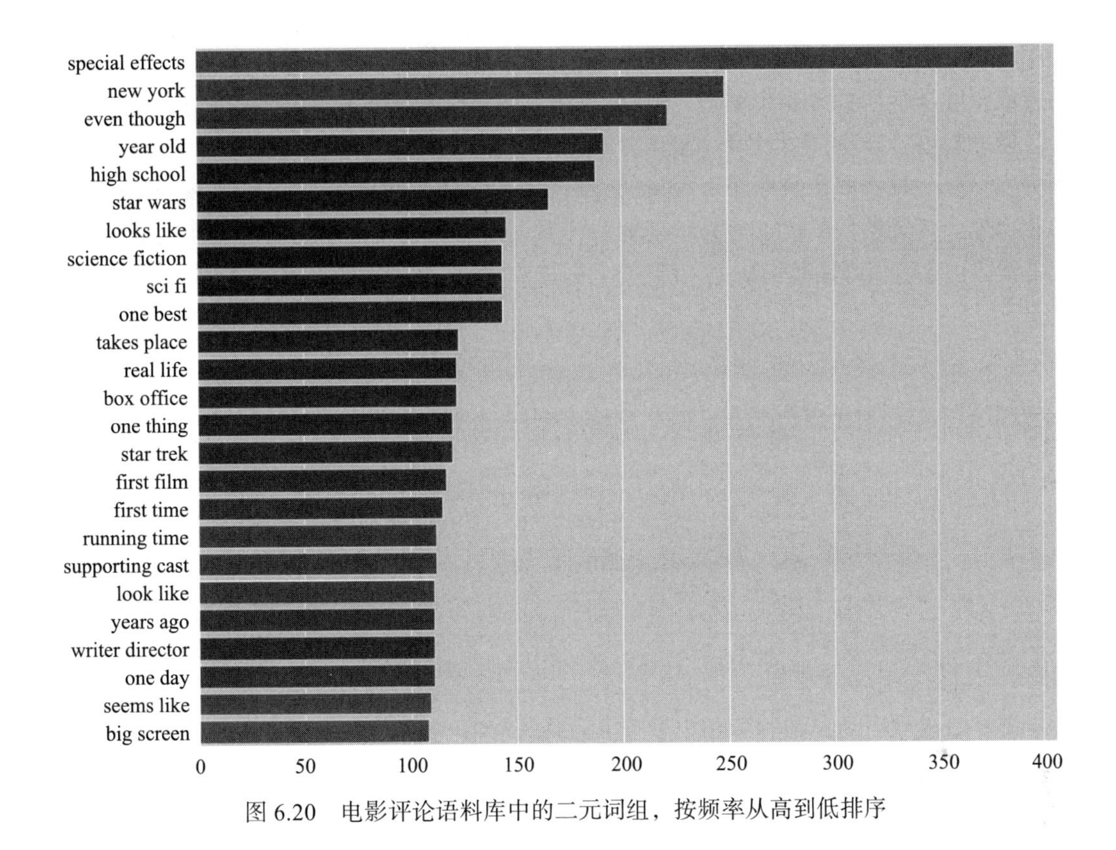

图 6.20　电影评论语料库中的二元词组，按频率从高到低排序

作为练习，你可尝试比较正面评论和负面评论中的二元词组。在观察单个单词频率时，我们发现在正面评论和负面评论中最常见的单词相同，但是否二元词组也是如此呢？

本节介绍了一些通过简单计算更深入了解数据集的方法，例如统计单词和二元词组频率。6.2.2 节将介绍一些用于测量和可视化文档相似性的方法。

6.2.2　文档相似性度量

到目前为止，本章一直在介绍如何使用曲线图、柱状图和词云图等工具对语料库各种属性（如单词和二元词组）的频率进行可视化。除此之外，可视化文档相似性（即数据集总文档之间的相似程度）也很有必要。度量文档相似性的方法有多种，后续章节（例如第 9 章、第 10 章、第 11 章和第 12 章）将进行详细讨论。在此我们只简要提及两种基本的方法。

词袋模型和 k 均值聚类

首先介绍一个非常简单的概念，即**词袋模型**。词袋模型背后的逻辑是相似文档中包含大量相同的单词。针对语料库中的文档和单词，我们可以查看某个单词是否出现在某个文档中。两个文档所包含的共同单词越多，它们之间的相似程度就越大。这是一个非常简单的方法，可以作为度量文档相似性的基本方法。该方法可以用于文档相似性可视化。

图 6.21 中代码计算了电影评论语料库的词袋模型。在此你不需要关心代码的细节，因为它只是一种获取语料库相似程度的方法。可以使用词袋模型度量任意两个文档之间的相似性。词袋模型的优点为易于理解和计算。虽然词袋模型不是度量文档相似性的最优方法，但它可以帮助我们快速入门。

```
1  import random
2
3  #import the training data
4  from nltk.corpus import movie_reviews
5  corpus_words = movie_reviews.words()
6
7  # remove punctuation and stopwords
8  cleaned_corpus = clean_corpus(corpus_words)
9
10 all_words = nltk.FreqDist(w for w in cleaned_corpus)
11 max_words = 1000
12 word_features = list(all_words)[:max_words]
```

图 6.21 计算电影评论语料库的词袋模型

图 6.21 中的代码从语料库中提取频率最高的前 1000 个单词，并将它们存储在一个列表中。列表的长度由我们决定，但是列表存储的单词越多，后续处理的速度越慢，并且其中包含的无用单词也会越多。

接下来的步骤（如图 6.22 所示）定义一个函数来收集文档中的单词，并创建一个文档列表。

```
13
14 def document_features(document):
15     features = {}
16     for word in word_features:
17         if word in document:
18             features[word] = 1
19         else:
20             features[word] = 0
21     return features
22
23 # make a list of documents
24 documents = [(list(movie_reviews.words(fileid)), category)
25              for category in movie_reviews.categories()
26              for fileid in movie_reviews.fileids(category)]
27
28 random.shuffle(documents)
```

图 6.22 收集文档中的单词

图 6.22 中的 `document_features()` 函数遍历给定的文档，并创建一个以单词为

键、以 1 或 0 为值的 Python 字典。若单词在文档中出现，则该单词对应的值为 1，否则为 0。然后，为每个文档创建一个特征列表，如图 6.23 所示。

```
30 # collect features, that is, words that occur in a document
31 featuresets = [(document_features(document), category) for (document,category) in documents]
32
33 #remove categories for display
34 docnumber = 0
35 new_featuresets = {}
36 for featureset in featuresets:
37     new_featureset = featureset[0]
38     new_featuresets[docnumber]= new_featureset
39     docnumber += 1
40
41 # display the words that occur in the first 10 documents, the bag of words
42 df_featuresets = pd.DataFrame.from_dict(data = new_featuresets, orient = 'index', columns = word_features)
43 df_featuresets.head(10)
```

图 6.23　计算所有文档的特征列表

虽然文档的特征列表包含了文档的类别，但是类别信息对于词袋模型来说没有意义，所以第 34 行～第 39 行代码将其删除。

图 6.24 展示了前 10 个文档的词袋模型结果。

	film	one	movie	like	even	good	time	story	would	much	...	spielberg	development	etc	language	blue	proves	vampire	seemingly	basic	caught
0	1	0	1	1	0	0	0	1	1	1	...	0	0	0	0	0	0	0	0	0	0
1	1	1	1	1	1	0	1	1	1	1	...	1	0	0	0	0	0	0	0	0	1
2	1	1	1	1	0	1	0	0	0	1	...	0	0	0	0	0	0	0	0	0	0
3	0	1	1	1	1	0	0	1	0	1	...	0	0	0	0	0	0	0	0	0	0
4	1	0	1	0	0	1	0	1	0	0	...	0	0	0	0	0	0	0	0	0	0
5	1	1	1	1	1	1	1	0	0	0	...	0	0	0	0	0	0	0	0	1	0
6	1	1	1	0	1	1	1	0	1	1	...	0	0	0	0	0	0	0	0	0	1
7	1	1	1	0	1	1	1	1	0	0	...	0	1	0	0	0	0	0	0	0	0
8	1	1	1	1	1	1	1	1	1	1	...	0	0	0	0	0	0	0	0	0	0
9	1	1	1	0	1	1	1	1	0	0	...	0	0	0	0	0	0	0	0	0	1

10 rows × 1000 columns

图 6.24　电影评论语料库部分文档的词袋模型结果

在图 6.24 中，词袋模型共有 10 行，表示 10 个文档，每一行的元素要么为 0 要么为 1。每一列代表语料库中的一个单词，总共有 1000 列，代表有 1000 个单词。由于空间限制，此处无法完全展示所有列。这些单词按频率高低自左至右排列，前三位单词分别为 film、one 和 movie，与之前得到的频率最高的单词相同（删除停用词后）。

在词袋模型中，每个文档对应一个行向量。在 NLP 领域，向量是一个非常重要的工具，我们将在后续章节中经常使用向量。向量能够将文本文档或其他基于文本的信息转化为数字表示。这种表示为分析和比较文本提供了诸多可能性，而文本形式的文档难以分析和比较。显然，与原始文本表示相比，词袋模型丢失了许多信息，例如，词袋模型无法确定文本中哪些单词彼此相邻。但是在许多情况下，词袋模型的简单性的优点超过了其丢失部分信息的缺点。

使用向量（包括词袋模型向量）表示方法可以捕捉文档相似性。度量文档之间相似性是探索数据集的第一步。如果能够分辨出哪些文档彼此相似，那么我们就可以根据文档的相似程度对它们进行分类。然而，仅凭图 6.24 中的词袋模型向量无法全面度量文档相似性，因为很难直观地从中获取模式信息。因此，需要引入一些工具来可视化文档相似性。

k 均值聚类是一种可视化文档相似性的有效方法。*k* 均值聚类根据文档的相似程度将它们分组成若干个簇。在本示例中，我们使用词袋模型向量度量文档相似性，所基于的假设为两个文档包含的相同单词越多就越相似。*k* 均值聚类是一种迭代算法，使用两个样本之间的距离作为样本之间的相似程度。在特征空间中，越相似的样本距离越近。这里的 `k` 指的是聚类结果簇的个数，该参数由开发人员设定。因为电影评论语料库仅包含两个类别，即正面评论和负面评论，所以在接下来的示例中，`k` 值首先设置为 `2`。

图 6.25 ～图 6.27 展示了 *k* 均值聚类的代码，并展示了图 6.23 所计算的词袋模型的 *k* 均值聚类结果。在此不详细介绍图 6.25 中的代码，后续第 12 章将会对这些代码进行详细介绍。然而，我们注意到，代码中使用了一个重要的 Python 机器学习库 `sklearn`：

```
1 import numpy as np
2 import matplotlib.pyplot as plt
3
4 from sklearn.cluster import KMeans
5 from sklearn.decomposition import TruncatedSVD
6
7 true_k = 2
```

图 6.25　*k* 均值聚类算法 Python 代码

图 6.25 第一步导入了所需要的各种 Python 库，并设置了聚类数量 `true_k`。

图 6.26 展示了另一部分计算 *k* 均值聚类的代码。

```
 9 # truncatedSVD for reducing dimensions to 2 for display
10 truncatedSVD = TruncatedSVD(n_components = 2)
11 X_2D = truncatedSVD.fit_transform(df_featuresets)
12
13 kmeans = KMeans(n_clusters = true_k,
14                 init='k-means++',
15                 max_iter=100, # Maximum iterations
16                 n_init=10)  # Number of times to run the k-means algorithm
17
18 result = kmeans.fit(X_2D)
19 labels = result.labels_
```

图 6.26　基于词袋的可视化文档相似性的 *k* 均值聚类算法 Python 代码

图 6.26 中的代码计算聚类结果，可以分解为以下步骤：

1）为便于展示，将数据维度降至二维。

2）第 13 行初始化一个 kmeans 对象。

3）第 18 行计算聚类结果。

4）第 19 行从结果中获取聚类标签。

最后一步是绘制聚类结果，如图 6.27 所示。

```
21 cm = plt.get_cmap('Accent')
22 
23 # plot clusters in different colors
24 for cluster in range(true_k):
25     current_color = cm(1.*cluster/(true_k))
26     plt.scatter(X_2D[labels == cluster, 0], X_2D[labels == cluster, 1],
27             color = current_color, label='cluster ' + str(cluster))
28 
29 plt.rcParams["figure.figsize"] = (20,20)
30 plt.rcParams['font.size'] = '12'
31 plt.show()
```

图 6.27　绘制 k 均值聚类结果

图 6.27 中的代码绘制了聚类结果。代码迭代每一个簇，并用相同的颜色绘制每个簇中的样本。

电影评论语料库基于词袋模型的 k 均值聚类的结果如图 6.28 所示。

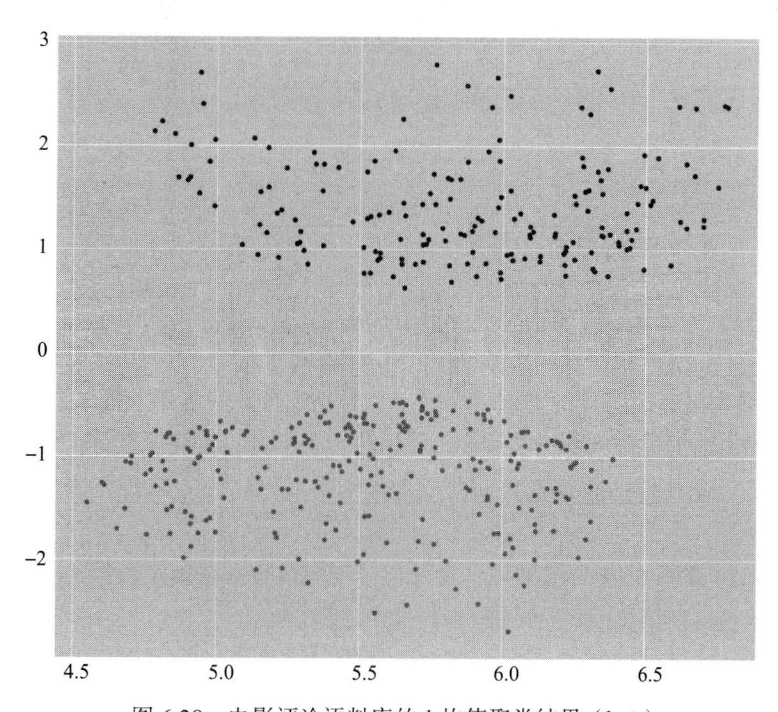

图 6.28　电影评论语料库的 k 均值聚类结果（k=2）

图 6.28 包含两个簇，一个在 y 轴 0 点上方，另一个在 y 轴 0 点下方。样本的颜色根据 Matplotlib 的 `Accent` 颜色映射定义（第 21 行）（关于 Matplotlib 颜色映射的更多信息，请查询网站 `https://matplotlib.org/stable/tutorials/colors/colormaps.html`）。

在图 6.28 中，每个数据点代表一个文档。可以观察到，两个簇之间是明显分开的，这表明词袋模型相似性度量反映了两类文档之间的一些真实差异。然而，这并不意味着最适合该数据集的类别个数就是 2。寻找最佳类别个数需要改变 k 值，这可以通过改变图 6.25 中第 7 行中的 `true_k` 值来实现。例如，设定 `true_k` 为 `3`，即指定将数据聚类为三个类别时，会得到图 6.29 所示的结果。

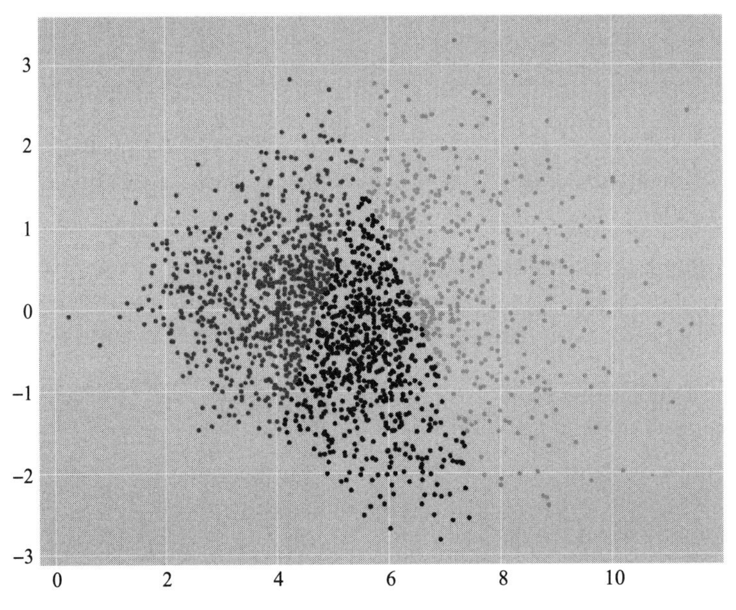

图 6.29　电影评论语料库的 k 均值聚类结果（k=3）

图 6.29 展现出三个明显的类别，尽管三个类别的分离程度不及图 6.28 那样清晰。这表明将电影评论数据集分成两个类别（正面评论和负面评论）并不充分，也许存在第三个类别，即中立评论。可以通过查看上图三个类别中文档的内容来研究这个问题，但在此不做展开讨论。

比较图 6.28 和图 6.29 的结果可以发现，初步探索数据在确定数据集类别个数时具有重要价值。本书将在第 12 章更详细地探讨这个主题。

到目前为止，本节已经介绍了一些对数据集中的信息进行可视化的方法，包括单词和二元词组频率可视化，以及文档相似性可视化。

接下来将讨论数据可视化整体过程中的一些要点。

6.3 数据可视化注意事项

本节将先回顾到目前为止介绍过的可视化方法，并讨论一些可视化过程中的注意事项。具体来说，本节将探讨测量对象的选择、测量表示方法，以及测量之间的关系。因为最常见的可视化方法利用二维平面展示信息，所以本节将着重关注这种格式的可视化。首先，从测量对象的选择开始。

1. 测量对象的选择

几乎所有的 NLP 任务都始于测量待分析文本的某些属性。下面将介绍 NLP 任务中几种不同类型的文本测量方法和测量对象。

到目前为止，本章主要关注与单词有关的测量。单词是一种天然的测量对象，因为其易于准确计数。换句话说，统计单词数量是一种稳健的测量方式。此外，单词直观地代表了自然语言。然而，仅仅关注单词可能会忽略文本所蕴含的意义等其他重要属性，例如，那些依赖于单词顺序的属性以及一个单词与文本中其他单词关联的属性。

为了从文本中获取更丰富的信息，并考虑到单词的顺序及其关系，可以测量文本的其他属性。例如字符数量统计、句法结构、词性、*n* 元词组（单词序列）、命名实体和词元等。

举例来说，在电影评论数据集中，可以考察代词在正面评论中是否比在负面评论中更常见。然而，与统计单词数量不同，测量更丰富属性的缺点在于测量不够稳健。这意味着它们更可能包含误差，使得测量结果不够准确。例如，如果使用词性标注的结果来统计动词数量，一个错误地将名词标注为动词的标注结果，将会导致动词计数结果不准确。

基于这些原因，测量对象的选择并非一成不变。有些测量非常稳健，但可能会遗漏一些重要信息，例如对单词或字符的测量。而其他方法稳健性较差，但包含了更多的信息，例如词性统计。因此，在选择测量对象时并没有固定的标准。一种基于经验的法则是从最简单、最稳健的方法开始，例如先统计单词的数量，观察应用程序是否表现良好。如果系统表现良好，则可以继续使用这种简单方法。如果系统表现不好，则需要尝试更高级的方法。同时，还要注意不要只局限于一种测量对象。

一旦确定了测量对象，那么对测量结果进行可视化时还需要考虑一些共性问题。接下来将讨论 *XY* 二维平面中的变量表示、数据缩放方法以及数据降维方法。

2. 独立变量和非独立变量

大多数测量对象都包含一个可控的**自变量**（独立变量）和一个不可控的**因变量**（非

独立变量)，然后去测量二者之间的关系。例如，在图 6.4 中，数据集中的单词是自变量，在 x 轴上；单词的计数结果是因变量，在 y 轴上。更进一步，假设应用程序想要评估一个假设，即“如果一篇评论包含 good 这个单词，则判断它是正面评论；如果评论包含 bad 这个单词，则判断它是负面评论”。可以通过查看这两个单词的计数结果来检验这个假设，如图 6.30 所示。

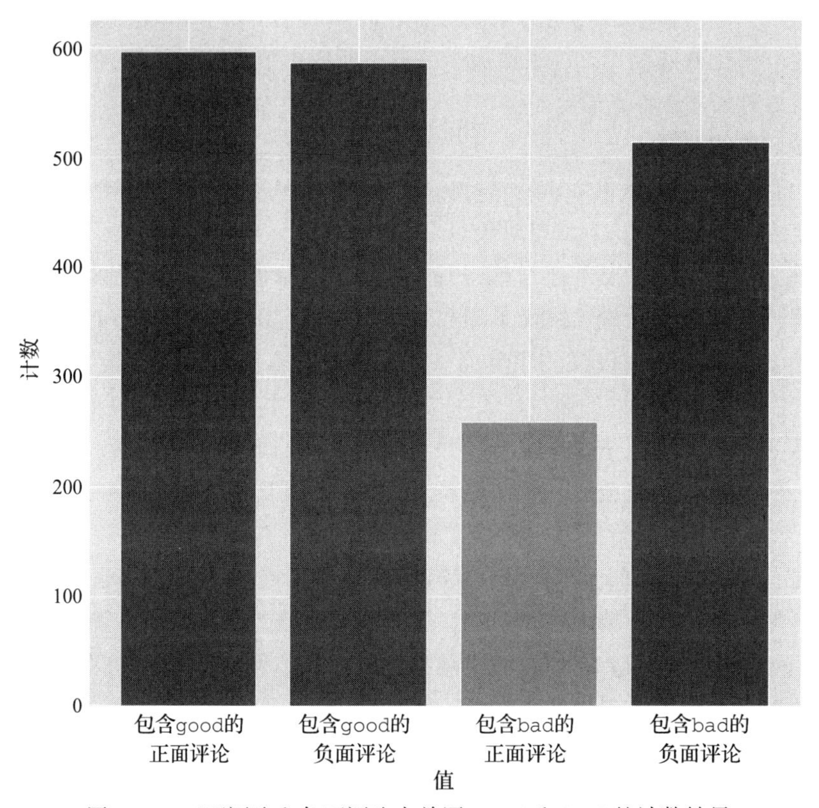

图 6.30　正面评论和负面评论中单词 good 和 bad 的计数结果

图 6.30 中，x 轴上的各列分别代表包含 good 的正面评论、包含 good 的负面评论、包含 bad 的正面评论和包含 bad 的负面评论。显然，前面提出的假设“包含 good 的是正面评论，包含 bad 的是负面评论”是错误的。事实上，在负面评论中，good 比 bad 出现的频率更高。这种探索和可视化可以帮助我们在项目初始阶段就排除一些不太可能有成果的方法路线。一般来说，类似于图 6.30 所示的柱状图是一种展示出现在不同类中的类别自变量或数据的良好方法。

在探索完图 6.30 中所示的自变量和因变量后，接下来将介绍另外一个经常需要考虑的因素，即变量值缩放表示方法。

3. 对数表示和线性表示

图 6.4 和图 6.7 展示了一种常见的情况，即 x 轴上的前几个元素数值幅度较大，而后几个元素数值幅度迅速下降。这种问题会使我们很难观察图中右侧部分元素的特点。对于这种问题，对 y 轴使用**对数刻度**（而不是图 6.2 中的线性刻度）会产生更好的效果，如图 6.31 所示。

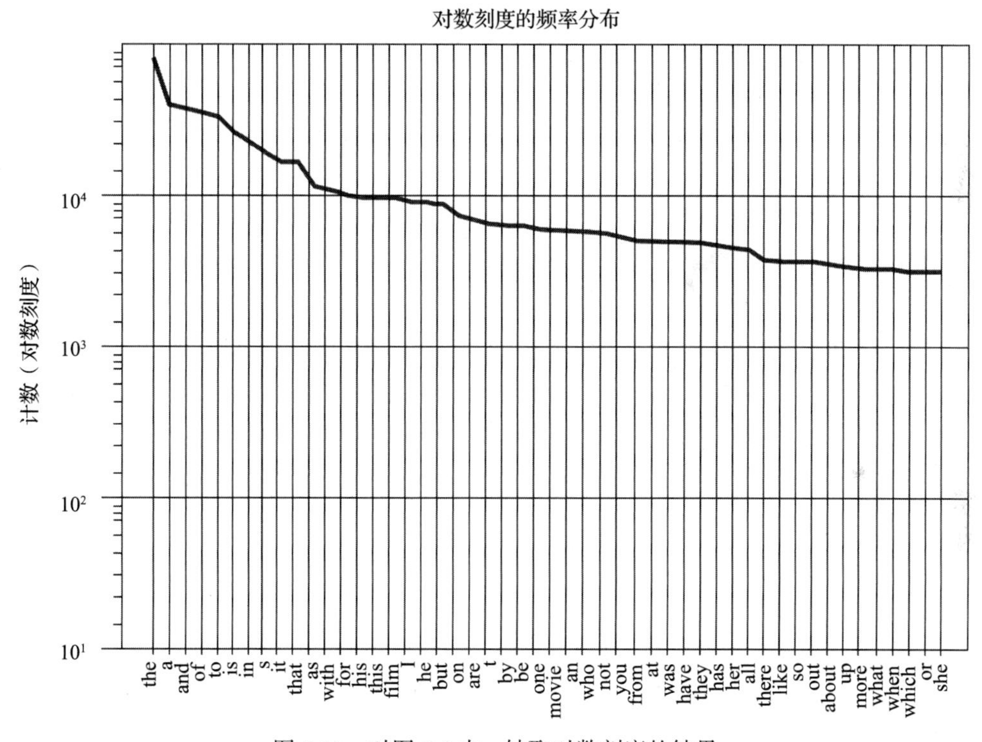

图 6.31 对图 6.4 中 y 轴取对数刻度的结果

图 6.31 和图 6.7 所使用的数据相同，但图 6.31 中的 y 轴对数据取对数进行表示。在图 6.31 中，y 轴为出现频率最高的前 50 个单词的统计数目，这些数据以等间隔对数表示，即 y 轴上的每个数值都是前一个数值的 10 倍。与图 6.7 相比，图 6.31 中表示词频的曲线更为平坦，尤其是在右侧。在这种对数刻度的可视化中，更容易比较那些频率相对而言不太高，但仍然频繁出现的单词的分布。即使是图中频率最低的单词 she，在数据集中也出现了超过 3000 次，因此该曲线的数值不会低于 10^3。

如果你遇到的数据与图 6.7 所示数据模式类似，那么请选择以对数形式显示数据。

迄今为止，我们所研究的数据都可以在二维平面可视化，这些数据可以很容易地在纸上打印或在屏幕上显示。如何可视化维度超过二维的数据呢？接下来将介绍处理高维数据的方法。

4. 维度和降维

到目前为止，我们看到的示例都是带有 x 轴和 y 轴的二维图。然而，许多 NLP 方法生成的数据维度要高得多。二维数据容易绘制和可视化，而高维数据则很难理解。可以添加 z 轴和旋转图形，使 x 轴和 z 轴呈 45 度角来显示三维数据。可以在屏幕上绘制动画来添加第四个维度或时间维度，展示三维图形随时间的变化。然而，人类无法可视化维度超过四维的数据。

然而事实证明，在许多情况下，可以删除 NLP 产生的高维数据中的某些维度，并且删除这些维度并不会影响可视化结果或 NLP 产生的信息，这一过程称为数据降维[⊖]。降维操作可以删除数据中不太重要的维度，使其能够以更有意义的方式展示。我们将在第 12 章深入讨论降维。

为了在二维平面上显示结果，图 6.28 和 6.29 对数据进行了降维处理。

6.4 节将介绍我们可以从可视化中获取的信息，并提供了一些利用这些信息的建议。

6.4　基于数据可视化信息对后续数据处理做出决策

可视化信息可以为后续处理提供指导。例如，在考虑是否删除标点符号和停用词时，观察词频可视化（例如单词频率分布或词云图）结果，有助于判断常见单词是否会掩盖数据中的模式。

观察不同类别的词频分布，有助于排除一些基于关键词检测的简单分类方法。

可以从不同类型对象的频率（例如单词和二元词组）获取关于数据的不同见解。探索其他类型对象的频率也具有价值，例如词性、句法类型（如名词短语）。

文档的相似性信息可以通过聚类方法获取，该信息还可以为确定簇的个数提供参考。

6.5 节将总结我们在本章中学到的所有知识。

6.5　本章小结

本章介绍了一些用于初步探索文本数据的方法。首先，通过分析单词和二元词组的频率分布来探索数据。接着，本章讨论了多种数据可视化方法，包括曲线图、柱状图、词云图等。除了介绍基于单词的可视化方法外，本章还介绍了用于度量文档相似性的聚类方法。最后，本章给出了一些在数据可视化过程中需要注意的因素，并对如何从可视化结果中获取信息进行了总结。第 7 章将介绍如何选择分析 NLU 数据的方法，以及文本数据的两种表示方法：符号化表示和数值化表示。

⊖ 确切地讲，删除高维数据中的某些维度是特征选择。数据降维包括特征选择和特征提取。特征选择仅仅为数据降维的一类方法。——译者注

CHAPTER 7

第 7 章

自然语言处理方法选择与数据表示

本章将介绍开发**自然语言处理**应用程序的前期准备步骤。首先，我们需要考虑一些基本因素，包括应用程序需要多少数据、如何处理专业词汇和语法、对各种类型的计算资源需求如何。然后，我们将讨论开发 NLP 应用程序的第一步，即文本表示的格式。我们需要将数据转换为适合 NLP 算法处理的格式。这些格式将词和文档表示为符号或数值向量。在某种程度上，在具体应用程序中经常混合使用数据的表示方法和算法，因此从算法角度出发最好单独考虑数据的表示方法。

本章将介绍以下内容：

- 自然语言处理方法选择
- 自然语言处理应用程序中的语言表示
- 使用数学向量表示语言
- 使用上下文无关向量表示单词
- 使用上下文相关向量表示单词

7.1 自然语言处理方法选择

有很多方法可以完成一个具体的 NLP 任务。当你开发一个 NLP 应用程序时，需要做很多决策。这些决策受诸多因素影响，其中最重要的因素为应用程序的类型，以及为了完成指定任务系统需要从数据中提取哪些信息。7.1.1 节将讨论应用程序将如何影响 NLP 方法的选择。

7.1.1 选择适合任务的方法

回顾第1章，NLP应用程序可分为**交互式**与**非交互式**两种。应用程序的类型对选择NLP方法具有重要影响。另一种对应用程序进行分类的方法是根据从文档中提取信息的详细程度。如果任务为比较粗糙级别的分析（例如，将文档分类为两个不同类别），则可以选择复杂程度较低、训练速度较快、计算量较小的NLP方法；如果任务属于比较高级的分析（例如聊天机器人或语音助手），此时需要从每个数据样本中提取多个实体和值，因此需要更为精细的NLP方法。本章后续将会介绍一些具体的相关示例。

7.1.2节将探讨数据对NLP方法选择的影响。

7.1.2 从数据出发

NLP应用程序建立在数据集之上，这些数据集代表了未来系统需要处理的数据。一个成功的应用程序必须具备足够的数据。不同类型的应用程序对数据量的需求不同，因此无法给出一个通用的数据量大小。除了数据量之外，数据的类型也至关重要。接下来我们将深入探讨这些影响因素。

1. 需要的数据量

第5章讨论了许多获取数据的方法，在学习完第5章之后，你应该对数据的来源有一个很好的了解。不过，第5章并没有解决如何判断应用程序需要多少数据这一问题。如果一个任务涉及成百上千种文档类别，那么每个类别中的样本都需要足够多，以便系统能够对它们进行正确分类。显然，如果系统从未见过某个类别中的一个样本，那么系统无法正确预测该样本的类别；如果某一类别包含的样本比较少，那么系统对该类别的样本进行分类就比较困难。

当数据集中某些类别的样本远多于其他类别时，我们称此数据集为**不平衡**数据集。第14章将介绍用于处理不平衡数据集的方法，包括**欠采样**（舍弃样本数量较多的类中的一部分样本）、**过采样**（复制样本数量较少的类中的样本）以及**生成方法**（使用规则生成样本用于补充稀有类的样本）。

通常情况下，系统拥有的数据规模越大，其性能越高，请注意，这些数据需要与系统在测试阶段或部署阶段遇到的数据一致。如果任务涉及大量新词汇（例如，聊天机器人需要处理一个全新产品的名称），则必须定期更新训练数据，以确保系统保持最佳性能。这个例子是一个典型的涉及专业词汇的问题，因为产品名称是专业词汇。接下来我们将讨论这个问题。

2. 词汇和语法

另外一个需要考虑的问题是训练数据与将要处理的NLP数据的相似程度。这一点至关重要，因为大多数NLP方法所使用的模型都是使用标注过的数据训练出来的。因此，训练数据与将要处理的自然语言的相似程度越高，就越容易构建应用程序。如果训练数据中充斥着大量的专业术语、专业词汇或专业语法，那么系统将很难从训练数据泛化到新数据。在这种情况下，需要增加训练数据的数量，以涵盖新词汇和新语法。

7.1.3 计算效率

NLP 方法所需的计算资源也是选择方法时需要考虑的一个重要因素。一些方法在实验室基准测试时给出的结果良好，但从实际部署应用程序的角度来看可能不切实际。接下来我们将分别讨论 NLP 方法所需的训练时间和推理时间，这些都是选择 NLP 方法需要考虑的重要因素。

1. 训练时间

当今很多神经网络模型的计算量比较大、训练周期比较长。甚至在实际训练神经网络之前，可能还需要通过一些探索性实验来确定最佳**超参数**。超参数是指训练过程中无法自动优化的参数，必须由开发人员设定。在后续第 9 章～第 12 章讨论机器学习方法时，我们将探讨一些具体的超参数，并讨论如何确定合适的超参数值。

2. 推理时间

另一个重要的因素是**推理时间**。推理时间是经过训练的系统执行任务所需的时间。对于聊天机器人这类交互式应用程序，并不需要特别关注推理时间，因为当今的系统已经非常足够快，能够与用户的交互速度保持同步。如果系统需要一至两秒钟来处理用户的输入，这是可以接受的。然而，如果系统需要处理大量在线文本或音频数据，那么推理时间应当力求最短。例如，2020 年 2 月 Statistica.com 网站（`https://www.statista.com/statistics/259477/hours-of-video-upload-to-youtube-every-minute/`）估计每分钟大约有 500 小时时长的视频上传到 YouTube。如果一个应用程序的目标是处理 YouTube 视频，并且需要跟上音频上传速度，那么该应用程序的处理速度需要非常快。

7.1.4 初步研究

在开发 NLP 应用程序时，所使用的工具需要与问题相匹配。每当 NLP 方法有新进展时，媒体都会热烈地报道这些进展。但在解决实际问题时，使用新方法可能会适得其反，因为最新的方法可能无法落地。例如，虽然新方法能提供更高的准确率，但代价是更长的训练时间或更大的数据量。出于这些原因，在解决实际问题时，建议先使用简单方法进行一些初步的探索性研究，看下它们能否解决问题。只有当简单的方法无法满足任务需求时，才应考虑使用更高级的方法。

7.2 节将讨论在设计 NLP 应用程序时，需要进行的另外一种重要选择——数据表示格式。我们将探讨常见数据表示格式，即符号表示和数值表示。

7.2 自然语言处理应用程序中的语言表示

为了使计算机能够处理自然语言，需将文本数据转换为计算机可以处理的形式。可以将文本表示为**符号**或**数值**，前者直接处理文本中的词，后者将文本转化为数值表示。本节将详细介绍这两种方法。尽管数值表示方法是当前 NLP 研究和应用程序的主流方法，但了解符号表示方法及其背后的思想仍具有重要意义。

符号表示

传统上，NLP 直接处理文本中的词。这种处理方式是标准 NLP 方法中的一部分，该标准方法通过一系列文本分析步骤将原始单词转换为文本的含义。如图 7.1 所示，在传统的 NLP pipeline 中，从输入文本到语义的每一个处理步骤都会产生一个输出。相比于输入，这些输出增加了结构，为下一步处理做好准备。这些输出结果均以符号表示，即非数值化的。尽管在某些情况下，输出结果包含概率，但实际结果仍然是基于符号的。

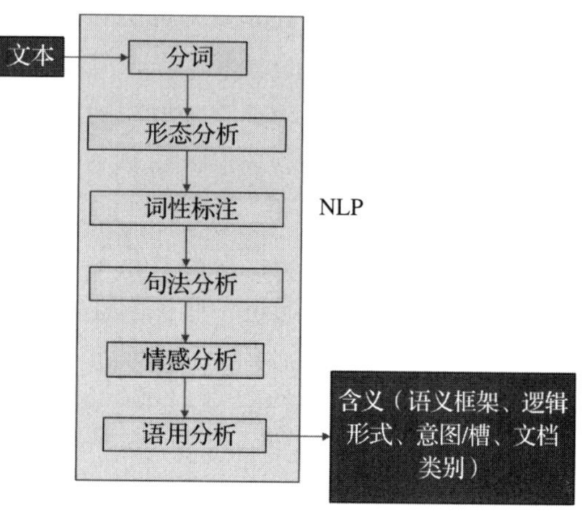

图 7.1　传统 NLP 符号化处理方法的 pipeline

虽然本节不会回顾符号表示方法的所有步骤，但下方代码示例展示一些使用符号表示方法的结果，包含词性标注和分析结果。这里不讨论语义分析或语用分析，因为这些方法通常只适用于特定问题：

```
import nltk
from nltk.tokenize import word_tokenize
from nltk.corpus import movie_reviews
example_sentences = movie_reviews.sents()
example_sentence = example_sentences[0]
nltk.pos_tag(example_sentence)
```

上述代码首先导入了电影评论语料数据集，然后对第一个句子进行词性标注，词性标注的结果如下所示：

```
[('plot', 'NN'),
 (':', ':'),
 ('two', 'CD'),
```

```
('teen', 'NN'),
('couples', 'NNS'),
('go', 'VBP'),
('to', 'TO'),
('a', 'DT'),
('church', 'NN'),
('party', 'NN'),
(',', ','),
('drink', 'NN'),
('and', 'CC'),
('then', 'RB'),
('drive', 'NN'),
('.', '.')]
```

上方显示的标签（如 NN、CD、NNS 等）为 NLTK 使用的标签，也是 NLP 领域常用的标签。这些标签最初来自 Penn Treebank tags[*Building a Large Annotated Corpus of English: The Penn Treebank*（Marcus et al.，CL1993）]。

另一种重要处理符号的方法是**分析**或句法分析。下方代码展示了数据集中第一句话“plot:two teen couples go to a church party, drink and then drive”的分析结果：

```
import spacy
text = "plot: two teen couples go to a church party, drink and then
drive."
nlp = spacy.load("en_core_web_sm")
doc = nlp(text)
for token in doc:
    print (token.text, token.tag_, token.head.text, token.dep_)

plot NN plot ROOT
: : plot punct
two CD couples nummod
teen NN couples compound
couples NNS go nsubj
go VBP plot acl
to IN go prep
a DT party det
church NN party compound
party NN to pobj
, , go punct
drink VBP go conj
and CC drink cc
then RB drive advmod
drive VB drink conj
. . go punct
```

上述代码使用spaCy库分析电影评论数据集的第一句话。分析完成后，输出结果中所有的token、token词性标注的标签、token的依赖词（或者说是token所依赖的单词）以及依赖词和token之间的依存关系。例如，单词`couples`被标记为复数名词(`NNS`)，它依赖单词`go`，两者之间的依存关系是`nsubj`，即`couples`是`go`的名词主语(`nsubj`)。图4.4展示了一个依存关系分析示例。在该图中，用弧线表示一个词与其依赖词之间的依存关系；与之相比，上述代码提供了更多关于依存关系的底层信息。

本节通过几个例子介绍了文本语言符号表示方法，并应用于单词和短语分析，包括单词和短语的词性标注。除此之外，还可以用一种完全不同的、基于向量的数值方法来表示单词和短语。

7.3　使用数学向量表示语言

在为机器学习算法准备数据时，数学向量是一种常见的文本表示方法。单词和文档都可以被表示为数学向量。本节将从讨论文档的向量表示开始。

使用向量表示文档

我们已经知道，文本可以表示为单词等符号组成的序列，这也是我们阅读文本的方式。然而，对于NLP任务而言，使用数字表示文本通常更为便捷，尤其是在处理规模较大的文本时更为如此。数值表示方法的另一优点在于，我们可以使用更广泛的数学方法来处理这些使用数值表示的文本。

数学向量是一种表示文档和单词的常见方法。该向量一般是一维数组。除了单词，我们还可以使用向量来表示其他语言单位，例如第5章所介绍的词元或词干。

1. 二元词袋模型

第3章和第6章简要介绍了**词袋模型**。词袋模型将语料库中的每个文档都表示为一个向量，向量的长度等于词典的大小。向量中的每个位置都对应词典中的一个单词，向量中的元素为`1`或`0`，表示对应的单词是否出现在文档中。向量每个位置的元素都是文档的一个特征，即对应的单词是否出现。这种单词表示方法是词袋模型中最简单的方法，被称为**二元词袋模型**。很显然，这种表示方法非常粗糙，仅能表示单词是否出现，无法表示其他信息，如上下文单词都是什么、单词的位置、单词在文档中出现的频率等。此外，二元词袋模型还受文档长度的影响，因为文档越长，包含的单词种类就越多。

二元词袋模型的升级版本不仅可以表示单词是否在文档中出现，还可以统计每个单词出现的次数，这种方法被称为**计数词袋模型**，下面将对其进行介绍。

2. 计数词袋模型

可以用单词在文档中出现的次数来衡量两个文档之间的相似性程度。然而，到目前为止，本书所介绍的方法还没有用到这个信息。在目前我们所介绍的文档向量中，值或者为 1 或者为 0，其中 1 代表对应单词在文档中出现，而 0 代表对应单词在文档中未出现。如果将向量中的数值改为单词在文档中出现的次数，那么该向量可以表示文档更多的信息。包含词频信息的词袋模型被称为**计数词袋模型**。

第 6 章展示了生成二元词袋模型的代码示例（图 6.22）。对代码进行简单修改，即可生成计数词袋模型。唯一需要做的修改是，当一个单词在文档中出现多次时，计算该单词出现次数。代码如下所示：

```
def document_features(document):
    features = {}
    for word in word_features:
        features[word] = 0
        for doc_word in document:
            if word == doc_word:
                features[word] += 1
    return features
```

将上述代码与图 6.22 中的代码进行对比，唯一的区别在于，每当单词在文档中出现一次，`features[word]` 的数值便会增加 1，而不是被单纯设置为 `1`。运行上述代码得到的结果矩阵如图 7.2 所示，与图 6.24 中只包含 0 和 1 的矩阵相比，该矩阵包含了多种不同单词的频率。

	film	one	movie	like	even	good	time	story	would	much	...	spielberg	development	etc	language	blue	proves	vampire	seemingly	basic	caught
0	3	2	0	1	1	0	3	0	2	4	...	0	0	0	0	0	0	0	0	1	0
1	6	0	3	0	1	3	0	0	1	2	...	0	0	0	0	0	0	0	0	1	0
2	1	0	1	0	0	1	1	2	0	0	...	0	0	0	0	0	0	0	1	0	1
3	9	3	0	1	0	1	1	1	1	0	...	0	0	0	0	0	0	0	0	1	0
4	5	3	1	0	1	1	1	0	0	0	...	0	0	0	0	0	0	0	0	0	0
5	0	0	1	2	0	0	0	0	0	0	...	0	0	0	0	0	0	0	0	0	0
6	0	4	3	1	0	0	0	0	0	0	...	0	0	0	0	0	0	0	0	0	0
7	5	2	1	3	1	1	1	1	1	1	...	0	0	0	0	0	0	0	0	0	0
8	4	4	3	0	1	2	3	1	0	1	...	0	0	0	0	0	0	0	0	0	0
9	4	1	1	1	0	0	1	1	2	6	...	0	0	0	0	0	0	0	0	0	0

10 rows × 1000 columns

图 7.2　电影评论语料库部分文档的计数词袋向量

图 7.2 展示了从语料库随机选取的 10 个文档对应的计数词袋矩阵，使用编号 `0` 至 `9` 表示这些文档。观察该矩阵中 `film` 的频率可以发现，除了文档 `5` 和文档 `6` 之外，其他文档中都至少出现了一次 `film` 这个单词（因为 `film` 是该语料库最常见的非停用词）。在二元词袋向量中，所有文档中的 `film` 会被赋予相同的值 `1`。然而，在计数词袋矩阵

中，不同文档中的 film 具有不同的数值，这提高了精细区分文档的可能性。第 6 章的聚类示例也可以使用计数词袋模型实现，读者可以改变图 6.22 中的代码，使用计数词袋模型，并观察和对比聚类结果。

从图 7.2 可以得知，相比于二元词袋模型，计数词袋模型提供了出现在文档中单词的更多信息。除此之外，还存在一种被称为**词频逆文档频率**的方法可以对文本进行更精细的分析。接下来将介绍词频逆文档频率方法。

3. 词频逆文档频率

为了寻找一种能够准确反映文档相似性的表示方法，可以考虑以下因素：

- 文档中单词的频率会根据文档的长度变化而变化。如果基于词频比较文档的相似程度，那么短文档和长文档不相似。因此，需要考虑文档中单词的比例，而不是单词的数量。
- 在整个数据集中频繁出现的单词对区分文档没有太大帮助，因为这些词在每个文档中出现的频率都很高。显然，这些单词就是第 5 章所讨论的停用词，但一些严格来讲不是停用词的单词也拥有此类特性。本书在第 6 章曾讨论过，电影评论数据集中的 film 和 movie 这两个单词在正面和负面评论中都很常见，但它们并没有提供有用信息。因此，最有帮助的单词应该在不同类别中出现的频率不同。

词频逆文档频率数据表示方法是解决上述问题的一种常用方法。词频逆文档频率由两部分组成——**词频**（Term Frequency，TF）和**逆文档频率**（Inverse Document Frequency，IDF）。

词频被定义为 tf(t,d)，即单词在一个文档中出现的次数除以该文档包含单词的总数（考虑到长文档通常包含的单词更多）。例如，在图 7.2 中，单词 film 在文档 0 中出现了 3 次，因此 tf("film",0) 等于 3 除以文档 0 的长度。而在文档 1 中，film 出现了 6 次，所以 tf("film",1) 等于 6 除以文档 1 的长度。tf 的计算公式如下：

$$\mathrm{tf}\ (t, d) = \frac{f_{t,d}}{\Sigma_{t' \in d} f_{t',d}}$$

然而，正如前文所讨论的停用词，非常频繁出现的单词不会提供太多区分文档的信息。即使这些单词对应的词频很大，这也是因为这个单词在每个文档中都频繁出现。为了解决这个问题，引入了逆文档频率这个概念。某个单词对应的逆文档频率 idf(t,d) 为语料库中文档总数 N 除以包含这个单词的文档数量 D，然后再取对数。为了避免某个单词在文档中出现的次数为 0（即分母 D 为 0），逆文档频率的分母被定义为 D+1。idf 计算公式如下：

$$\mathrm{idf}(t, D) = \log \frac{N}{|\{d \in D : t \in d\}|}$$

在一个语料库中，某个单词对应的词频逆文档频率为其词频和逆文档频率的乘积：

$$\mathrm{tfidf}(t, d, D) = \mathrm{tf} \cdot \mathrm{idf}(t, D)$$

前文介绍的 NLTK 和 spaCy 库并没有计算词频逆文档频率的内置函数，为了计算电影评论语料库的词频逆文档频率向量，在此引入另外一个非常有用的库，即 `scikit-learn`。虽然在 NLTK 和 spaCy 库中，可以使用上述三个标准公式手动编写代码来计算词频逆文档频率，但如果直接使用 `scikit-learn` 中的函数，特别是 feature extraction 包中的 `tfidfVectorizer()` 函数，那么实现起来会更加高效便捷。图 7.3 计算电影评论语料库中 2000 个评论对应的词频逆文档频率向量。在这个示例中，我们只查看排名前 200 个向量。

第 9 行～第 11 行定义了一个名为 `tokenize()` 的分词函数，这里使用的是标准 NLTK 分词器。当然也可以在此添加其他文本处理方法，例如在 `tokenize()` 函数中增加词干提取或词性还原等功能。为什么在此添加词干提取或词形还原是一个好的做法？

一个原因是词干提取和词形还原等预处理方法可以减少数据中 token 的种类。举例来说，*walk*、*walks*、*walking* 和 *walked* 都将被视为同一个单词。如果将一个单词的不同变体看作数据中的噪声，使用词干提取或词形还原对这些变体进行归并是一种非常有效的噪声去除方法。然而，如果这些变体中包含有意义的信息，则不应该将其归并，因为归并将导致信息丢失。至于是否应该归并单词的变体，需要考虑应用程序需要哪些信息才能达到其预定目标，从而做出合适的决策，或者将是否需要归并单词变体这一决策视为一个超参数，探索不同选择对最终结果的影响。

图 7.3 展示了计算词频逆文档频率的代码。

下述代码定义完分词函数 `tokenize()` 之后，紧接着定义了数据路径（第 13 行），并在第 14 行初始化了 token 字典。然后程序遍历了数据目录，从每个文件中收集 token。在收集 token 的过程中，将文本中的单词转换为小写格式，并删除了标点符号（第 22 行）。是否需要将单词转换为小写格式并删除标点符号由开发人员决定，类似于之前讨论的是否需要对 token 进行词干提取或词形还原。当然，我们也可以通过实验来探索这两个预处理步骤是否有助于提高系统的准确率，但在许多应用程序中，单词的大小写和标点符号不会为文档本身增加额外的含义，因为单词的大小写和标点符号所携带的信息有限。在这类应用程序中，将单词转换为小写格式并删除标点符号可能反而会提高结果的准确率。

```
1  import string
2  import os
3  from sklearn.feature_extraction.text import TfidfVectorizer
4
5  # consider only the most common words
6  max_tokens = 200
7
8  #this tokenizer will be used to tokenize the inputs
9  def tokenize(text):
10     tokens = nltk.word_tokenize(text)
11     return tokens
12
13 path = './movie_reviews/'
14 token_dict = {}
15
16 # look at all the files in the given path, there are 2,000 files
17 for dirpath, dirs, files in os.walk(path):
18     for f in files:
19         fname = os.path.join(dirpath, f)
20         with open(fname) as review:
21             text = review.read()
22             token_dict[f] = text.lower().translate(str.maketrans('', '',string.punctuation))
23
24 #get a new tfIdf vectorizer
25 tfIdfVectorizer = TfidfVectorizer(input = "content",
26                                   use_idf = True,
27                                   tokenizer = tokenize,
28                                   max_features = max_tokens,
29                                   stop_words = 'english')
30
31 # use the vectorizer to compute the tfIdf of the dataset
32 tfIdf = tfIdfVectorizer.fit_transform(token_dict.values())
33
34 # the feature names are the words (tokens) in the dataset
35 tfidf_tokens = tfIdfVectorizer.get_feature_names_out()
36
37 final_vectors = pd.DataFrame(
38     data = tfIdf.toarray(),
39     columns = tfidf_tokens
40 )
41
42 final_vectors
```

图 7.3　计算电影评论语料库词频逆文档频率向量的代码

在收集并统计了所有文档的 token 之后，下一步是初始化 `tfIdfVectorizer` 向量转化器（第 25 行至 29 行），`TfidfVectorizer()` 是 scikit-learn 中的一个内置函数，该函数的参数包括输入类型、是否使用逆文档频率、分词器、特征数量，以及停用词的语言类型（在本示例中语言类型为英语）。

第 32 行使用 `fit_transform` 方法根据文档和 token 计算词频逆文档频率。剩余代码（第 37 行至 42 行）用于显示生成的词频逆文档频率向量。

生成的词频逆文档频率矩阵如图 7.4 所示。

	2	acting	action	actor	actors	actually	alien	american	audience
0	0.092834	0.000000	0.000000	0.000000	0.069898	0.134576	0.0	0.084837	0.130063
1	0.000000	0.266255	0.132484	0.000000	0.000000	0.000000	0.0	0.000000	0.000000
2	0.000000	0.094612	0.000000	0.000000	0.000000	0.000000	0.0	0.115113	0.264719
3	0.000000	0.000000	0.000000	0.000000	0.160810	0.000000	0.0	0.000000	0.000000
4	0.000000	0.000000	0.000000	0.210719	0.000000	0.090622	0.0	0.000000	0.087584
...	...	...	...	...	...	...	...	...	...
1995	0.000000	0.046388	0.000000	0.000000	0.000000	0.000000	0.0	0.056440	0.000000
1996	0.000000	0.000000	0.000000	0.171716	0.000000	0.147697	0.0	0.000000	0.000000
1997	0.000000	0.000000	0.133597	0.000000	0.000000	0.000000	0.0	0.000000	0.000000
1998	0.000000	0.000000	0.000000	0.089530	0.159988	0.000000	0.0	0.000000	0.000000
1999	0.000000	0.000000	0.000000	0.000000	0.000000	0.000000	0.0	0.000000	0.000000

2000 rows × 200 columns

图 7.4　部分电影评论语料库频逆文档频率向量

至此，电影评论语料库被表示为一个矩阵，其中每一行都用一个 N 维行向量表示一个文档，N 是词典所包含 token 的个数。图 7.4 展示了语料库中 2000 个文档中部分文档的词频逆文档频率向量（文档 0 ～ 4 和 1995 ～ 1999），文档按行表示，语料库中的单词以字母顺序显示在表格顶部。限于篇幅，图中所展示的文档向量和单词都不完整。

从图 7.4 中可以观察到，在不同文档中，相同单词对应的词频与文档频率值存在着较大的差异。例如，单词 `acting` 在文档 `0` 和文档 `1` 中对应的数值差别很大。这种差异在下一步的处理（分类）中非常有用，第 9 章会介绍如何利用该信息。值得注意的是，到目前为止，本书还没有使用任何机器学习算法，只是根据文档所包含的单词将文档转换为数值表示形式。

到目前为止，本章一直在关注如何表示文档，那么如何表示单词呢？在将文档转化为向量后，每个单词只对应一个数字，该数字要么表示单词在此文档中的频率（计数词袋向量），要么表示单词在该文档中相对于语料库中的频率（词频逆文档频率）。在之前介绍的各种方法中，我们没有利用单词本身含义的信息。然而，文档中单词的含义也会影响该文档与其他文档的相似性。在 NLP 领域中，用于表示单词含义的方法通常被称为**词嵌入**（Word Embedding）。7.4 节将介绍一种流行的词向量表示方法，即 **Word2Vec**，该方法能够捕捉单词之间含义的相似性。

7.4 使用上下文无关向量表示单词

到目前为止，本章已经介绍了多种表示文档相似性的方法。尽管这种相似性可能对一些应用程序有用，例如意图识别或文档分类，但是探索两个或多个文档之间的相似性并没有特别重要。在本节中，我们将介绍如何使用词向量表示单词含义。

Word2Vec

Word2Vec是2013年谷歌公司发布的一个库，用于将单词表示为向量［Mikolov，Tomas et al.（2013）.*Efficient Estimation of Word Representations in Vector Space*. https://arxiv.org/abs/1301.3781）。Word2Vec的基本思想是将语料库中的每个单词都用一个向量所表示，该向量根据单词的上下文（即相邻单词）计算得到。Word2Vec背后的逻辑是具有相似含义的单词会出现在相似的语境中。可以用语言学家J.R.Firth的一句名言来概括这种思想："你可以通过上下文来确定一个单词的含义"（*Studies in Linguistic Analysis*，Wiley-Blackwell）。

构建Word2Vec词向量的第一步是为每个单词分配一个向量。表示单词最简单的方法是**独热编码**（one-hot encoding）。在独热编码中，词汇表中的每个单词都由一个向量表示，向量的长度等于词汇表大小，在该向量中单词对应的位置是1，其余位置都是0（被称为独热编码，因为向量中只有一个元素为1，其余皆为0）。对于一个语料库而言，独热编码向量类似于一个词典，例如，如果语料库是电影评论数据集，当单词是movie时，词向量movie对应的位置值为1；当单词是actor时，词向量actor对应的位置值为1。

可以发现，独热编码向量不包含一个单词的上下文信息。独热编码的第一步是整数编码，即为语料库中的每个单词分配一个特定的整数。下述代码使用scikit-learn进行整数编码和独热编码。除此之外，代码还从numpy库中导入了array()函数和argmax()函数，后续章节还会用到这两个函数：

```
from numpy import array
from numpy import argmax
from sklearn.preprocessing import LabelEncoder
from sklearn.preprocessing import OneHotEncoder

#import the movie reviews
from nltk.corpus import movie_reviews

# make a list of movie review documents
documents = [(list(movie_reviews.words(fileid)))
             for category in movie_reviews.categories()
             for fileid in movie_reviews.fileids(category)]
```

```
# for this example, we'll just look at the first document, and
# the first 50 words
data = documents[0]
values = array(data)
short_values = (values[:50])

# first encode words as integers
# every word in the vocabulary gets a unique number
label_encoder = LabelEncoder()
integer_encoded = label_encoder.fit_transform(short_values)

# look at the first 50 encodings
print(integer_encoded)
[32  3 40 35 12 19 39  5 10 31  1 15  8 37 16  2 38 17 26  7  6  2 30
29
 36 20 14  1  9 24 18 11 39 34 23 25 22 27  1  8 21 28  2 42  0 33 36
13
  4 41]
```

上述代码提取电影评论数据集中第一个评论中的前 50 个单词，并将它们转换为整数编码。可以在此基础上将其转换为独热编码向量，如下述代码所示：

```
# convert the integer encoding to onehot encoding
onehot_encoder = OneHotEncoder(sparse=False)
integer_encoded = integer_encoded.reshape(
    len(integer_encoded), 1)
onehot_encoded = onehot_encoder.fit_transform(
    integer_encoded)

print(onehot_encoded)
# invert the first vector so that we can see the original word it
encodes
inverted = label_encoder.inverse_transform(
    [argmax(onehot_encoded[0, :])])
print(inverted)
[[0. 0. 0. ... 0. 0. 0.]
 [0. 0. 0. ... 0. 0. 0.]
 [0. 0. 0. ... 1. 0. 0.]
 ...
 [0. 0. 0. ... 0. 0. 0.]
 [0. 0. 0. ... 0. 0. 0.]
 [0. 0. 0. ... 0. 1. 0.]]
['plot']
```

上述代码的输出是独热编码向量的一个子集。因为是独热编码向量，向量中只有一个位置的值是 1，其他位置的值都是 0。显然，这种向量非常稀疏，最好将其转换成更紧凑的向量。

此外，上述代码还展示了如何从独热编码向量恢复原始单词。由于稀疏表示浪费内存，因此独热编码向量实用性不强。

Word2Vec 方法使用神经网络来降低词向量的维度。第 10 章将介绍神经网络的相关内容，而本节将使用名为 `Gensim` 的函数库来计算 Word2Vec 词向量。

下述代码使用了 Gensim `Word2Vec` 库来创建电影评论语料库的词向量模型。在 Gensim 中，由 Word2Vec 创建的 `model` 对象包含许多处理数据的方法。下述代码仅展示了其中的一个方法，即 `most_similar`。给定一个单词，该方法可以从数据集中找到与该单词最相似的单词。下述代码给出语料库中与单词 `movie` 最相似的 25 个单词，以及对应的 Word2Vec 相似度得分：

```
import gensim
import nltk

from nltk.corpus import movie_reviews
from gensim.models import Word2Vec

# make a list of movie review documents
documents = [(list(movie_reviews.words(fileid)))
             for category in movie_reviews.categories()
             for fileid in movie_reviews.fileids(category)]
all_words = movie_reviews.words()
model = Word2Vec(documents, min_count=5)
model.wv.most_similar(positive = ['movie'],topn = 25)

[('film', 0.9275647401809692),
 ('picture', 0.8604983687400818),
 ('sequel', 0.7637531757354736),
 ('flick', 0.7089548110961914),
 ('ending', 0.6734793186187744),
 ('thing', 0.6730892658233643),
 ('experience', 0.6683703064918518),
 ('premise', 0.6510635018348694),
 ('comedy', 0.6485130786895752),
 ('genre', 0.6462267637252808),
 ('case', 0.6455731391906738),
 ('it', 0.6344209313392639),
 ('story', 0.6279274821281433),
 ('mess', 0.6165297627449036),
 ('plot', 0.6162343621253967),
 ('message', 0.6131927371025085),
 ('word', 0.6131172776222229),
 ('movies', 0.6125075221061707),
 ('entertainment', 0.6109789609909058),
 ('trailer', 0.6068858504295349),
 ('script', 0.6000528335571289),
```

```
('audience', 0.5993804931640625),
('idea', 0.5915037989616394),
('watching', 0.5902948379516602),
('review', 0.5817495584487915)]
```

观察上述结果可以发现，使用 Word2Vec 根据上下文找到的最相似的单词与我们的期望非常接近。排名最靠前的两个单词是 `film` 和 `picture`，其含义与 `movie` 非常相似。第 10 章将进一步探讨 Word2Vec 模型，并探究如何将该模型应用于 NLP 任务中。

尽管 Word2Vec 方法确实考虑了单词在数据集中的上下文信息，但词汇表中的每个单词最终都由一个固定的向量表示，该向量封装了这个单词在数据集中所有上下文信息。这种表示方法掩盖了一个事实，即单词在不同上下文中可能具有不同的含义。7.5 节将介绍根据特定上下文信息表示单词的方法。

7.5　使用上下文相关向量表示单词

Word2Vec 生成的词向量与具体上下文或语境无关，即无论一个单词出现在何种上下文中，其向量表示始终保持不变。然而，事实上，单词的含义受相邻单词的强烈影响。例如，在“*We enjoyed the film*”和“*the table was covered with a thin film of dust*”这两个句子中，单词“*film*”的含义完全不同。为了捕捉上下文信息的差异，需要一种方法对单词进行向量表示，使其在不同上下文中表示的向量不同，从而体现出单词在不同语境中含义的差异。在过去几年里研究人员对这个研究方向进行了广泛的探索。**BERT 模型**［`https://aclanthology.org/N19-1423/`（Devlin et al., NAACL2019）］推动了这个方向的进展，促进了 NLP 方法的进步。

本书将在第 11 章详细介绍依赖上下文的单词表示方法，包括 BERT 模型。

7.6　本章小结

本章首先介绍了如何根据可用数据和其他需求选择 NLP 方法。之后详细解释了文本数据的表示方法，尤其是向量表示，包括文档向量表示方法和单词向量表示方法。文档表示方法包括二元词袋模型、计数词袋模型和词频逆文档频率；单词表示方法包括独热编码和 Word2Vec 方法。最后，本章简要提及了基于上下文信息的词向量表示方法，这将在第 11 章进行详细介绍。

第 8 章～第 11 章将利用本章所学的表示方法，展示如何训练模型，以解决诸如文档分类和意图识别等 NLP 问题。本书第 8 章将围绕基于规则的方法展开；第 9 章和第 10 章将分别讨论传统机器学习和神经网络；第 11 章将介绍最现代的自然语言处理方法，包括 Transformer 模型和预训练语言模型。

CHAPTER 8

第8章

基于规则的方法

基于规则的方法在**自然语言处理**中扮演着非常重要和实用的角色。规则用于检查文本，并决定如何以“全或无”（all-or-none）的方式分析文本，与后续章节中将要讨论的统计方法形成鲜明的对比。本章将深入探讨如何将基于规则的方法应用于NLP领域。本章将介绍使用正则表达式的示例、句法分析和语义角色分配等任务示例。本章主要使用之前介绍过的NLTK和spaCy库。

本章将介绍以下内容：

- 基于规则的方法简介
- 为什么要使用规则
- 正则表达式
- 词汇级分析
- 句子级分析

8.1 基于规则的方法简介

基于规则的方法，顾名思义，是由开发人员编写规则，而不像机器学习模型那样从数据中学习规则。多年来，基于规则的方法一直是NLP领域的主要方法。然而，正如第7章中所提到的那样，随着基于数值计算的机器学习方法的兴起，在大多数NLP应用程序的整体设计中，基于规则的方法正逐渐被取代。其中的原因有多种，例如，由开发人员编写的规则很有可能无法涵盖所有可能情况，会出现遗漏的问题。

尽管如此，在实际应用中，规则仍然非常有用，无论是单独使用，还是与机器学习模型结合使用。后者在实际应用中更常见。

8.2 节将探讨在 NLP 应用程序中使用规则的原因。

8.2　为什么要使用规则

基于规则的方法适用于以下一种或几种情况：

- 应用程序需要分析多达数千种甚至数百万种的固定表达方式。此时，很难提供足够多的数据来训练机器学习模型。上述固定表达式包括数字、货币金额、日期和地址等。系统很难从如此多样化的数据中学习到一个模型。此外，由于这些固定表达式具有结构化的格式，因此编写用于分析这些表达式的规则并不复杂。出于这两个原因，基于规则的方法是一种识别固定表达式更简单的解决方案。
- 在应用程序中，用于训练模型的训练数据非常有限，同时创造新数据的成本很高。例如，注释新数据可能需要非常专业的专业知识。尽管现在存在一些方法（如少样本或零样本学习）可以使大型预训练模型适用于所研究的领域，但如果所研究领域的语法或词汇与原始训练数据差异很大，那么很难调整大型预训练模型用于新领域。医疗报告和空中交通管制信息就是典型的例子。
- 存在经过测试的规则库可供使用。例如，用于识别日期和时间的 Python `datetime` 软件包。
- 目标为使用标注过的语料库来提升机器学习模型的性能。在将语料库作为机器学习模型的训练数据或作为 NLP 系统评估的黄金标准时，需要对语料库进行标注。在这个过程中，可以利用手写规则对数据进行标注。由于标注的结果往往存在错误，因此通常还需要人工审查和纠正。尽管需要额外的审查过程，但是与从头开始手动标注方法相比，基于规则的方法更节省时间。
- 应用程序需要从已知的固定集合中查找已知的命名实体。
- 结果必须非常准确。例如，语法检查、校对、语言学习和作者研究等。
- 需要快速测试应用于下游任务的方法。此时，如果使用机器学习方法，那么数据收集和模型训练会花费大量时间。

8.3 节将介绍正则表达式，这是一种常见的用于分析文本中已知模式的方法。

8.3　正则表达式

正则表达式是一种广泛使用的基于规则的方法，通常用于识别固定表达式。**固定表达式**指的是根据某些规则组成的单词和短语，这些规则在很大程度上与语言的正常模式不同。

货币金额为固定表达式中的一种类型。货币金额的表达方式有限，主要包括数字位数、货币类型以及数是否被逗号或句点分隔。在实际应用中，某些应用程序可能只需要识别一种指定的货币类型，其对应的规则相对简单。其他常见的固定表达式还有日期、时间、电话号码、地址、电子邮件地址、度量单位和数字等。在 NLP 领域中，通常使用正则表达式对文本进行预处理。

不同编程语言的正则表达式格式略有不同。本节使用 Python 的 re 库（https://docs.python.org/3/library/re.html）提供的 Python 正则表达式格式。本书不详细介绍正则表达式语法，因为有很多关于正则表达式语法及其 Python 实现的在线资源。请访问网站 https://www.h2kinfosys.com/blog/nltk-regular-expressions/ 和 https://python.gotrained.com/nltk-regex/ 了解 NLTK 库正则表达式的信息。

下面将首先介绍如何使用正则表达式处理字符串，然后提供一些使应用和调试正则表达式更简单的技巧。

8.3.1 使用正则表达式识别、分析和替换字符串

一个正则表达式最简单的应用是模式匹配。当匹配到固定表达式后，根据应用程序的目标决定下一步需要进行的操作。一些应用程序只需要判断一个固定表达式是否出现。例如，在网页输入窗口中验证用户的输入，以便更正输入地址中的错误。下述代码展示了如何使用正则表达式识别美国地址：

```
import re
# process US street address
# the address to match
text = "223 5th Street NW, Plymouth, PA 19001"
print(text)
# first define components of an address
# at the beginning of a string, match at least one digit
street_number_re = "^\d{1,}"
# match street names containing upper and lower case letters and
digits, including spaces,
# followed by an optional comma
street_name_re = "[a-zA-Z0-9\s]+,?"

# match city names containing letters, but not spaces, followed by a
comma
# note that two word city names (like "New York") won't get matched
# try to modify the regular expression to include two word city names
city_name_re = " [a-zA-Z]+(\,)?"
```

```
# to match US state abbreviations, match any two upper case alphabetic characters
# notice that this overgenerates and accepts state names that don't exist because it doesn't check for a valid state name
state_abbrev_re = " [A-Z]{2}"

# match US postal codes consisting of exactly 5 digits. 9 digit codes exist, but this expression doesn't match them
postal_code_re = " [0-9]{5}$"
# put the components together -- define the overall pattern
address_pattern_re = street_number_re + street_name_re + city_name_re + state_abbrev_re + postal_code_re

# is this an address?
is_match = re.match(address_pattern_re,text)
if is_match is not None:
    print("matches address_pattern")
else:
    print("doesn't match")
```

一些应用程序可能需要对表达式进行分析，并为组成部分指定含义。例如，识别日期中的年、月、日。或者需要对表达式进行替换、删除或规范化操作，使每次出现的表达式都具有相同的形式。甚至还可能还需要组合使用上述两种操作。例如，如果应用程序的目标是分类，那么只需要判断模式匹配是否发生，不需要分析表达式的具体内容。在这种情况下，可以用 `class` token 对表达式进行替换。例如，将“我们在 2022 年 8 月 2 日收到包裹”替换为“我们在 DATE 收到包裹”。这种用 `class` token 替换表达式的方法也可以用于编辑社会保障号码等敏感文本。

上述代码展示了如何使用正则表达式匹配模式，以判断固定表达式是否发生。在此基础上，可以继续执行其他操作，例如将地址替换为类标签或者对一段文本中的匹配部分进行标注。下述代码展示了如何使用 `sub` 方法将地址替换为类标签：

```
# the address to match
text = "223 5th Street NW, Plymouth, PA 19001"
# replace the whole expression with a class tag -- "ADDRESS"
address_class = re.sub(address_pattern_re,"ADDRESS",text)
print(address_class)
ADDRESS
```

另一个有用的操作是对文本表达式标注一个语义标签，比如 `address` 标签。下述代码展示了如何给文本添加一个地址标签。为文本添加地址标签能够识别文本中的地址，并进行诸如从文本中提取地址或统计文本中地址数量等任务：

```
# suppose we need to label a matched portion of the string
# this function will label the matched string as an address
def add_address_label(address_obj):
```

```
    labeled_address = add_label("address",address_obj)
    return(labeled_address)
# this creates the desired format for the labeled output
def add_label(label, match_obj):
    labeled_result = "{" + label + ":" + "'" + match_obj.group() + "'"
+ "}"
    return(labeled_result)

# add labels to the string
address_label_result = re.sub(address_pattern_re,add_address_
label,text)
print(address_label_result)
```

运行上述代码可以得到如下结果：

```
{address:'223 5th Street NW, Plymouth, PA 19001'}
```

最后，使用正则表达式还可以删除文本中的某种表达式，例如，删除 HTML 标记。

8.3.2　常用的正则表达式技巧

正则表达式很容易变得非常复杂，从而难以修改和调试。而且使用正则表达式可能会错误地识别或遗漏某些内容。尽管可以通过调整正则表达式来实现精确匹配，但这样会使正则表达式变得复杂且难以理解。有时，为了简化正则表达式，需要忽略一些不太重要的情况。

如果正则表达式无法匹配一些应该匹配的文本或匹配了一些错误文本，那么修改正则表达式非常困难且容易破坏其现有功能。下面的一些小技巧可以让正则表达式更容易使用：

- 首先写下正则表达式需要匹配的模式（例如任意两个大写字母）。这有助于明确想要做的事情，并找到任何可能被忽略的情况。
- 将复杂表达式分解，独立测试每一部分，然后再将每部分进行组合。除了能帮助调试，分解后的每部分还可以在其他复杂表达式中重新使用。例如本节中使用过的 `street_name_re`。
- 使用现有的，经过测试的正则表达式，例如 Python 的 `datetime` 包（参见 `https://docs.python.org/3/library/datetime.html`）。这些已有的正则表达式已经经过多年使用和测试，一般不会有问题。

接下来的两节将介绍分析自然语言的两个级别：词汇级和句子级。我们将首先从词汇级分析开始。

8.4　词汇级分析

本节将讨论两种分析单词的方法。第一种是词形还原，词形还原将单词分解为其组成部分，以减少单词形式的多样性。第二种方法利用层次化的语义信息阐释单词的含义，这些信息以本体（ontology）的形式呈现。

8.4.1　词形还原

如第 5 章所述，**词形还原**（以及相关的词干提取）所使用的方法可以正则化文本，从而减少文本的多样性。词形还原将文本中的每个单词转换为词元，此过程会丢弃单词的部分信息，例如，删除英语复数单词结尾的 *s*。因此，词形还原需要一个词典为其提供词元。第 5 章中使用普林斯顿大学的 **WordNet**（`https://wordnet.princeton.edu/`）作为词典。

8.4.2 节所讨论的本体和应用程序将会继续使用 WordNet。确切地说，利用 WordNet 中单词关系之间的语义信息。

8.4.2　本体

第 3 章曾简要提到过**本体**，本体使用层次结构表示相关单词之间的关系。图 3.2 是单词"飞机"的本体，将飞机解释为"飞机是一种重型飞行器，重型飞行器是一种飞行器，飞行器是一种交通工具"，以此类推，直至最后一层顶级类别"`entity`（实体）"。

图 3.2 中的本体是英语和许多其他语言 WordNet 本体的一部分。这些层次关系有时被称为"is a"关系。例如，"飞行器是一种（is a）交通工具"。在这个例子中，交通工具是一个**上位词**（superordinate term），飞行器是一个**下位词**（subordinate term）。WordNet 使用自己的术语，上位词用 **hypernym** 表示，下位词用 **hyponym** 表示。

WordNet 还包含许多其他语义关系，比如同义词关系和部分整体关系。例如，从 WordNet 中可以找到这样一个关系，即"机翼是飞机的一部分"。此外，WordNet 还包含词性信息，第 5 章中就使用了其中的词性信息来标注文本，为词形还原做准备。

WordNet 是一个很好的学习本体的入门工具。除此之外，还有其他工具，也可以使用斯坦福大学的 protégé（`https://protege.stanford.edu/`）等工具构建自己的本体。

下面是关于如何在 NLP 应用程序中使用诸如 WordNet 等本体的建议：

- 开发一款工具帮助作者查找目标词汇的定义、同义词和反义词。
- 统计文本中提到不同类别单词的次数。例如，找出所有交通工具出现的次数。即使文本中实际上只提到了"汽车"或"轮船"，也可以通过查找"汽车"的上位词来判断文本中提到了几次交通工具。
- 将句子中的词替换为其上位词，生成更多的机器学习训练数据。例如，假设有一个提供烹饪建议的聊天机器人，它会被问到诸如"如何判断一个辣椒是否成熟？"

或者“是否可以冷冻西红柿?”这样的问题。对于这些问题，有数百种食物可以代替“辣椒”和“西红柿”。考虑到所有这些情况而创建训练数据非常烦琐。为了避免这种情况，可以在WordNet中找到所有不同类型的蔬菜，然后将它们放入句子模板中生成新的句子，并将其作为新的训练数据。

以下是一个上述策略的示例。NLTK包含WordNet，下述代码导入WordNet并获取*vegetable*（synsets）的所有同义词集：

```
import nltk
from nltk.corpus import wordnet as wn
wn.synsets('vegetable')
```

可以看到，*vegetable*有两种词义，运行下述代码查询它们的定义：

```
[Synset('vegetable.n.01'), Synset('vegetable.n.02')]
print(wn.synset('vegetable.n.01').definition())
print(wn.synset('vegetable.n.02').definition())
```

在vegetable.n.01中，vegetable表示要查询的单词，n表示名词词性，01代表语义的顺序。输出这两个词义的定义，得到结果如下：

```
edible seeds or roots or stems or leaves or bulbs or tubers or
nonsweet fruits of any of numerous herbaceous plant
any of various herbaceous plants cultivated for an edible part such as
the fruit or the root of the beet or the leaf of spinach or the seeds
of bean plants or the flower buds of broccoli or cauliflower
```

第一种词义指的是可食用的部分，第二种词义指的包含可食用部分的植物。如果应用程序与烹饪相关，那么应该使用*vegetable*的第一种词义。下述代码将输出*vegetable*第一种词义所包含的所有下位词：

```
word_list = wn.synset('vegetable.n.01').hyponyms()

simple_names = []
for word in range (len(word_list)):
    simple_name = word_list[word].lemma_names()[0]
    simple_names.append(simple_name)
print(simple_names)
['artichoke', 'artichoke_heart', 'asparagus', 'bamboo_shoot',
'cardoon', 'celery', 'cruciferous_vegetable', 'cucumber', 'fennel',
'greens', 'gumbo', 'julienne', 'leek', 'legume', 'mushroom', 'onion',
'pieplant', 'plantain', 'potherb', 'pumpkin', 'raw_vegetable', 'root_
vegetable', 'solanaceous_vegetable', 'squash', 'truffle']
```

上述代码可以分解为以下几个步骤：

1）收集*vegetable*第一种词义所包含的所有下义词，并将它们存储在word_list变量中。

2）遍历列表 word_list，收集每个单词对应的词元，并将这些词元存储在 simple_names 变量中。

3）输出单词。

然后，用这些单词填充一个句子模板，生成样本数据，如下所示：

```
text_frame = "can you give me some good recipes for "
for vegetable in range(len(simple_names)):
    print(text_frame + simple_names[vegetable])

can you give me some good recipes for artichoke
can you give me some good recipes for artichoke_heart
can you give me some good recipes for asparagus
can you give me some good recipes for bamboo_shoot
```

上述代码展示了如何使用句子模板和 *vegetable* 下位词的词元生成新句子。在实际应用中，一般会使用多个句子模板生成各种各样的句子。

本节的开始列出了在 NLP 应用程序中使用本体的几种方法。如果你有新想法，那么也可以利用单词的含义来解决自然语言应用程序中的其他问题。

然而，单词并不是孤立存在的，单词与单词的组合会创造出结构更复杂、含义更丰富的句子。8.5 节将从对单词的分析转向对整个句子的分析，我们将从句法和语义两个方面分析句子。

8.5　句子级分析

本节将进行句子级分析。可以从**句法**角度分析句子，即建模句子中各部分之间的结构关系；也可以从**语义**角度分析句子，即研究句子中各部分之间的语义关系。句法关系对于语法检查等任务非常重要，例如检查动词是否与主语一致、动词的形式是否正确等。而语义关系则对聊天机器人等应用场景非常有用，例如识别问题句子中的各个组成部分的语义。在几乎所有的 NLP 应用程序中，同时识别句法和语义关系是统计模型方法的替代方法。

8.5.1　句法分析

可以使用**分析**方法分析句子和短语的句法结构。分析将输入文本与一组规则或语法进行匹配。存在很多分析方法，在此不进行详细介绍。如果你对这些方法感兴趣，可以参考相关的在线资源，如 https://en.wikipedia.org/wiki/Syntactic_parsing（computational_linguistics）或 https://www.tutorialspoint.com/natural_language_processing/natural_language_processing_syntactic_analysis.htm。图表分析、依存关系

分析和递归下降分析只是众多句法分析方法中的一小部分。NLTK 中有一个 parse 包，其中包含了很多种分析句子的算法。在本节中的示例中，我们使用 nltk.parse.ChartParser 类中的图表分析器，这是一种常用的基本分析方法。

上下文无关语法

上下文无关语法（Context-Free Grammar，CFG）是一种常见的基于规则的句法分析方法。上下文无关语法可以用于图表分析以及许多其他分析任务。在计算机科学中上下文无关语法常被用于定义形式语言，例如编程语言。上下文无关语法包含一组规则，每个规则由**左侧**（Left-Hand Side，LHS）和**右侧**（Right-Hand Side，RHS）组成，通常用符号（如箭头 ->）将两者分隔开。该规则表示左侧的符号由右侧的各个符号组成。

例如，上下文无关规则 S->NP VP 表示一个句子（S）由一个**名词短语**（NP）和一个**动词短语**（VP）组成。**名词短语**（NP）可以包含一个**限定词**（Det），如 *an*、*my* 或 *the*，后跟一个或两个**名词**（N），如 *elephant*，可能再跟一个**介词短语**（PP），或者名词短语本身就是一个**代词**（Pro）。每一个规则都必须依赖于另一个规则，直到规则以句子中的单词或终止符号结束。单词或终止符号不会出现在规则左侧中。

以下是一些创建英语规则的上下文无关语法的代码。这些关于句子的成分规则表明句子中各个部分之间是如何相互关联的。还有另一种常用的格式为依存关系，也能够表示句子中单词之间是如何相互联系的，本章不对其进行介绍，因为成分规则足以说明句法规则和句法分析的基本概念：

```
grammar = nltk.CFG.fromstring("""
S -> NP VP
PP -> P NP
NP -> Det N | Det N N |Det N PP | Pro
Pro -> 'I' |'you'|'we'
VP -> V NP | VP PP
Det -> 'an' | 'my' | 'the'
N -> 'elephant' | 'pajamas' | 'movie' |'family' | 'room' |'children'
V -> 'saw'|'watched'
P -> 'in'
""")
```

上面列出的语法只能分析几个句子，比如“*the children watched the movie in the family room*”，但无法分析句子“*the children slept*”，因为在这个语法中，动词短语必须包含一个动词和一个宾语或介词短语。完整的英语上下文无关语法庞大且复杂。此外，需要注意，NLTK 规则可以用概率进行标注，表示右侧每个组合的可能性。

例如，上述代码中的规则 4（Pro->'I'|'you'|'we'）可以对 'I'、'you' 和 'we' 分别赋予似然概率。在实际应用中，这种做法会产生更准确的分析结果，但不会影响本章将要给出的示例。表 8.1 总结了一些上下文无关语法的常用术语。

表 8.1　上下文无关语法的常用术语

符号	含义	示例
S	句子（Sentence）	the children watched the movie
NP	名词短语（Noun phrase）	the children
VP	动词短语（Verb phrase）	watched the movie
PP	介词短语（Prepositional phrase）	in the family room
Pro	代词（Pronoun）	I、we、you、they、he、she、it
Det	冠词（Determiner or article）	the、a
V	动词（Verb）	watched、saw
N	名词（Noun）	children、movie、elephant、family、room

表 8.2 总结了 NLTK 中的上下文无关语法的符号约定。

表 8.2　上下文无关语法的符号约定

符号	含义
->	分隔左侧和右侧
|	分隔右侧中的各个备选项
单引号	用于句子中的单词或终端符号
大写字母	非终端符号，由其他规则所定义

下述代码结合前面给出的语法规则来分析和可视化句子“*the children watched the movie in the family room*”：

```
# we will need this to tokenize the input
from nltk import word_tokenize
# a package for visualizing parse trees
import svgling

# to use svgling we need to disable NLTK's normal visualization
functions
svgling.disable_nltk_png()

# example sentence that can be parsed with the grammar we've defined
sent = nltk.word_tokenize("the children watched the movie in the
family room")

# create a chart parser based on the grammar above
parser = nltk.ChartParser(grammar)

# parse the sentence
trees = list(parser.parse(sent))

# print a text-formatted parse tree
print(trees[0])

# print an SVG formatted parse tree
trees[0]
```

可以使用不同的方式查看分析结果。例如，以括号文本格式，如下所示：

```
(S
  (NP (Det the) (N children))
  (VP
    (VP (V watched) (NP (Det the) (N movie)))
    (PP (P in) (NP (Det the) (N family) (N room)))))
```

注意，分析结果直接反映语法。分析后的总结果被称为 S，因为它来自语法中的第一个规则，即 S->NP VP。类似地，NP 和 VP 直接连接到 S，它们的子节点在它们后面的括号中。

上述格式对后续需要计算机处理的任务非常有用，但是，这种格式难以阅读。图 8.1 展示了分析结果的树状图，非常容易查看。与前面的文本分析结果一样，树状图与语法一致。单词或者终端符号，都出现在树的底部或叶子节点。

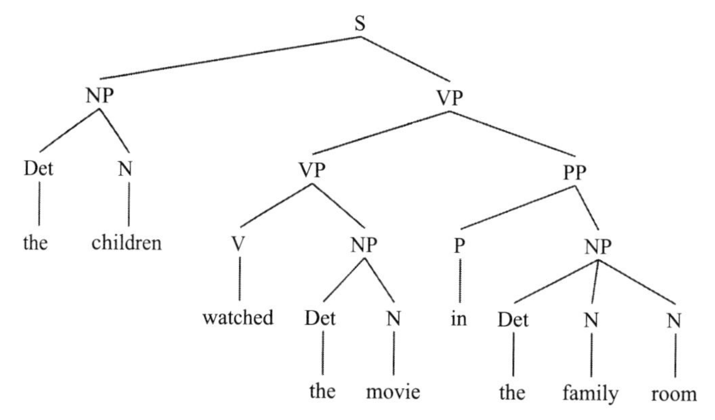

图 8.1　“*the children watched the movie in the family room*”的结构树

可以使用这个语法分析其他句子，也可以尝试修改这个语法。例如，添加一个语法规则，使该语法能够分析动词后面没有名词短语（NP）或介词短语（PP）的句子，例如“*the children slept*”。

8.5.2　语义分析与槽填充

前面关于正则表达式和句法分析的部分都仅涉及句子结构，没有涉及句子的含义。之前提到的句子分析方法甚至可以分析“*the movie watched the children in the room room*”这样无意义的句子。图 8.2 展示了这个句子的分析结果。

大多数应用程序不仅要求分析句子的句法结构，还需要提取句子的部分或全部含义。提取含义的过程被称为**语义分析**。所需要的含义因应用场景而异。到目前为止，本书中唯一需要从文档中提取的含义是文本类别。例如，之前讨论的预测电影评论是正面评论还是负面评论。前几章所讨论的统计方法非常擅长做这种粗粒度的处理。

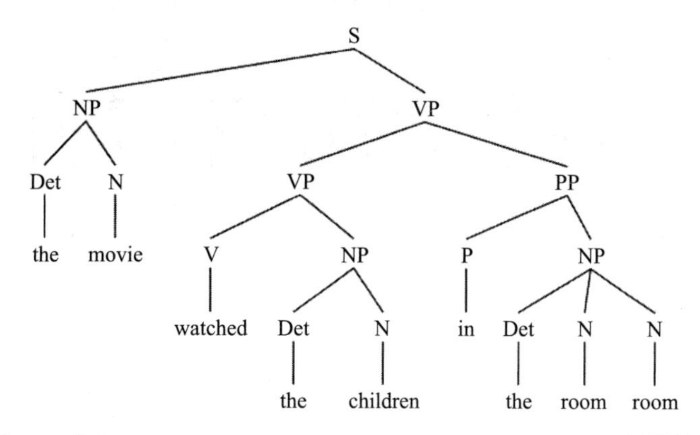

图 8.2 “*the movie watched the children in the room room*”的结构树

然而，在其他一些应用程序中，还需要提取句子中各个部分之间的关系。虽然有用于获取细粒度信息的机器学习方法（将在第 9 章、第 10 章和第 11 章中进行讨论），但这些方法适用于数据量较大的情况。如果数据量较小，那么基于规则的方法会更加有效。

1. 槽填充

接下来将详细介绍一种常用于交互式应用程序的方法，即**槽填充**。槽填充是语音助手和聊天机器人中常用的一种方法，也经常用于信息提取等非交互式应用程序中。

考虑一个帮助用户寻找餐厅的聊天机器人。该应用程序期望用户提供一些搜索目标的信息，如餐厅类型、氛围和位置。这些信息就是应用程序中的槽。例如，用户可能会说“*I'd like to find a nice Italian restaurant near here*”。“**餐厅搜索**”是总目标，即意图。本章主要关注如何识别槽，后续章节将详细讨论意图识别。

该应用程序的设计如图 8.3 所示。

在处理用户问题时，系统需要识别出用户问题中的槽，并提取其对应的值。这是系统帮助用户寻找餐厅需要使用的所有信息，询问句子中的其他内容通常会被忽略。如果被忽略的内容实际上与任务相关，这时可能会出现错误。但在大多数情况下，这种方法是有效的。因此，许多系统采用这种策略，即只查找与任务相关的信息。这与之前探讨的句法分析形成鲜明对比，句法分析需要分析整个句子。

可以使用 spaCy 中基于规则的匹配器创建一个应用程序，用于查找用户问题句子中的槽和槽对应的值（填充值）。基本方法是为系统定义一个模式，用于寻找槽对应的单词，并定义槽标签用于标注这些单词。下述代码展示了如何在句子中寻找图 8.3 中的槽（为了简化，这里仅展示部分槽）：

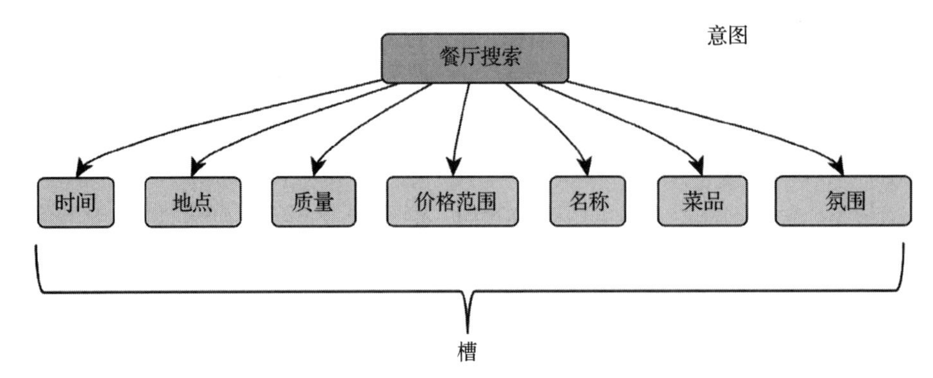

图 8.3　餐厅搜索应用程序中的槽

```
import spacy
from spacy.lang.en import English

nlp = English()

ruler = nlp.add_pipe("entity_ruler")
cuisine_patterns = [
    {"label": "CUISINE", "pattern": "italian"},
    {"label": "CUISINE", "pattern": "german"},
    {"label": "CUISINE", "pattern": "chinese"}]
price_range_patterns = [
    {"label": "PRICE_RANGE", "pattern": "inexpensive"},
    {"label": "PRICE_RANGE", "pattern": "reasonably priced"},
    {"label": "PRICE_RANGE", "pattern": "good value"}]
atmosphere_patterns = [
    {"label": "ATMOSPHERE", "pattern": "casual"},
    {"label": "ATMOSPHERE", "pattern": "nice"},
    {"label": "ATMOSPHERE", "pattern": "cozy"}]
location_patterns = [
    {"label": "LOCATION", "pattern": "near here"},
    {"label": "LOCATION", "pattern": "walking distance"},
    {"label": "LOCATION", "pattern": "close by"},
    {"label": "LOCATION", "pattern": "a short drive"}]

ruler.add_patterns(cuisine_patterns)
ruler.add_patterns(price_range_patterns)
ruler.add_patterns(atmosphere_patterns)
ruler.add_patterns(location_patterns)

doc = nlp("can you recommend a casual italian restaurant within
walking distance")
print([(ent.text, ent.label_) for ent in doc.ents])
[('casual', 'ATMOSPHERE'), ('italian', 'CUISINE'), ('walking
distance', 'LOCATION')]
```

上述代码首先导入 spaCy 和处理英语文本所需的信息。通过将 `entity_ruler` 添加到 NLP pipeline 中，定义一个名称为 `ruler` 的规则处理器。然后定义三种类型菜品（在实际应用程序中种类会更多）并将它们标记为 `CUISINE`。同样，定义用于识别价格范围、氛围和位置的模式。这些规则规定，如果句子中包含一个特定的词或短语，那么这个词或短语就会被添加到相应的槽中，例如，如果句子中出现 `near here` 这个词，就将这个词添加到 `LOCATION` 槽中。

下一步是将这些模式添加到规则处理器 `ruler` 中，然后使用 NLP 处理器处理一个句子“*can you recommend a casual italian restaurant within walking distance*”。在此过程中，将规则应用于文档，然后生成一个 `doc.ents` 文件，包含被标注的槽（在 spaCy 中称为**实体**）。通过输出槽和其填充值，可以看到处理器找到了三个槽，分别是 `ATMOSPHERE`、`CUISINE` 和 `LOCATION`，对应的填充值分别是 `casual`、`Italian` 和 `walking distance`。继续再尝试处理其他句子，可以总结出这种槽填充方式具有以下几个重要特点：

- 句子中与模式不匹配的部分会被忽略，例如“*can you recommend*”。这也意味着句子中不匹配的部分可能没有意义，或者它们实际上对句子的含义很重要，但如果忽略它们，系统可能会犯错误。例如，如果语句是“*can you recommend a casual non-Italian restaurant within walking distance*”，系统可能会错误地认为用户想要通过使用这些规则寻找一家意大利餐厅。可以编写额外的规则来将这些情况考虑在内，但在许多应用程序中，为保证系统的简洁性，需要牺牲一些准确性。这些必须根据实际应用情况而定。
- 槽和其填充值会在句子中的任何位置被识别，而且不需要以特定的顺序出现。
- 句子中缺少特定的槽不会造成任何问题，缺少的部分会被排除在最终的实体列表之外。
- 如果一个槽多次出现，那么每次出现都会被识别。

槽标签的名称由开发人员决定，而且标签也无须非常具体。例如，可以使用 `TYPE_OF_FOOD` 标签代替 `CUISINE` 标签，这不会对处理过程产生任何影响。以下代码使用 spaCy 中的可视化工具 `displacy` 可视化代码运行结果：

```
from spacy import displacy
colors = {"CUISINE": "#ea7e7e",
          "PRICE_RANGE": "#baffc9",
          "ATMOSPHERE": "#abcdef",
          "LOCATION": "#ffffba"}
options = {"ents": ["CUISINE","PRICE_RANGE","ATMOSPHERE","LOCATION"],
"colors": colors}
displacy.render(doc, style="ent", options=options,jupyter = True)
```

在图 8.4 中，高亮部分为被识别出的槽和其填充值。

图 8.4　使用 displacy 可视化槽

由于我们使用的槽为自定义槽（即不是 spaCy 自带的槽），因此为了用不同颜色显示槽，必须定义不同的颜色用于表示不同的槽（或 ents）。在此之后，可以使用颜色区分不同的槽以及其填充值。在上述代码中，colors 变量定义了颜色。可以为任何有用的槽分配颜色。不同的槽对应的颜色最好不同，但无须必须不同，关键的是颜色具有区分槽的作用。本例使用标准的十六进制代码定义颜色。请访问网站 https://www.color-hex.com/ 获取更多关于十六进制颜色的信息。

2. 使用 id 属性

你可能已经注意到了本例中的一些槽和填充值表示相同的意思，例如 close by 和 near here。如果在后续处理阶段将槽和填充值传递给数据库进行查询，则需要分别编写代码处理 close by 和 near here，即使数据库查询结果相同。这会增加应用程序的复杂性，因此需要避免这种情况。为此，spaCy 为 ent 提供了另一个属性 ent_id_。如果找到了槽和填充值，则需要在模式声明中确定 id 属性。以下代码对地点模式进行修改：

```
location_patterns = [
    {"label": "LOCATION", "pattern": "near here", "id":"nearby"},
    {"label": "LOCATION", "pattern": "close by","id":"nearby"},
    {"label": "LOCATION", "pattern": "near me","id":"nearby"},
    {"label": "LOCATION", "pattern": "walking distance", "id":"short_
walk"},
    {"label": "LOCATION", "pattern": "short walk", "id":"short_walk"},
    {"label": "LOCATION", "pattern": "a short drive", "id":"short_
drive"}]
```

输出“*can you recommend a casual italian restaurant close by*”给出的槽、填充值和 id，结果如下：

```
[('casual', 'ATMOSPHERE', ''), ('italian', 'CUISINE', ''), ('close
by', 'LOCATION', 'nearby')]
```

可以看到 close by 的 id 是 nearby，其依据是内容为 close by 的模式。

在上述代码中，可以看出前三个位置模式具有类似的含义，都被赋予了 nearby 的 id。由于具有相同的 id，下一阶段的处理只需要 ent_id_ 的值，即只需要处理 nearby，而不需要处理 close by 和 near me。

请注意，在本例中，CUISINE 和 ATMOSPHERE 槽的 id 为空，这是因为没有为它们的模式定义 id 属性。在实际应用中，最好为所有模式定义 id（如果有 id 的话），以便保持结果的统一。

还需要注意，这些模式也反映了设计决策，即同义短语具有相同的 id，而不同义短语的 id 不同。在上述代码中，short walk 和 near me 的 id 不同。这个设计决策考虑的是“short walk”和“near me”具有不同的含义，因此在应用程序后期处理不同。哪些词同义、哪些词不同义的取决于具体的应用程序以及后端可用信息的丰富程度。

至此，本章已经介绍了几种有用的基于规则的 NLP 方法。表 8.3 对这些方法进行总结，并列出了基于规则的方法的三个重要属性：

- 规则的格式
- 规则处理文本的方法
- 结果的表示方法

表 8.3 比较基于规则的方法

方法	目的	模型格式	处理	结果
正则表达式	识别和格式化日期、时间、地址、电话号码等固定表达式	正则表达式语法	正则表达式语法分析程序	匹配对象、字符串
句法分析	识别并标注语法结构	上下文无关语法	分析，如图表分析	结构树、依存关系图
语义分析	识别句子各部分之间的语义关系	模式规则	语义分析	槽和其填充值（槽也被称实体）

8.6 本章小结

本章介绍了几种常用的使用规则处理自然语言的方法。

本章首先介绍了如何利用正则表达式识别数字、日期和地址等固定表达式，还介绍了基于规则的 Python 工具，如用于分析句子句法结构的 NLTK 句法分析库。最后，本章介绍了用于语义分析的基于规则的工具，如 spaCy 库中用于槽填充任务的 entity_ruler。

第 9 章将探讨机器学习方法，首先介绍朴素贝叶斯分类、词频逆文档频率、支持向量机和条件随机场（Conditional Random Field，CRF）等统计方法。与本章所讨论的基于规则的方法相比，统计机器学习方法使用从训练数据中学习的模型，并将模型应用于以前未见过的新数据。与基于规则的方法的“全或无”方式不同，统计方法以概率为基础。

在探讨统计方法的同时，还需要考虑如何将它们与本章所讨论的基于规则的方法结合起来，从而可以创建更强大、更有效的系统。

CHAPTER 9

第9章

机器学习第1部分——统计机器学习

本章将讨论如何将经典的统计机器学习方法（如**朴素贝叶斯**、**词频逆文档频率**、**支持向量机**和**条件随机场**）应用于文本分类、意图识别和槽填充等常见的 NLP 任务中。

使用这些经典方法时有两点需要考虑，分别为**数据表示**和模型构建。数据表示将数据转化为适合分析的格式。回顾第 7 章，在自然语言处理中，使用其他方式表示文本是表示文本数据的标准方法。数值化的数据表示方式（如数据向量）使广泛使用的数值处理方法可以处理数据，从而为处理开辟了许多可能性。本书在第 7 章已经介绍了一些文本数值表示的方法，包括**词袋模型**、词频逆文档频率和 Word2Vec 等。本章所使用的数据表示方法为词频逆文档频率方法。

一旦将数据转换为适合处理的格式或向量，就可以构建模型和训练模型，使模型能够分析未来遇到的类似的数据。这个过程被称为训练过程。那些未来遇到的数据被称为测试数据，即在训练过程未曾见到过的、与训练数据类似但又不完全相同的数据。测试数据用于评估模型的性能。此外，如果系统用于实际应用程序，“未来数据”可能是用户或客户提供给模型的新问题或新样本。在模型完成训练后，系统处理数据，这个过程被称为推理。

本章将介绍以下内容：

- 模型评估方法简介
- 基于词频逆文档频率的文档表示与基于朴素贝叶斯算法的文档分类
- 基于支持向量机的文档分类
- 基于条件随机场模型的槽填充

本章将从一系列基础且实用的方法入手。这些方法是解决分类问题的实用解决方案，应当成为每位从业者的基本工具。

9.1　模型评估方法简介

在学习各种统计方法之前，有几个关键因素需要考虑。首先需要确定的是系统的评估指标或得分标准。最常见、最简单的指标是**准确率**，即正确分类样本数量与样本总数的比值。例如，一个电影评论分类器将 100 条评论分类为正面评论或负面评论，若分类器正确分类了 75 条评论，则准确率为 75%。另一个与之密切相关的指标是**错误率**。与准确率相反，错误率反映了分类器出错的概率，在此例子中分类器的错误率为 25%。

除此之外，还有一些更常用、更准确且信息量更大的评估指标，如**精度**（precision）、**召回率**（recall）、**F1 分数**以及**曲线下面积**（Area Under the Curve，AUC），第 13 章将详细介绍这些指标。本章只使用准确率，因为本章只需要一个基本的指标用于比较各种不同模型的结果，准确率足以满足这个要求。

第二个需要注意的是用于度量模型性能的数据。在机器学习模型训练与评估过程中，标准的数据处理流程包含数据切分这一步骤，即将数据集切分为训练数据集、测试数据集和验证数据集（也被称为开发数据集）。训练数据集用于模型训练，一般占可用数据的 60% ～ 80%。通常情况下，我们希望训练数据尽可能地多，但同时也需保留足够多的测试数据用于评估模型。在模型训练过程中，可以使用验证数据验证模型。验证数据占整体数据集的 10% ～ 20%，有助于帮助开发者发现模型中可能存在的问题。最终使用剩余的测试数据集测试模型，测试数据集通常占总数据量的 10%[㊀]。

训练数据、验证数据以及测试数据并非一成不变。我们的目的是在训练数据上训练模型，使其能够准确预测新的、未曾见过的数据。为了达到这个目的，训练数据应该尽可能地多。测试数据的目的在于准确地度量模型在新数据上的表现。为了达到这一目的，测试数据也需要尽可能多。因此，数据切分需要权衡这两个目的。

切记需要将训练数据与验证数据、测试数据分隔开来。因为模型在训练数据上的表现并不能完全反映其在新的、未曾见过的数据上的性能，所以不能单纯依靠模型在训练数据上的表现来评估模型的优劣。

接下来将介绍本章的主要内容，包括一系列成熟的机器学习方法以及如何将其应用于文本分类、槽填充等重要的 NLP 任务中。

㊀ 验证数据与测试数据的区别在于，验证数据可用于模型训练过程，而测试数据不能用于模型的训练过程，只能用于模型的测试过程。换句话说，使用验证数据后，模型依然可以在训练数据上训练、调整参数；而使用测试数据后，模型不可以再继续训练或调整模型参数。——译者注

9.2 基于词频逆文档频率的文档表示与基于朴素贝叶斯算法的文档分类

除了评估方法外，机器学习还涉及两个关键问题，即数据表示方法和数据处理算法。数据表示是指使用多种数值化方式将文本数据（如文档）转换成数值数据，随后使用数据处理算法分析这些转换后的数值数据，以完成 NLP 任务。第 7 章介绍了一种文本文档数值表示方法，即词频逆文档频率方法。本节将使用词频逆文档频率表示文本数据，并用常见的朴素贝叶斯方法对文档进行分类。本节将通过一个示例来解释这两种方法。

9.2.1 词频逆文档频率

第 7 章详细介绍了词频逆文档频率方法。词频逆文档频率方法具有一个直观的目标，即在文档中寻找对分类任务有帮助的单词。这些单词在整个语料库中比较罕见，但在特定类别的文档中却频繁出现，此类单词对区分文档的类别具有显著的帮助。词频逆文档频率的定义在本书的第 7 章。此外，图 7.4 展示了电影评论语料库中部分词频逆文档频率向量。本节采用词频逆文档频率方法对文本进行向量表示，并使用朴素贝叶斯方法对文本进行分类。

9.2.2 朴素贝叶斯文档分类

贝叶斯分类方法历史悠久，目前仍然被广泛应用。贝叶斯分类方法简单且快速，在众多应用程序中表现良好。

贝叶斯分类的数学公式如下所示。针对一个文档，我们希望使用贝叶斯公式计算此文档属于一个类别的概率。计算涉及文档的数学表示。在此，使用之前使用的向量表示方法表示文档，如词袋模型、词频逆文档频率方法以及 Word2Vec 方法。

在贝叶斯公式中，分子为给定类别前提下文档向量的概率与给定类别概率的乘积，分母为文档向量的概率：

$$P(\text{类别} \mid \text{文档向量}) = \frac{P(\text{文档向量} \mid \text{类别})\, P(\text{类别})}{P(\text{文档向量})}$$

训练过程估计每个文档在给定类别前提下的概率和类别概率，即 P（文档向量 | 类别）和 P（类别）。

这个公式之所以被称为朴素，是因为它假设在给定类别前提下文档向量中的特征相互独立。对于文本数据而言，这显然不正确，因为句子中的单词不相互独立。但是这个假设会简化计算过程，且该假设在实践中通常不会对结果产生显著的负面影响。

贝叶斯分类分为二分类和多分类两种。由于电影评论语料库中只包含两种类别的评论，因此我们只使用朴素贝叶斯处理二分类问题。

9.2.3 基于词频逆文档频率的文档表示与基于朴素贝叶斯算法的文档分类示例

下述代码将下载电影评论数据集，并将数据切分为训练数据集和测试数据集：

```
import sklearn
import os
from sklearn.feature_extraction.text import TfidfVectorizer
import nltk
from sklearn.datasets import load_files
path = './movie_reviews/'
# we will consider only the most 1000 common words
max_tokens = 1000

# load files -- there are 2000 files
movie_reviews = load_files(path)
# the names of the categories (the labels) are automatically generated
from the names of the folders in path
# 'pos' and 'neg'
labels = movie_reviews.target_names

# Split data into training and test sets
# since this is just an example, we will omit the dev test set
# 'movie_reviews.data' is the movie reviews
# 'movie_reviews.target' is the categories assigned to each review
# 'test_size = .20' is the proportion of the data that should be
reserved for testing
# 'random_state = 42' is an integer that controls the randomization of
the
# data so that the results are reproducible
from sklearn.model_selection import train_test_split
movies_train, movies_test, sentiment_train, sentiment_test = train_
test
_split(movie_reviews.data,
                              movie_reviews.target,
                                                      test_size
 = 0.20,

                random_state = 42)
```

在准备好训练数据集和测试数据集之后，使用训练数据创建词频逆文档频率向量，我们主要使用 scikit-learn 完成此项工作，尽管在分词时使用 NLTK 软件包。代码如下所示：

```
# initialize TfidfVectorizer to create the tfIdf representation of the
corpus
# the parameters are: min_df -- the percentage of documents that the
word has
# to occur in to be considered, the tokenizer to use, and the maximum
# number of words to consider (max_features)
```

```
vectorizer = TfidfVectorizer(min_df = .1,
                             tokenizer = nltk.word_tokenize,
                             max_features = max_tokens)

# fit and transform the text into tfidf format, using training text
# here is where we build the tfidf representation of the training data
movies_train_tfidf = vectorizer.fit_transform(movies_train)
```

上述代码首先创建了一个向量转化器，然后使用该向量转化器将文本数据转换为词频逆文档频率向量。此处的流程与第 7 章相同，生成的词频逆文档频率向量如图 7.4 所示，这里不再重复展示。

接着，使用 scikit-learn 中的 `MultinomialNB()` 函数将文档分类为正面评论或负面评论，该函数在 `sklearn.naive_bayes` 子库中，适用于处理词频逆文档频率向量数据。有关 scikit-learn 中其他朴素贝叶斯方法，请查阅此网站 https://scikit-learn.org/stable/modules/naive_bayes.html#naive-bayes。

在准备好词频逆文档频率向量后，下述代码初始化朴素贝叶斯分类器，并使用训练数据训练分类器：

```
from sklearn.naive_bayes import MultinomialNB
# Initialize the classifier and train it
classifier = MultinomialNB()
classifier.fit(movies_train_tfidf, sentiment_train)
```

最后，将测试数据集转化为向量，并存储在 `movies_test_tfidf` 变量中，然后使用已经训练好的分类器预测测试数据的类别，并计算分类准确率，代码如下所示：

```
# find accuracy based on test set
movies_test_tfidf = vectorizer.fit_transform(movies_test)
# for each document in the test data, use the classifier to predict
whether its sentiment is positive or negative
sentiment_pred = classifier.predict(movies_test_tfidf)
sklearn.metrics.accuracy_score(sentiment_test,
    sentiment_pred)
0.64
# View the results as a confusion matrix
from sklearn.metrics import confusion_matrix
conf_matrix = confusion_matrix(sentiment_test,
    sentiment_pred,normalize=None)
print(conf_matrix)
[[132  58]
 [ 86 124]]
```

观察上述代码的结果可知，分类器的准确率为 `0.64`，即测试数据集中有 64% 的数据被正确分类。查看混淆矩阵还可以获得更多有关分类结果的信息，如上述代码最后两行所示。

混淆矩阵能够展示不同类别之间分类分错的情况。测试数据集中总共包含 400 个样本（原始 2000 个样本的 20%），其中，190 条负面评论中有 132 条被正确分类，58 条被错误分类；210 条正面评论中有 124 条被正确分类，其余 86 条被错误分类。这意味着负面评论的准确率为 69%，而正面评论的准确率为 59%。以上数据反映出模型在分类负面评论时性能稍好一些，但造成这种差异的原因目前尚不清楚。为了更深入理解这个结果，可以查看被错误分类的评论，这部分将在第 14 章详细介绍。

9.3 节将介绍一种更新、更准确的分类方法。

9.3　基于支持向量机的文档分类

在意图识别和聊天机器人等应用领域中，支持向量机是一种强大的文本分类工具。与第 10 章将讨论的神经网络不同，支持向量机的训练过程相对较快，且对数据量要求不高。这意味着支持向量机非常适用于需要快速部署的应用场景，这一般是开发大型应用程序的初始步骤。

支持向量机的核心思想如下：如果文档已经被转换为 n 维向量（采用第 7 章介绍的词频逆文档频率等方法），那么我们希望找到一个超平面，将两类文档向量分开，并使超平面具有尽可能大的分类间隔。

下述代码展示了一个在电影评论数据上应用支持向量机的示例。首先依旧是导入数据并切分数据：

```
import numpy as np
from sklearn.datasets import load_files
from sklearn.svm import SVC
from sklearn.pipeline import Pipeline
# the directory root will be wherever the movie review data is located
directory_root = "./lab/movie_reviews/"
movie_reviews = load_files(directory_root,
    encoding='utf-8',decode_error="replace")
# count the number of reviews in each category
labels, counts = np.unique(movie_reviews.target,
    return_counts=True)
# convert review_data.target_names to np array
labels_str = np.array(movie_reviews.target_names)[labels]
print(dict(zip(labels_str, counts)))
{'neg': 1000, 'pos': 1000}
from sklearn.model_selection import train_test_split
movies_train, movies_test, sentiment_train, sentiment_test
    = train_test_split(movie_reviews.data,
        movie_reviews.target, test_size = 0.20,
        random_state = 42)
```

接下来计算词频逆文档频率向量，并使用支持向量机进行分类：

```
# We will work with a TF_IDF representation, as before
from sklearn.feature_extraction.text import TfidfVectorizer
from sklearn.metrics import classification_report, accuracy_score
# Use the Pipeline function to construct a list of two processes
# to run, one after the other -- the vectorizer and the classifier
svc_tfidf = Pipeline([
        ("tfidf_vectorizer", TfidfVectorizer(
        stop_words = "english", max_features=1000)),
        ("linear svc", SVC(kernel="linear"))
    ])
model = svc_tfidf
model.fit(movies_train, sentiment_train)
sentiment_pred = model.predict(movies_test)
accuracy_result = accuracy_score( sentiment_test,
    sentiment_pred)
print(accuracy_result)
0.8125
# View the results as a confusion matrix
from sklearn.metrics import confusion_matrix
conf_matrix = confusion_matrix(sentiment_test,
    sentiment_pred,normalize=None)
print(conf_matrix)
[[153  37]
 [ 38 172]]
```

这里的流程与 9.2 节所展示的朴素贝叶斯分类流程非常相似，仍然采用词频逆文档频率表示方法将文本数据向量化。可以观察到，支持向量机的最终准确率为 0.8125，与朴素贝叶斯分类器相比，准确率显著提高。

同时，该示例给出的混淆矩阵也更好，其中，`190` 条负面评论中的 `153` 条被正确分类，`37` 条被错误分类；`210` 条正面评论中的 `172` 条被正确分类，`38` 条被错误分类。这意味着大约 80% 的负面评论和大约 81% 的正面评论被正确分类。

支持向量机最初是为二分类问题而设计的，例如之前使用支持向量机完成电影评论分类任务，其中电影评论有正面评论和负面评论两个类别。也可以使用支持向量机解决多分类问题，如意图分类，此时需要将多分类问题转化为多个二分类问题。

以通用个人助手应用程序中的意图分类为例。假设该应用程序包含多个意图，例如：

- 查询天气
- 播放音乐
- 查询最近的头条新闻
- 查询最喜欢球队的最新比赛成绩
- 寻找附近有特色菜品的餐厅

在实际应用时，为了处理和回答用户的问题，个人助手需要将各种各样的问题归类为这些意图中的一种。为了使用支持向量机完成此工作，需要将用户的问题转化为一系列二分类问题。常用的转化方法有两种：

一种方法是构建多个模型，每一个模型处理两个类别。以个人助手为例，模型需要经常判断用户的问题是关于天气还是关于运动，以及类似问题。这是一种一对一的分类方式。如果任务中包含的意图数量很多，会形成非常多的分类模型。

另一种方法被称为一对其余或一对所有方法。针对一个分类问题，模型需要做出的判断为：类别是关于天气还是关于其他。与第一种方法相比，这种方法更高效也更流行。本节后续部分将使用这种分类方法。

使用 scikit-learn 多分类支持向量机的步骤和之前展示的二分类支持向量机步骤非常相似。不同之处在于，需要导入 `OneVsRestClassifier` 来创建分类模型，如下述代码所示：

```
from sklearn.multiclass import OneVsRestClassifier
model = OneVsRestClassifier(SVC())
```

在自然语言应用程序中有众多分类问题，包括文本数据（例如电影评论）分类、在聊天机器人等应用中识别用户提问的目的（或意图）。除了对文本整体进行分类外，应用程序通常还需要获取更详细和更具体的信息，例如语句或文档中的具体内容。这一过程通常被称为槽填充。第 8 章曾讨论过如何编写规则解决槽填充问题。9.4 节将介绍一种广泛应用于槽填充任务的统计方法——条件随机场。

9.4 基于条件随机场模型的槽填充

本书第 8 章曾使用了 spaCy 中基于规则的匹配器来查找图 8.3 所示的餐厅搜索应用程序的槽，并通过编写规则来确定每个槽的填充值。这种方法在匹配规则已知情况下表现良好。然而，如果匹配规则事先未知，那么从头开始编写相应规则可行性不大。例如，在图 8.3 的代码中，如果用户选择了新的菜品，比如泰国菜，那么规则将无法识别泰国菜为 `CUISINE` 槽的填充值，也无法识别出 `LOCATION` 槽的填充值为“*not too far away*”。本节将探讨的统计方法可以用来解决这个问题。

与基于规则的方法不同，统计方法不依赖于规则，而是通过分析训练数据来学习适用于新数据的模式。统计方法从大量数据中学习模式。如果有足够多的训练数据，那么统计方法通常比基于规则的方法更稳健。

本节将探讨一种广泛应用于槽填充的统计方法，即条件随机场。条件随机场是一种

根据上下文信息来识别文本标签的方法。第8章所编写的规则并未考虑文本相邻的单词或其他上下文信息，而是专注于文本本身。相反，条件随机场试图建模特定文本的标签的概率，即给定输入 x，它会建模该输入属于类别 y 的概率 $P(y|x)$。条件随机场使用单词（或token）序列来估算槽标签的条件概率。本节不详细解释条件随机场的数学原理。感兴趣的读者可以通过阅读网站 https://arxiv.org/abs/1011.4088 来学习条件随机场背后的数学知识。

为了训练一个槽填充系统，需要对数据进行标注，以便系统能够准确识别目标槽。在NLP领域的文献中，至少存在四种不同的数据标注格式。这些格式既可以用于训练数据，也可以用于表示数据处理后的结果。这些结果可用于后续阶段，例如数据库信息检索。

槽填充标准方法

槽填充应用程序的训练数据有多种表示格式。下面以MIT电影查询语料库（https://groups.csail.mit.edu/sls/downloads/）中的查询语句 show me science fiction films directed by steven spielberg 为例，介绍四种不同的槽填充数据表示格式。

第一种常用的表示格式是 **JavaScript 对象表示格式**（JavaScript Object Notation，JSON）：

```
{tokens": "show me science fiction films directed by steven spielberg"
"entities": [
  {"entity": {
    "tokens": "science fiction films",
    "name": "GENRE"
    }},
    {
    "entity": {
     "tokens": "steven spielberg",
     "name": "DIRECTOR"
     }}
     ]
     }
```

输入的句子存储在名为 tokens 的变量中。在此之后是一个槽（entities）列表。每个实体都包含一个槽标签以及对应的token。这个例子包含两个槽，标签分别是 GENRE 和 DIRECTOR，分别用 science fiction films 和 steven spielberg 填充。

第二种格式是**可扩展标记语言**（Extensible Markup Language，XML）格式，例如 show me <GENRE> science fiction films </GENRE>directed by <DIRECTOR>steven spielberg</DIRECTOR>。

第三种格式是 **BIO**（Beginning Inside Outside）**格式**。这是一种文本格式，标注句子中每个槽填充的开始、中间和结束 token，如图 9.1 所示。

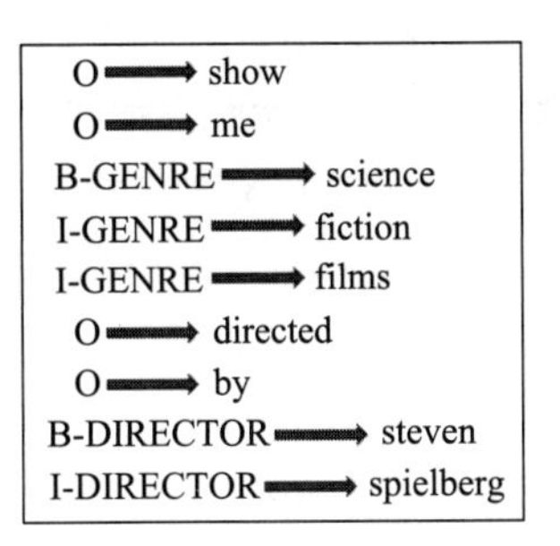

图 9.1 “*show me science fiction films directed by steven spielberg*”的 BIO 格式标注结果

在 BIO 格式中，槽外的所有单词都被标记为 `O`，槽的开头单词（如 `science` 和 `steven`）被标记为 `B`，槽内的其他单词被标记为 `I`。

最后，第四种非常简单的槽填充数据表示格式是 **Markdown**，这是一种简化的文本标记方式。在 Jupyter Notebook 中，Markdown 是注释的一种方式。图 9.2 展示了餐厅搜索应用程序的部分训练数据，类似于图 8.3。在这个示例中，槽的值被放置在方括号内显示，而槽的名称则在圆括号中显示。

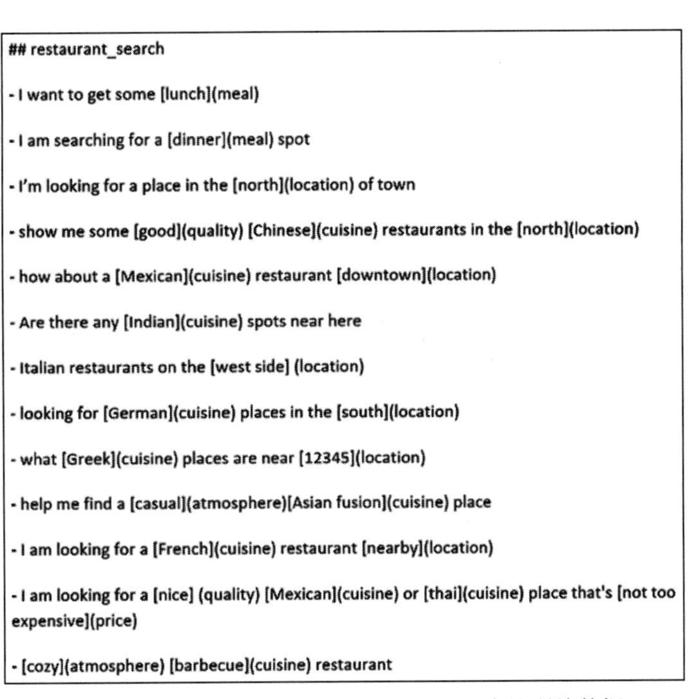

图 9.2 餐厅搜索应用程序 Markdown 格式的训练数据

上述四种格式显示的槽和填充值的信息基本相同，只是呈现形式不同。在实际应用程序中，若使用公共数据集，最好使用数据集自带的标注格式。若数据集为个人数据集，则可选择最适合或最容易实现的格式。在其他因素相同的情况下，XML 和 JSON 格式通常比 BIO 或 Markdown 格式更灵活，因为前者能够表示嵌套槽，即填充值中还包含其他槽。

接下来以餐厅搜索应用程序为例，使用 `https://github.com/talmago/spacy_crfsuite` 中定义的 spaCy CRF 库，以 Markdown 格式对数据进行标注。

下述代码首先导入 `display` 和 `Markdown` 包，然后从 `examples` 文档中读取 Markdown 文件。读取的 Markdown 文件与图 9.2 所示的训练数据列表一致。请注意，与实际应用程序的数据相比，Markdown 文件中的训练数据较小，在此只作为一个示例：

```
from IPython.display import display, Markdown
with open("examples/restaurant_search.md", "r") as f:
    display(Markdown(f.read()))
```

接下来导入 `crfsuite` 和 `spacy` 库，并将 Markdown 格式的训练数据集转换为条件随机场算法可以处理的格式。GitHub 代码包中还有一些额外的步骤，为简单起见，这里进行了省略：

```
import sklearn_crfsuite
from spacy_crfsuite import read_file

train_data = read_file("examples/restaurant_search.md")
train_data
In [ ]:
import spacy
from spacy_crfsuite.tokenizer import SpacyTokenizer
from spacy_crfsuite.train import gold_example_to_crf_tokens
nlp = spacy.load("en_core_web_sm", disable=["ner"])
tokenizer = SpacyTokenizer(nlp)
train_dataset = [
    gold_example_to_crf_tokens(ex, tokenizer=tokenizer)
    for ex in train_data
]
train_dataset[0]
```

然后使用 `CRFExtractor` 对象训练条件随机场：

```
from spacy_crfsuite import CRFExtractor

crf_extractor = CRFExtractor(
    component_config=component_config)
crf_extractor

rs = crf_extractor.fine_tune(train_dataset, cv=5,
```

```
    n_iter=50, random_state=42)
print("best_params:", rs.best_params_, ", score:",
    rs.best_score_)
crf_extractor.train(train_dataset)

classification_report = crf_extractor.eval(train_dataset)
print(classification_report[1])
```

上述代码倒数第二步基于训练数据集生成的分类报告如下方所示。由于条件随机场是在这个数据集（`train_dataset`）上训练的，因此分类报告显示每个槽的结果非常好。然而，在实际应用程序中，这种情况基本不可能发生。本书的第 13 章将详细介绍模型的精度、召回率和 F1 分数：

```
              precision    recall  f1-score   support
U-atmosphere      1.000     1.000     1.000         1
   U-cuisine      1.000     1.000     1.000         9
  U-location      1.000     1.000     1.000         6
      U-meal      1.000     1.000     1.000         2
     B-price      1.000     1.000     1.000         1
     I-price      1.000     1.000     1.000         1
     L-price      1.000     1.000     1.000         1
   U-quality      1.000     1.000     1.000         1

   micro avg      1.000     1.000     1.000        22
   macro avg      1.000     1.000     1.000        22
weighted avg      1.000     1.000     1.000        22
```

至此，我们已经完成了条件随机场模型的训练，下面使用新数据对其进行测试。下述代码展示了使用句子“*show some good chinese restaurants near me*”测试模型得到的 JSON 格式的结果。条件随机场模型成功识别了 `CUISINE` 和 `QUALITY` 这两个槽，但未能识别 `LOCATION` 槽，这个槽应该由 `near me` 填充。除此之外，下述代码显示了结果的置信度，这两个置信度值都非常高，远超 `0.9`。结果还显示了输入数据中填充值的开始和结束对应的位置或索引（`good` 开始于位置 `10`，结束于位置 `14`）：

```
example = {"text": "show some good chinese restaurants near me"}
tokenizer.tokenize(example, attribute="text")
crf_extractor.process(example)
[{'start': 10,
  'end': 14,
  'value': 'good',
  'entity': 'quality',
  'confidence': 0.9468721304898786},
 {'start': 15,
  'end': 22,
  'value': 'chinese',
```

```
  'entity': 'cuisine',
  'confidence': 0.9591743424660175}]
```

最后，测试应用程序的稳健性。使用训练数据中未出现过的 Japanese 单词，测试模型能否可以将一句话中的 Japanese 成功标记为 CUISINE。测试语句 show some good Japanese restaurants near here，得到的 JSON 结果如下所示：

```
[{'start': 10,
  'end': 14,
  'value': 'good',
  'entity': 'quality',
  'confidence': 0.6853277275481114},
 {'start': 15,
  'end': 23,
  'value': 'japanese',
  'entity': 'cuisine',
  'confidence': 0.537198793062902}]
```

在上述示例中，系统成功将 Japanese 识别为一种 CUISINE，但置信度比前面例子低得多，只有约 0.537。对于没有在训练数据中出现过的槽填充值，这种相对较低的置信度非常典型。甚至，QUALITY 槽（在训练数据中出现过）的置信度也较低，可能这是受到了 CUISINE 槽的未知填充值的影响。

虽然也可以为上述示例开发一个基于规则的槽填充器（如第 8 章所述），但采用这种方式开发的模型甚至无法将 Japanese 识别为一个槽，除非规则中的槽填充值包含 Japanese。这突显了统计方法相对于规则方法的优势，即统计方法给出的结果并非“全或无”。

9.5　本章小结

本章探讨了 NLP 领域中一些基本且实用的经典统计方法。这些方法对于没有大量训练数据的小规模项目，或者大规模项目之前的探索性工作尤为重要。

本章首先介绍了准确率和混淆矩阵等基本的模型评估方法，然后讨论了如何使用朴素贝叶斯方法对文本进行分类，其中文本数据以词频逆文档频率向量表示。接着，本书介绍了支持向量机，并将其应用于相同的分类任务中。对比朴素贝叶斯和支持向量机的分类结果，发现支持向量机表现更佳。除此之外，本章还在第 8 章的基础上进一步探讨了槽填充方法，并介绍了四种槽填充数据表示格式，最终借助餐厅搜索任务解释了条件随机场。这些都是 NLP 领域的标准方法，它们在数据有限的情况下对应用程序的初步探索非常有用。

第 10 章将继续围绕机器学习展开，深入研究另一种迥然不同的机器学习模型——神经网络。神经网络包含多种类型，在过去十年左右的时间里，神经网络及其变体已成为自然语言处理领域的标准方法之一。

CHAPTER10

第10章

机器学习第2部分——神经网络与深度学习

自2010年左右，**神经网络**逐渐在**自然语言理解**领域崭露头角，随后被广泛应用。除NLP领域外，神经网络在图像分类等非NLP问题上也有诸多应用。实际上，神经网络是一种可用于多领域的通用方法，这引发了一些交叉领域有趣的科研与应用。

本章将探讨基于神经网络的机器学习方法在NLP领域中的应用。本章将首先介绍几种不同类型的神经网络，分别为全连接**多层感知机**（MultiLayer Perceptrons，MLP）、**卷积神经网络**和**循环神经网络**，并将探讨如何使用这些网络解决文本分类、信息提取等问题。随后本章将介绍一些关于神经网络的基本概念，例如超参数、学习率、激活函数和训练轮数等，并通过一个基于TensorFlow/Keras框架的分类示例来阐述这些概念。

本章将介绍以下内容：

- 神经网络基础
- 全连接神经网络分类示例
- 超参数与超参数调优
- 循环神经网络
- 卷积神经网络

10.1 神经网络基础

多年来，科研人员对神经网络的原理进行了广泛的研究，直到最近神经网络才被大规模地应用于NLP领域中。目前，神经网络是解决NLP问题最流行的工具之一。由于神经网络是一个广泛且活跃的研究领域，因此很难全面且详细地介绍所有应用于NLP领域的神经网络。本节将介绍一些神经网络的基本知识，以便将神经网络应用于要开发的NLP应用程序中。

神经网络的灵感来自动物神经系统的一些特性，具体来说，动物神经系统是由一个相互连接的细胞网络组成，这些细胞被称为神经元，神经元在整个网络中发挥着传递信息的作用。当提供给网络一个输入时，网络会产生一个输出，该输出代表网络对输入的决策。

人工神经网络（Artificial Neural Network，ANN）的设计在某些方面模仿了动物神经网络的工作原理。人工神经网络通过一系列步骤处理输入从而做出决策。当神经元满足某些特定条件时，神经元就会被激活，激活后的神经元会产生输出并将输出传递给其他神经元，其他神经元在接收到输入时也可能被激活，依次类推。神经元被激活与否与神经元的权重有关。神经网络学习一个任务的过程被称为训练过程。训练过程的目标是调整网络的权重，从而最大限度地减小网络输出与正确结果之间的差异。

训练过程由若干轮组成，或多次遍历训练数据。训练过程在每次遍历数据时，调整网络的权重以减小神经网络的输出与正确结果之间的差异。

神经网络中的神经元按层排列，最后一层被称为输出层，其输出被称为决策。如果将这些概念应用于NLP中，那么输入文本通过输入层输入到网络中，并在隐藏层中进行处理，最终到达输出层，输出层根据处理结果做出合适的决策。例如，识别电影评论是正面评论还是负面评论。

图10.1展示了一个全连接神经网络（Fully Connected Neural Network，FCNN），这个

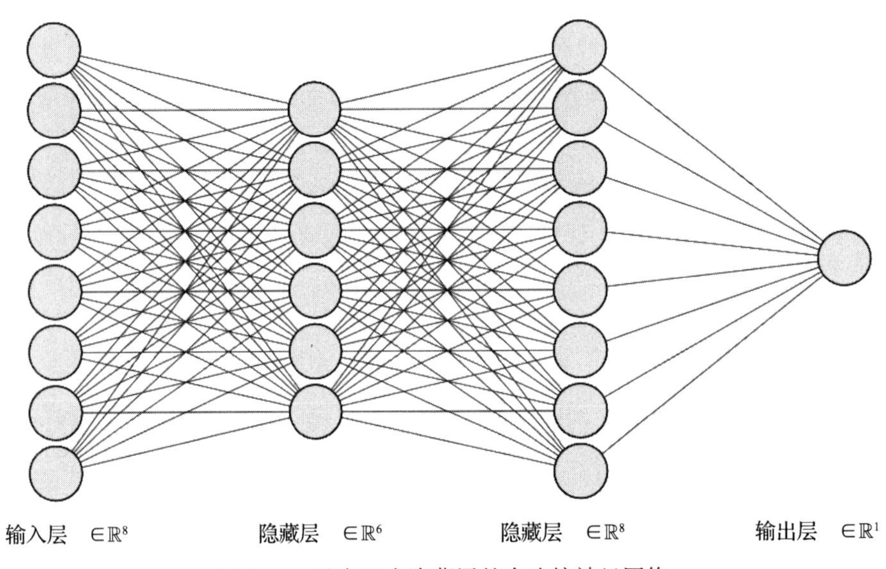

图10.1 具有两个隐藏层的全连接神经网络

网络包含一个输入层、两个隐藏层和一个输出层。之所以称这个网络为全连接神经网络，是因为每个神经元都将前一层的所有输出作为输入，并将输出传递给下一层的每个神经元。

在阅读神经网络领域的文章时，我们会遇到大量专业的词汇。以图 10.1 中的神经网络为例，下面简要介绍一些神经网络领域中比较重要的概念：

- 激活函数：激活函数用于确定神经元是否有足够多的输入将其激活，并将其激活的输出传递给下一层神经元。常见的激活函数有 sigmoid 函数和 ReLU 函数。
- 反向传播：反向传播是训练神经网络的过程，在该过程中，模型根据计算反馈来调整网络的权重参数。
- 批数据：同时参与网络训练的一批样本。
- 连接：两个神经元之间的联系。联系的紧密程度与权重有关。图 10.1 中神经元之间的线就是连接。
- 收敛性：当增加训练轮数不再使损失减小或准确性提高时，表示网络已经收敛。
- dropout：一种通过随机移除神经网络的神经元来防止过拟合的方法。
- 提前停止：当网络收敛时，需要在完成计划训练轮数之前结束训练过程。
- 训练轮次：遍历一次完整的训练数据集来完成调整模型参数、最小化损失函数的过程。
- 误差：神经网络给出的预测标签与目标值之间的差异，该指标是衡量网络性能的标准之一。
- 梯度爆炸：在训练过程中，梯度的绝对值变得很大甚至接近无穷。
- 前向传播：数据从输入层经隐藏层到输出层通过神经网络的过程。
- 全连接："每一层的每个神经元都与下一层的每个神经元相连接"的神经网络（https://en.wikipedia.org/wiki/Artificial_neural_network），如图 10.1 所示。
- 梯度下降：沿着损失函数梯度的反方向调整神经网络的权重参数。
- 隐藏层：除了输入层和输出层的神经网络层。
- 超参数：无法通过学习而确定的参数，通常需要进行手动调优，以便网络产生最优结果。
- 输入层：神经网络接收输入数据的层。图 10.1 中最左侧的层即为输入层。
- 网络层：神经网络中的一组神经元，从前一层获取信息并将其传递到下一层。图 10.1 中的神经网络包含四层[⊖]。

⊖ 图 10.1 中的神经网络包含四层，但一般认为它是一个三层神经网络。输入层一般不算神经网络层，因为输入层没有任何可训练的参数。——译者注

- 学习：在训练过程中更新神经元之间的连接权重，以最小化损失函数。
- 学习率 / 自适应学习率：在每轮训练中，权重调整的力度。在某些方法中，在训练过程中学习率可以自适应变化。例如，当学习开始变慢时，学习率随之减小。
- 损失函数：量化当前模型预测值与目标值之间差异的函数。训练过程为最小化损失函数的过程。
- 多层感知机：“一种完全连接的前馈人工神经网络。一个多层感知机至少由三层组成：输入层、隐藏层和输出层”（`https://en.wikipedia.org/wiki/Multilayer_perceptron`）。图 10.1 展示的示例就是一个多层感知机。
- 神经元：神经网络的基本单元，该单元接收输入，对输入进行变换、通过激活函数，并计算激活函数的输出作为神经元的输出。
- 优化：在训练过程中对学习率进行调整。
- 输出层：在神经网络中对输入做出决策的最后一层。图 10.1 中的最右侧一层即为输出层。
- 过拟合：神经网络过度学习训练数据，从而不能泛化未见过的测试数据或验证数据。
- 欠拟合：神经网络在训练数据上的准确率较低或训练准确率较低。可以通过增加训练轮数或网络层数来解决此问题。
- 梯度消失：梯度值太小，以至于网络参数无法更新。
- 权重：神经元之间的连接强度。权重在训练过程中会不断进行调整。

10.2 节将通过一个简单多层感知机文本分类示例来对这些概念进行具体说明。

10.2　全连接神经网络分类示例

本节将通过一个全连接多层感知机示例来回顾神经网络的基本概念，因为全连接网络是最基本的神经网络之一。本节示例的任务是将电影评论分类为正面评论和负面评论。因为该示例只涉及两种类别，所以这是一个二分类问题。该示例使用的数据集是由美国加州大学尔湾分校提供的情感句子数据集（Kotzias et al,. *Sentiment Labelled Sentences Data Set*, *From Group to Individual Labels using Deep Features*, *KDD 2015*, `https://archive.ics.uci.edu/ml/datasets/Sentiment+Labelled+Sentences`）。下载该数据集并将其解压到 Python 脚本所在的文档中。解压后的数据为 `sentiment labeled sentences` 文档中的 `imdb_labeled.txt` 文件。你也可以将数据放在其他文档中，但需要相应地修改 `filepath_dict` 变量。

使用以下 Python 代码来查看数据：

```
import pandas as pd
import os
filepath_dict = {'imdb':   'sentiment labelled sentences/imdb_
labelled.txt'}
document_list = []
for source, filepath in filepath_dict.items():
    document = pd.read_csv(filepath, names=['sentence', 'label'],
sep='\t')
    document['source'] = source
    document_list.append(document)

document = pd.concat(document_list)
print(document.iloc[0])
```

上述代码最后一条 `print` 语句会输出语料库中第一个句子的文本内容和其对应的标签（`1` 或 `0`，即正面或负面），以及来源（`Internet Movie Database IMDB`）。

本示例使用 scikit-learn 库中的 `CountVectorizer` 向量转化器对语料库进行向量表示，这在第 7 章提到过。

下述代码展示了初始化向量转化器的过程，即为向量转化器设置一些参数：

```
from sklearn.feature_extraction.text import CountVectorizer

# min_df is the minimum proportion of documents that contain the word
(excludes words that
# are rarer than this proportion)
# max_df is the maximum proportion of documents that contain the word
(excludes words that
# are rarer than this proportion
# max_features is the maximum number of words that will be considered
# the documents will be lowercased
vectorizer = CountVectorizer(min_df = 0, max_df = 1.0, max_features =
1000, lowercase = True)
```

设置 `CountVectorizer` 函数的参数，可以控制构建模型单词的最大数量，以及排除那些过于频繁或过于罕见的单词，因为这些单词在文档分类任务中用处不大。

接下来进行数据切分，将数据切分为训练数据和测试数据[⊖]，如下述代码所示：

```
# split the data into training and test
from sklearn.model_selection import train_test_split

document_imdb = document[document['source'] == 'imdb']
reviews = document_imdb['sentence'].values
y = document_imdb['label'].values
```

⊖ 虽然在此切分出测试数据，这里的测试数据实际上是验证数据。在绘制图 10.4 时也提到使用验证数据，那里使用的验证数据就是这里的测试数据。这里准确的说法应该是“将数据切分为训练数据和验证数据”，因为不允许测试数据参与模型的训练。——译者注

```
# since this is just an example, we will omit the dev test set
# 'reviews.data' is the movie reviews
# 'y_train' is the categories assigned to each review in the training
data
# 'test_size = .20' is the proportion of the data that should be
reserved for testing
# 'random_state = 42' is an integer that controls the randomization of
the data so that the results are reproducible
reviews_train, reviews_test, y_train, y_test = train_test_split(
   reviews, y, test_size = 0.20, random_state = 42)
```

在上述代码中，将总数据的 20% 切分为测试数据集，80% 作为训练数据集。

变量 `reviews` 存储着文本文档，变量 `y` 存储着文本文档对应的标签。请注意，在机器学习文献中经常用 `X` 和 `y` 表示数据和类别，但在这里使用 reviews 表示数据：

```
vectorizer.fit(reviews_train)
vectorizer.fit(reviews_test)
X_train = vectorizer.transform(reviews_train)
X_test  = vectorizer.transform(reviews_test)
```

在上述代码中，使用之前定义的向量转化器将每个文档转换为数值表示形式。其中，变量 `X_train` 存储数据集的词袋向量。可以回顾第 7 章提到的词袋模型。

下一步是构建神经网络模型，本示例使用谷歌公司开发的 Keras 库。Keras 库是一个建立在 TensorFlow ML 库基础之上的高级库。运行下述代码：

```
from keras.models import Sequential
from keras import layers
from keras import models

# Number of features (words)
# This is based on the data and the parameters that were provided to
the vectorizer
# min_df, max_df and max_features
input_dimension = X_train.shape[1]
print(input_dimension)
```

上述代码会输出输入数据的维度，在本例中输入数据的维度是指每个文档向量包含单词的数量。输入维度取决于语料库以及 `CountVectorizer` 函数中的参数。如果数据维度大小不符合预期，则需要改变参数，增大或减小词汇表。

下面开始定义模型：

```
# a Sequential model is a stack of layers where each layer has one
input and one output tensor
# Since this is a binary classification problem, there will be one
output (0 or 1)
# depending on whether the review is positive or negative
# so the Sequential model is appropriate
```

```
model = Sequential()
model.add(layers.Dense(16, input_dim = input_dimension, activation =
'relu'))
model.add(layers.Dense(16, activation = 'relu'))
model.add(layers.Dense(16, activation = 'relu'))
# output layer
model.add(layers.Dense(1, activation = 'sigmoid'))
```

上述代码构建的模型包括一个输入层、两个隐藏层和一个输出层。每次调用 `model.add()` 方法都会为模型添加一个新的网络层。所有层都是全连接层，因为在这个全连接神经网络中，每个神经元都接收前一层所有神经元的输出作为输入，如图 10.1 所示。本示例共包含 2 个隐藏层，每个隐藏层包含 16 个神经元。为什么设定隐藏层有 16 个神经元呢？并没有严格的规则规定隐藏层中必须有多少个神经元，但一般都将隐藏层神经元个数设置为一个较小的数字，因为增加神经元个数会增加训练时间。神经网络的输出层只包含一个神经元，因为本示例只希望有一个输出值。

另一个非常重要的参数是激活函数。激活函数决定神经元对输入做出什么样的反应。在本示例中，除了输出层，其余层都使用 ReLU 函数作为激活函数。ReLU 激活函数如图 10.2 所示。

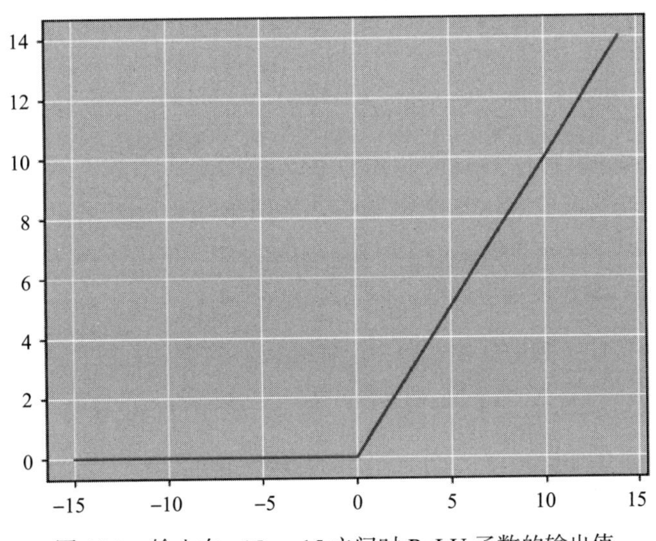

图 10.2 输入在 −15 ～ 15 之间时 ReLU 函数的输出值

ReLU 函数最重要的优点是非常高效。在实践中，使用 ReLU 函数通常可以取得良好的结果，因此通常使用 ReLU 函数作为激活函数。

本示例使用的另一个激活函数是位于输出层的 sigmoid 函数。这是因为本示例的目标是预测评论为正面评论或负面评论的概率，而 sigmoid 函数的输出值始终在 0 与 1 之间，所以选择 sigmoid 函数作为输出层的激活函数。sigmoid 函数的表达式如下式所示：

$$S(x)=\frac{1}{1+e^{-x}}$$

sigmoid 函数的图形如图 10.3 所示。可以看出，无论输入数值是多少，函数的输出值始终在 0 到 1 之间。

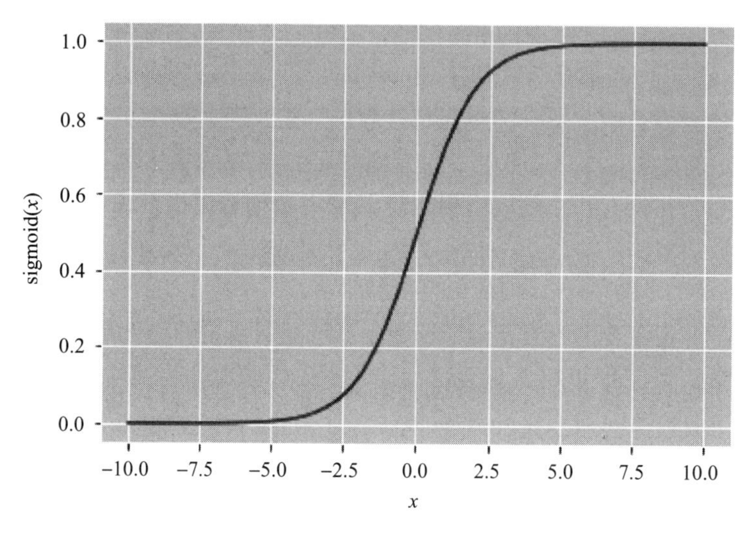

图 10.3　输入在 -10 ～ 10 之间时 sigmoid 函数的输出值

sigmoid 函数和 ReLU 函数是两个流行且实用的激活函数，另外还有许多其他可用的激活函数。如果想了解这些激活函数，请阅读维基百科上关于激活函数的知识（https://en.wikipedia.org/wiki/Activation_function）。

在定义模型后，就可以编译模型，如下述代码所示：

```
model.compile(loss = 'binary_crossentropy',
              optimizer = 'adam',
              metrics = ['accuracy'])
```

在上述代码中，需要给 model.compile() 函数提供 loss、optimizer 和 metrics 三个参数：

- loss 使用二元交叉熵损失函数 binary_crossentropy 计算损失值。二元交叉熵损失函数是二分类问题中常用的损失函数。如果输出有两种或两种以上类别标签，则需要使用多元交叉熵损失函数 categorical_crossentry。例如，分类任务为预测评论的星级，一共有五个星级，在这种情况下需要使用多元交叉熵损失函数。

- optimizer 可以调整训练过程中的学习率。在此不探讨 adam 优化器背后的数学细节，但一般来说，adam 优化器是一个很好的选择。
- metrics 给出了评估模型性能的方法。可以在列表中添加多个模型评价指标，但本示例只使用准确率作为模型的评价指标。在实践中，使用什么样的指标取决于数据集和待解决的问题，但针对本示例，准确率是一个很好的模型评价指标。第 13 章将探索其他模型评价指标，以及在具体应用程序中选择模型评价指标的依据。

展示模型的描述可以帮助我们确认模型的结构是否符合预期。下述代码使用 model.summary() 方法生成的模型总结信息：

```
model.summary()

Model: "sequential"
_________________________________________________________________
 Layer (type)                Output Shape              Param #
=================================================================
 dense (Dense)               (None, 16)                13952
 dense_1 (Dense)             (None, 16)                272
 dense_2 (Dense)             (None, 16)                272
 dense_3 (Dense)             (None, 1)                 17
=================================================================
Total params: 14,513
Trainable params: 14,513
Non-trainable params: 0
```

从输出的结果可以看出，模型由四个全连接层（分别是输入层、两个隐藏层和输出层）组成，其结构与预期一致。

接下来将训练模型。运行下述代码完成模型训练：

```
history = model.fit(X_train, y_train,
                    epochs=20,
                    verbose=True,
                    validation_data=(X_test, y_test),
                    batch_size=10)
```

训练过程是一个迭代过程，在每次迭代中将数据作为输入通过网络，计算损失函数，并调整模型参数去最小化损失函数。然后，再次将数据作为输入通过网络，重复上述过程。训练过程比较耗时，具体消耗的时间取决于模型的规模和数据的大小。

整个训练数据集通过网络一次被称为一轮训练。在训练过程中，训练轮数是一个超参数，由开发人员根据训练结果进行调整。例如，如果神经网络的性能在经过一定数量的训练轮数之后不继续改善，那么可以减少训练轮数。然而，训练轮数没有固定的取值，需要开发人员观察每轮训练后模型的准确率和损失函数的大小，判断模型是否在改善，从而确定训练轮数。

上述代码中的 verbose 参数为可选参数，但非常有用。当 verbose 设置为 True 时，可以追踪每轮训练结束时模型的结果。如果训练过程很长，那么追踪每轮训练后模型给出的结果非常有用，因为这可以帮助我们确定模型在训练过程中是否在逐渐进步。上述代码中的 batch_size 是另外一个超参数，它定义了模型每次处理数据的数量。由于上述 Python 代码将参数 verbose 设置为 True，因此上述代码在每轮训练结束时都会计算模型在训练数据集和验证数据集上的损失函数值和准确率。训练结束后，history 变量存储了训练过程中的完整信息，利用这些信息可以绘制模型的训练进展图。

绘制模型准确率和损失函数值随训练轮数变化图具有非常重要的意义。此图可以帮助开发人员确定训练轮数为多少时训练收敛，而且可以清晰地展示模型是否出现了过拟合问题。下述代码展示了如何绘制准确率和损失函数值随训练轮数变化图：

```
import matplotlib.pyplot as plt
plt.style.use('ggplot')
def plot_history(history):
    acc = history.history['accuracy']
    val_acc = history.history['val_accuracy']
    loss = history.history['loss']
    val_loss = history.history['val_loss']
    x = range(1, len(acc) + 1)

    plt.figure(figsize=(12, 5))
    plt.subplot(1, 2, 1)
    plt.plot(x, acc, 'b', label='Training accuracy')
    plt.plot(x, val_acc, 'r', label = 'Validation accuracy')
    plt.title('Training and validation accuracy')
    plt.legend()
    plt.subplot(1, 2, 2)
    plt.plot(x, loss, 'b', label='Training loss')
    plt.plot(x, val_loss, 'r', label='Validation loss')
    plt.title('Training and validation loss')
    plt.legend()
    plt.show()
plot_history(history)
```

图 10.4 绘制了经过 20 轮训练模型性能的变化。

模型经过 20 轮训练，在训练数据集上的准确率趋于 1、损失函数值趋于 0。然而，这个看似很好的结果具有一定的误导性，因为模型在验证数据集上的结果才是真正重要的。因为验证数据集没有被用于网络训练，因此，模型在验证数据集上的表现才能真正展示模型在实际使用时的真实表现。观察验证准确率和损失函数值可以发现，大约经过 10 轮训练，模型在验证数据集上的性能便不再提升，此时过多的训练轮数甚至会导致损失函数值增加，使模型的性能变差。在图 10.4 中，可以明显看出验证损失函数值在第 10 轮训练之后增加。

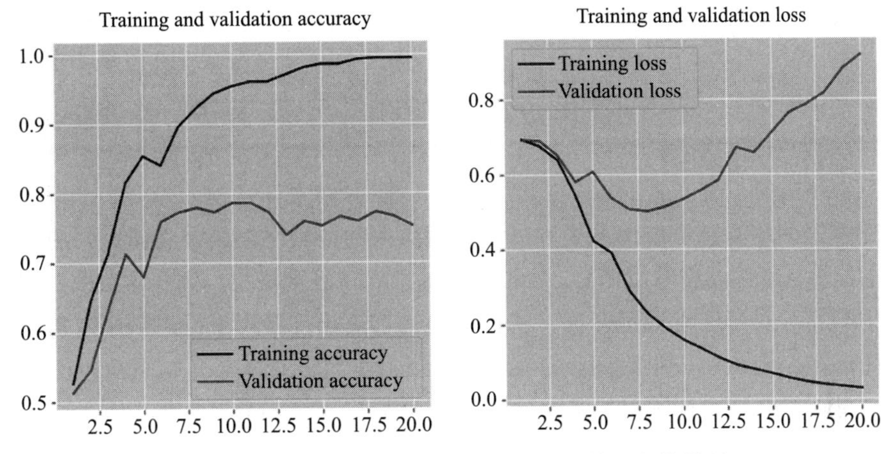

图 10.4 准确率和损失函数值随训练轮数的变化情况

提升模型的性能涉及诸多因素，包括超参数和调整超参数的技巧。10.3 节将介绍提高模型性能的超参数调优方法。

10.3 超参数与超参数调优

图 10.4 明确显示了单纯增加训练轮数并不能提高模型的性能。在经过 10 轮训练后，验证准确率趋近于 80%。然而，80% 的准确率并不够好。下面将介绍一些有助于提升模型准确率的方法。请注意，在实际应用程序中并非每一种方法都必然有效，需要尝试每一种方法或者多种方法的组合：

- 增加可用的训练数据。
- 对训练数据进行去噪预处理，例如删除停用词、删除非单词符号（如数字和 HTML 标签）、词干提取和词形还原以及文本小写化。第 5 章已经详细地介绍了这些方法。
- 调整学习率。例如，降低学习率可以提高神经网络避免陷入局部最小值的能力。
- 降低将批数据大小（batch_size）。
- 改变模型的层数和每层神经元的数量，但模型层数过多可能会导致过拟合。
- 添加 dropout 层并设置 dropout 中的超参数。该超参数定义了某一层的输出被忽略的概率。使用 dropout 方法可以帮助模型缓解过拟合问题。
- 改进向量表示方法。例如，使用词频逆文档频率词向量代替词袋模型。

提高模型性能的最后一个策略是尝试使用神经网络中的一些新模型，特别是循环神经网络、卷积神经网络和 Transformer 神经网络。

本章最后将简要介绍循环神经网络和卷积神经网络。第 11 章将介绍 Transformers 神经网络。

10.4 循环神经网络

循环神经网络是一类能够建模和处理序列数据的神经网络。在之前提到的多层感知机示例中，输入（例如完整文档）向量被整体输入到神经网络中，这会导致模型忽略文本中单词的顺序。对于文本数据而言，这种做法过于简化，因为单词的顺序包含着重要的信息。循环神经网络将较早时间点的输出作为后续时间点的输入，以此建模文本中单词的顺序信息。在某些单词顺序非常重要的 NLP 问题中，例如命名实体识别、词性标注和槽填充等，循环神经网络表现出非常优秀的效果。

循环神经网络的一个神经元如图 10.5 所示。

图 10.5 中的神经元表示时间点 t 的状态。激活函数接收两个输入，一个是时间点 t 时的输入 $x(t)$，另一个是时间点 $t-1$ 时的输出 $x(t-1)$。在 NLP 中，$x(t-1)$ 通常对应着前一个单词的输出，因此，输入不仅包含了当前单词的信息，还包含了前一个单词的信息。在 Keras 中构建循环神经网络模型的步骤与构建多层感知机的步骤非常相似，只需要在网络层中添加一个新的循环层。

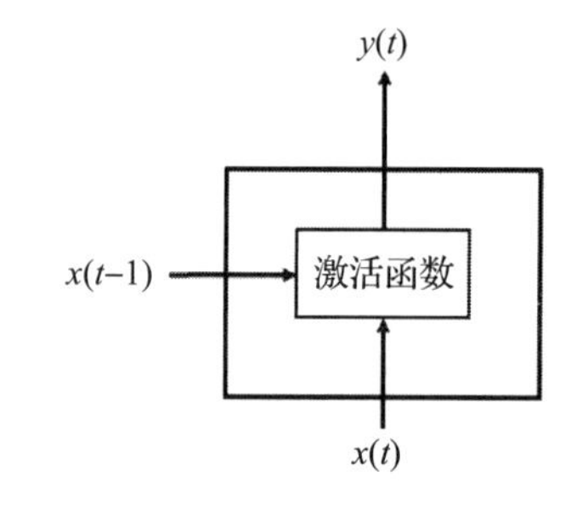

图 10.5　循环神经网络的一个神经元

随着输入序列长度的增加，循环神经网络会逐渐遗忘较早的输入信息，因为较早的信息对当前状态的影响逐渐减弱。为了克服这一缺点，各种模型设计策略不断被提出，例如**门控循环单元**（Gated Recurrent Unit，GRU）、**长短期记忆**（Long Short-Term Memory，LSTM）网络等。如果输入是一个完整的文本文档（与语音相反），那么可以使用双向循环神经网络，该网络可以同时使用过去和未来的输入作为模型的输入。

本书不对循环神经网络的各种衍生模型进行详细介绍，如果你对这些模型感兴趣，那么可以参阅维基百科对这些模型的介绍（`https://en.wikipedia.org/wiki/Recurrent_neural_network`）。

10.5 卷积神经网络

卷积神经网络广泛应用于图像识别领域。然而，在 NLP 领域中，由于卷积神经网络不考虑输入单词的顺序，因此与循环神经网络相比，其应用较为有限。但是，在文档分类等任务上，卷积神经网络具有较高的实用性。在之前章节中，文档分类任务常用的单词表示方法仅依赖于单词的频率，例如词袋模型和词频逆文档频率。因此，可以看出在不考虑单词顺序的情况下，也可以实现文档分类。

为了使用卷积神经网络分类文档，需要将文本转换为向量，每个单词都映射到由整个词汇表构成的向量空间，这一过程可采用第 7 章介绍的 word2vec 方法来表示词向量。使用 Keras 训练卷积神经网络进行文本分类的过程类似于训练多层感知机的过程。需要像之前一样创建一个多层神经网络模型，但要添加卷积层和汇聚层。

本书不深入介绍卷积神经网络的细节，但是卷积神经网络是 NLP 分类方法的一种选择。与循环神经网络相同，也有许多关于卷积神经网络的参考资源。维基百科对卷积神经网络的介绍（`https://en.wikipedia.org/wiki/Convolutional_neural_network`）是一个很好的起点。

10.6 本章小结

本章探讨了神经网络在文本分类任务中的应用，还解释了神经网络的一些基本概念，介绍了一个简单的全连接神经网络，并应用这个网络解决一个二分类问题。本章还提出了一些提升模型性能的超参数调优方法。最后，本章还探讨了两种更高级的神经网络模型，即循环神经网络和卷积神经网络。

第 11 章将介绍目前在 NLP 任务中表现最优异的方法：Transformer 模型和预训练模型。

CHAPTER 11

第 11 章

机器学习第 3 部分——Transformer与大语言模型

Transformer 和**预训练模型**是目前在**自然语言处理**领域中表现最出色的两种方法。本章将介绍这两种方法背后的基本概念，并通过示例展示如何使用它们对文本进行分类。本章中的代码示例基于 TensorFlow/Keras Python 库和 OpenAI 提供的云服务。

尽管 Transformer 和**大语言模型**的应用历史只有短短的几年，但它们已经广泛应用于各种类型的 NLP 应用程序，因此本章涉及的主题很重要。事实上，像 ChatGPT 这样的大语言模型已经受到媒体的广泛报道，相信你也可能已经看过相关新闻，甚至亲自使用过 ChatGPT。本章将介绍这些大语言模型背后的技术。对每位 NLP 开发人员而言，掌握这些技术都至关重要。

本章将介绍以下内容：

- 技术要求
- Transformer 和大语言模型概述
- BERT 模型及其衍生模型
- BERT 模型分类示例
- 基于云的大语言模型

本章将首先介绍本章示例涉及的工具和资源。

11.1 技术要求

本章将要介绍的代码使用了一些开源资源和软件库。在本书的前几个章节中，我们已经使用过这些资源和软件库。为了方便起见，这里再次将它们列出来：

- Tensorflow 机器学习库：`hub`、`text` 和 `tf-models`。
- Python 数值计算包：NumPy。
- 绘图和图形包：Matplotlib。
- IMDb 电影评论数据集。
- scikit-learn 中用于将数据切分为训练数据、验证数据和测试数据的函数：`sklearn.model_selection`。
- TensorFlow Hub 提供的 BERT 模型。本章使用 `small_bert/bert_en_uncased_L-4_H-512_A-8` 模型；也可以选择 TensorFlow Hub 中其他的 BERT 模型，但更大的模型需要更长的训练时间。

本章所使用的模型规模较小，对计算机算力要求不高。后续所有示例代码将在一台配置 3.4GHz 英特尔 CPU、16GB RAM 内存、Windows 10 操作系统的计算机上运行，没有使用 GPU 参与模型训练与预测。当然，配置更高的计算机会加速模型训练过程，也可以训练更大的模型。

11.2 节将简要介绍 Transformer 和大语言模型。

11.2 Transformer 和大语言模型概述

尽管 Transformer 和大语言模型是当前 NLP 领域中性能最出色的方法，但这并不意味着前文所介绍的其他方法已经过时。根据 NLP 具体任务的需求，一些简单的方法可能更实用或更节省成本。本章将介绍一些最新的 NLP 方法，并探讨在解决实际**自然语言理解**问题时应该选择何种方法。

在互联网上有大量关于 Transformer 和大语言模型的理论介绍，但在本章中，我们将专注于这些模型的实际应用，并探索如何使用这些方法解决实际的 NLU 问题。

正如第 10 章所述，**循环神经网络**是一种非常有代表性的 NLP 方法，因为它不假设输入元素（特别是单词）是独立的。循环神经网络考虑到了输入元素的顺序信息，例如句子中单词的顺序。循环神经网络将之前的输出作为后面的输入，以此来保持对早期输入的记忆。然而，这种记忆会随着序列处理的进行而逐渐减弱。

由于自然语言的上下文依赖性，即使是文本中相隔非常远的词也可能对当前输入产生较大的影响。事实上，在某些情况下，远处的输入可能比最近的输入更重要。然而，在处理长序列数据时，使用循环神经网络处理意味着早期的信息将无法对后期的处理产生很大的影响。为了解决循环神经网络的这个问题，很多方法被提出来。最初的方法是长短期记忆网络，它包含了遗忘门，能帮助网络保留先前的信息。门控循环单元是另一种比长短期记忆网络运行更快的方法。本章不会深入介绍这些方法，而是专注于一些更新的方法，如注意力机制和 Transformer。

11.2.1　注意力机制简介

注意力机制使网络具备关注输入序列某些部分的能力。

注意力机制最初用于机器翻译任务中。机器翻译使用编码器解码器架构。在此架构中，一个句子先被编码成一个固定长度的向量，然后再被解码为翻译结果。但这种方法存在一个问题，即很难将一个句子中的所有信息全部编码到一个固定长度的向量中，尤其是长句子。在长句子中，固定长度范围之外的词对结果的影响很小。

注意力机制有效解决了该问题，该方法将句子编码为一组向量，其中每个词对应一个向量。

正如关于注意力机制的早期论文所述，"与基本编码器解码器方法相比，这种方法最重要的区别在于，它不试图将整个输入句子编码为一个固定长度的向量。相反，它将输入句子编码成一系列向量，并在解码翻译过程中自适应地选择其中一部分向量。这使得神经网络翻译模型不再需要将输入源句子的所有信息压缩到一个固定长度的向量中，无论句子长度如何。"［Bahdanau，D.，Cho，K.，& Bengio，Y.（2014）. *Neural machine translation by jointly learning to align and translate*. arXiv preprint arXiv:1409.0473.］。

机器翻译需要先对输入文本进行编码，然后再将编码结果解码为新的语言，从而生成翻译文本。本章将通过一个分类示例来探索这个任务，该示例仅使用注意力机制架构中的编码器部分。

最近的研究表明，具有注意力机制的循环神经网络不是取得良好结果所必需的。这项新发现被称为 **Transformer**。下面将简要介绍 Transformer，并通过示例来说明它的工作原理。

11.2.2　Transformer 中的注意力机制

Transformer 是注意力机制发展的结果，它省去了原始注意力机制中的循环神经网络部分。2017 年的论文"Attention is all you need"［Ashish Vaswani，et al.，*Attention is all you need*. In Proceedings of the 31st International Conference on Neural Information Processing Systems（NIPS'17）. Curran Associates Inc.，Red Hook，NY，USA，pp.6000-6010］表明，仅使用注意力机制就可以取得良好的效果。目前在科研领域，几乎所有关于 NLP 的模型都基于 Transformer。

最近 NLP 模型性能急剧提高的重要原因之一是使用预训练模型。预训练模型经过大量数据训练，并向 NLP 开发人员开放。11.2.3 节将讨论这种方法的优点。

11.2.3　大语言模型或预训练模型

到目前为止，本书介绍的所有方法都是根据训练数据创建文本的向量表示。在所有示例中，模型能学习到的所有信息都包含在训练数据中，而这些训练数据只是语言中的一个非常小的一部分。如果想要模型具备常见的语言知识，需要使用海量文本训练模型，这对一个具体项目而言不切实际。使用海量文本数据训练得到的模型被称为**预训练模型**。预训练模型可以用于多个应用程序，因为预训练模型学习到了通用语言信息。一旦预训练模型可用，就可以使用额外的数据对其进行微调，使其适应具体的应用程序。

11.3 节介绍最著名、最重要的预训练模型，即 BERT 模型。

11.3　BERT 模型及其衍生模型

BERT 模型是一种广泛使用的、基于 Transformer 的大语言模型，本节将通过示例展示 BERT 模型的使用方法。BERT 模型由谷歌公司开发，是目前最先进的开源 NLP 语言模型之一。BERT 模型源代码见网站 `https://github.com/google-research/bert`。

BERT 模型的关键创新点在于其训练是双向的，即同时考虑前面和后面的单词。第二个创新点是 BERT 模型在预训练时使用掩码语言模型：模型会屏蔽掉训练数据中的一部分单词，并尝试对它们进行预测。

BERT 模型只使用编码器解码器架构中的编码器部分，因为它只需要理解输入的语言文本，而不需要像机器翻译那样生成语言文本。

与本书之前介绍的其他模型不同，BERT 模型的另一个特点是它的训练过程是无监督的。也就是说，它的训练文本不需要进行人工标注。正是因为 BERT 模型的训练过程是无监督的，所以可以使用互联网上的海量文本训练 BERT 模型，从而避免海量文本标注昂贵的问题。

最初的 BERT 模型于 2018 年发布。基于 BERT 模型背后的基本思想，人们不断探索并提出诸多基于 BERT 模型的衍生模型。不同的模型具有不同的特点，以适应不同的需求，例如更短的训练时间、更小的模型规模或更高的准确率，可以用于解决不同的任务。表 11.1 列出了一些常见的 BERT 衍生模型及其特点。本章示例使用原始 BERT 模型，它是其他所有 BERT 衍生模型的基础。

表 11.1 BERT 模型及其衍生模型的特点

模型名称缩写	模型全名	提出日期	特点
BERT	Bidirectional Encoder Representations from Transformer	2018	原始 BERT 模型
BERT-Base			BERT 衍生模型
RoBERTa	Robustly Optimized BERT pre-training approach	2019	模型在不同的训练轮次中屏蔽句子的不同部分，使其对训练数据的变化更具稳健性
ALBERT	A Lite BERT	2019	在模型不同层之间共享参数以减少模型参数数量
DistilBERT		2020	比 BERT 体积小、速度快、性能好
TinyBERT		2019	比 BERT-Base 体积小、速度快、性能好；适合资源受限的设备

11.4 节将介绍一个 BERT 模型的实际应用程序示例。

11.4 BERT 模型分类示例

本节将使用 BERT 模型对前几章介绍过的电影评论数据集进行分类。我们将从预训练 BERT 模型开始，然后使用训练数据对其进行微调，使其可以对影评数据进行分类。类似地，你也可以遵循此过程将 BERT 模型应用于其他任务。

将 BERT 模型应用于具体任务的第一步是从 TensorFlow Hub（`https://tfhub.dev/tensorflow`）中下载一个预训练模型，然后使用该任务的数据对模型进行微调。建议从一个规模较小的 BERT 模型开始，因为小模型与 BERT 模型架构相同，但训练速度更快。一般来说，规模较小的模型准确率较低，但如果其性能足以满足应用程序的要求，则没有必要使用规模较大的模型，因为大模型要花费较多的时间和计算资源。TensorFlow Hub 提供许多规模不同的模型，可以从官网下载。

BERT 模型是否区分大小写英文字母取决于应用程序的具体任务。一般来说，不区分大小写字母的模型通常会提供更好的结果。但如果应用程序中文本的大小写包含较大信息量，那么区分大小写字母非常重要，例如命名实体识别。

本章使用 `small_bert/bert_en_uncased_L-4_H-512_A-8/1` 模型，以下为该模型的一些属性信息，也可以从名称中看出这些属性信息：

- 小规模 BERT 模型（`small_bert`）
- 不区分大小写字母（`bert_en_uncased`）
- 4 个隐藏层（`L-4`）

- 隐藏层尺寸为 512（H-512）
- 8 个注意力头（A-8）

该模型在维基百科和 BooksCorpus 上经过预训练。这两个文本数据集的规模都十分庞大。然而，还有许多预训练模型是在更大规模的文本数据集上训练的，我们将在本章后续讨论这些模型。事实上，NLP 领域一个非常重要的发展趋势是在越来越大的文本数据集上训练越来越大的预训练模型。

下面的示例使用 BERT 模型进行文本分类，该示例改编自 TensorFlow 教程。想要阅读完整教程，请参考官方网站（https://colab.research.google.com/github/tensorflow/text/blob/master/docs/tutorials/classify_text_with_bert.ipynb#scrollTo=EqL7ihkN_862）。

首先需要从安装和加载一些基本的库开始。本节使用 Jupyter Notebook 编写 Python 代码（第 4 章详细地介绍了设置 Jupyter Notebook 的步骤，可以参考第 4 章了解更多细节）：

```
!pip install -q -U "tensorflow-text==2.8.*"
!pip install -q tf-models-official==2.7.0
!pip install numpy==1.21
import os
import shutil

import tensorflow as tf
import tensorflow_hub as hub
import tensorflow_text as text
from official.nlp import optimization  # to create AdamW optimizer
import matplotlib.pyplot as plt #for plotting results
tf.get_logger().setLevel('ERROR')
```

微调 BERT 模型的步骤如下：

1）下载数据集。

2）将数据集切分为训练数据集、验证数据集和测试数据集。

3）加载 BERT 模型。

4）创建微调模型。

5）定义损失函数和模型评估指标。

6）定义优化器和训练轮数。

7）编译模型。

8）训练模型。

9）绘制训练过程。

10）使用测试数据评估模型。

11）保存模型。

接下来将详细介绍上述每个步骤。

11.4.1　下载数据集

我们继续使用第 10 章使用过的电影评论数据集。使用 tf.keras.utils.text_dataset_from_directory 函数从 NLTK 的电影评论数据集创建一个 TensorFlow 数据集：

```
batch_size = 32
import matplotlib.pyplot as plt
tf.get_logger().setLevel('ERROR')
AUTOTUNE = tf.data.AUTOTUNE
raw_ds = tf.keras.utils.text_dataset_from_directory(
    './movie_reviews',
class_names = raw_ds.class_names
print(class_names)
```

数据集共包含 2000 个文件，分为负面评论数据和正面评论数据两个类。代码的最后一步输出类名称以确保其符合预期。这些步骤适用于任何类似的数据集，即数据集中不同类的数据在不同目录中，而且目录名称即类名称。

11.4.2　将数据集切分为训练数据集、验证数据集和测试数据集

切分数据集，即将数据集切分为训练数据集、验证数据集和测试数据集。如本书之前的章节所述，训练数据集用于开发或训练模型。验证数据集往往独立于训练数据集，主要用于模型训练过程中评估模型在未见过数据上的性能。本示例采用最常见的切分比例，即 80% 的数据用于训练，10% 用于验证，10% 用于测试。验证数据集在训练过程中每轮训练完成时使用，以检测模型训练情况。测试数据集只在最终评估模型时使用。

```
from sklearn.model_selection import train_test_split
def partition_dataset_tf(dataset, ds_size, train_split=0.8, val_
split=0.1, test_split=0.1, shuffle=True, shuffle_size=1000):
    assert (train_split + test_split + val_split) == 1
    if shuffle:
        # Specify seed maintain the same split distribution between
runs for reproducibilty
        dataset = dataset.shuffle(shuffle_size, seed=42)
    train_size = int(train_split * ds_size)
    val_size = int(val_split * ds_size)
    train_ds = dataset.take(train_size)
    val_ds = dataset.skip(train_size).take(val_size)
    test_ds = dataset.skip(train_size).skip(val_size)
    return train_ds, val_ds, test_ds
train_ds,val_ds,test_ds = partition_dataset_tf(
    raw_ds,len(raw_ds))
```

11.4.3 加载 BERT 模型

加载 BERT 模型，用于后续的模型微调。如前所述，有许多 BERT 模型可供选择，但从小规模模型开始训练是一个很好的选择。

除此之外，还需要一个数据预处理步骤将输入到 BERT 模型中的文本数据转换为数值数据。TensorFlow 提供了一个可用的数据预处理器，如下所示：

```
bert_model_name = 'small_bert/bert_en_uncased_L-4_H-512_A-8'
map_name_to_handle = {
    'small_bert/bert_en_uncased_L-4_H-512_A-8':

        'https://tfhub.dev/tensorflow/small_bert/bert_en_uncased_L-
4_H-512_A-8/1',
}
map_model_to_preprocess = {
    'small_bert/bert_en_uncased_L-4_H-512_A-8':
        'https://tfhub.dev/tensorflow/bert_en_uncased_preprocess/3',
}
tfhub_handle_encoder = map_name_to_handle[bert_model_name]
tfhub_handle_preprocess = map_model_to_preprocess[
    bert_model_name]
bert_preprocess_model = hub.KerasLayer(
    tfhub_handle_preprocess)
```

上述代码指定了要使用的模型，并定义了一些变量以简化后续对模型、编码器和预处理器的引用。

11.4.4 创建微调模型

下述代码定义了将要使用的模型。可以增大 dropout 层的参数，使模型对训练数据更具有稳健性：

```
def build_classifier_model():
    text_input = tf.keras.layers.Input(shape=(),
        dtype=tf.string, name='text')
    preprocessing_layer = hub.KerasLayer(
        tfhub_handle_preprocess, name='preprocessing')
    encoder_inputs = preprocessing_layer(text_input)
    encoder = hub.KerasLayer(tfhub_handle_encoder,
        trainable = True, name='BERT_encoder')
    outputs = encoder(encoder_inputs)
    net = outputs['pooled_output']
    net = tf.keras.layers.Dropout(0.1)(net)
    net = tf.keras.layers.Dense(1, activation=None,
        name='classifier')(net)
    return tf.keras.Model(text_input, net)
# plot the model's structure as a check
tf.keras.utils.plot_model(classifier_model)
```

图 11.1 对该模型的结构进行了可视化。该模型包括文本输入层、数据预处理层、BERT 层、dropout 层和最终的分类器层。这个可视化结果由上述代码中的最后一行生成。这个结构与代码中的定义相对应。

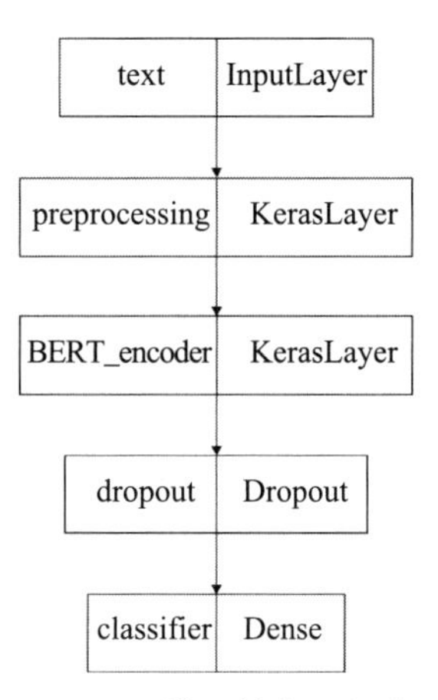

图 11.1　模型结构可视化

这种可视化检查是非常有用的，因为使用较大规模数据集训练大规模模型耗时非常长，如果模型的结构不符合预期，那么训练错误的模型会浪费大量时间。

11.4.5　定义损失函数和模型度量指标

本示例使用交叉熵函数作为损失函数。交叉熵计算所有类实际概率和预测概率的平均差作为损失。由于电影评论分类问题是一个二分类问题，即只有正面评论和负面评论两种结果，因此选用 `losses.BinaryCrossEntropy` 损失函数。

```
loss = tf.keras.losses.BinaryCrossentropy(from_logits=True)
metrics = tf.metrics.BinaryAccuracy()
```

除了二分类问题，还有多分类问题，例如意图分类，需要将从 10 个意图中选择一个作为输入的意图。此时，需要用多类别交叉熵作为损失函数。类似地，因为此示例涉及的是一个二分类问题，所以使用 `BinaryAccuracy` 作为评估指标，而不是 `Accuracy`，后者适用于多分类问题。

11.4.6　定义优化器和训练轮数

优化器能提高学习过程的效率。本示例使用流行的 `Adam` 优化器，并将初始学习率设置为一个非常小的数，即 3.0×10^{-5}（`3e-5`）。这个学习率也是 BERT 模型所推荐的。优化器会在训练过程中动态调整学习率大小：

```
epochs = 15

steps_per_epoch = tf.data.experimental.cardinality(
    train_ds).numpy()
print(steps_per_epoch)

num_train_steps = steps_per_epoch * epochs
# a linear warmup phase over the first 10%
num_warmup_steps = int(0.1*num_train_steps)

init_lr = 3e-5
optimizer = optimization.create_optimizer(
        init_lr=init_lr, num_train_steps = num_train_steps,
        num_warmup_steps=num_warmup_steps,
        optimizer_type='adamw')
```

请注意，本示例设置训练过程中训练轮数为 15。第一次训练模型时，训练轮数不能太大也不能太小。训练轮数太小可能无法获得准确的模型；训练轮数太大则会在训练过程中浪费大量的时间。第一次训练结束后，可以根据结果调整训练轮数来平衡模型的准确率和训练时间。

11.4.7 编译模型

调用前文 def build_classifier_model() 可以初始化一个分类器模型。然后使用损失函数、评估指标和优化器编译此模型，并输出模型总结信息。在开始漫长的训练之前，最好先检查一下模型，以确保模型结构符合预期：

```
classifier_model.compile(optimizer=optimizer,
                         loss=loss,
                         metrics=metrics)
classifier_model.summary()
```

模型总结信息如下所示（只显示了其中几行，因为完整内容很长）：

```
Model: model
________________________________________________________________________________
____________________________
 Layer (type)                Output Shape          Param
#     Connected to
================================================================================
============================
 text (InputLayer)            [(None,)]             0            []

 preprocessing (KerasLayer)   {'input_mask':
(Non  0            ['text[0][0]']
                             e, 128),
                              'input_type_ids':
                             (None, 128),
                              'input_word_ids':
                             (None, 128)}
```

这里只显示输出结果的前两层，即输入层和预处理层。下一步是训练模型。

11.4.8 训练模型

下述代码调用 classifier_model.fit() 训练模型。我们为该方法提供了训练数据、验证数据、冗余度和训练轮数等参数，如下所示：

```
print(f'Training model with {tfhub_handle_encoder}')

history = classifier_model.fit(x=train_ds,
                               validation_data=val_ds,
                               verbose = 2,
```

```
                                    epochs=epochs)
Training model with https://tfhub.dev/tensorflow/small_bert/bert_en_
uncased_L-4_H-512_A-8/1
Epoch 1/15
50/50 - 189s - loss: 0.7015 - binary_accuracy: 0.5429 - val_loss:
0.6651 - val_binary_accuracy: 0.5365 - 189s/epoch - 4s/step
```

请注意，classifier_model.fit()方法返回一个history对象，其中包含训练过程中的所有信息。可以使用history对象绘制训练过程图，用于查看训练过程的信息，并依据这些信息决定接下来的处理步骤。下一步将展示训练过程图。

Transformer模型的训练时间可能会很长，具体耗时取决于数据集规模、训练轮数和模型规模。但在现代CPU上，这个示例的训练时间不会超过一个小时。如果运行时间明显超过这个值，那么可以尝试使用更高的冗余度（最大值为2），以获得更多关于训练过程的信息。

这个代码的最后部分是第一轮训练结果。可以看到，第一轮训练时间为189秒，损失函数值为0.7，准确率为0.54。第一轮训练结束后，模型的损失函数值和准确率都不是非常好，但随着训练的进行，模型的性能会显著地提高。11.4.9节将介绍如何展示训练过程进展情况。

11.4.9　绘制训练过程

完成模型训练后，可以使用下述代码查看模型性能随训练轮数的变化情况：

```
import matplotlib.pyplot as plt
!matplotlib inline
history_dict = history.history
print(history_dict.keys())

acc = history_dict['binary_accuracy']
val_acc = history_dict['val_binary_accuracy']
loss = history_dict['loss']
val_loss = history_dict['val_loss']

epochs = range(1, len(acc) + 1)
```

上述代码定义了一些变量，并从history对象中获取模型的评估指标（训练数据和验证数据对应的binary_accuracy和loss）。下述代码使用Matplotlib绘制相关指标，展示模型训练过程的变化情况：

```
fig = plt.figure(figsize=(10, 6))
fig.tight_layout()
plt.subplot(2, 1, 1)
# r is for "solid red line"
```

```
plt.plot(epochs, loss, 'r', label='Training loss')
# b is for "solid blue line"
plt.plot(epochs, val_loss, 'b', label='Validation loss')
plt.title('Training and validation loss')
# plt.xlabel('Epochs')
plt.ylabel('Loss')
plt.legend()
plt.subplot(2, 1, 2)
plt.plot(epochs, acc, 'r', label='Training acc')
plt.plot(epochs, val_acc, 'b', label='Validation acc')
plt.title('Training and validation accuracy')
plt.xlabel('Epochs')
plt.ylabel('Accuracy')
plt.legend(loc='lower right')
plt.show()
dict_keys(['loss', 'binary_accuracy', 'val_loss',
    'val_binary_accuracy'])
```

从图 11.2 中可以看出，随着训练时间的推移，模型损失逐渐减少，准确率不断增加。其中，虚线表示训练数据损失函数值和准确率，实线表示验证数据损失函数值和准确率。

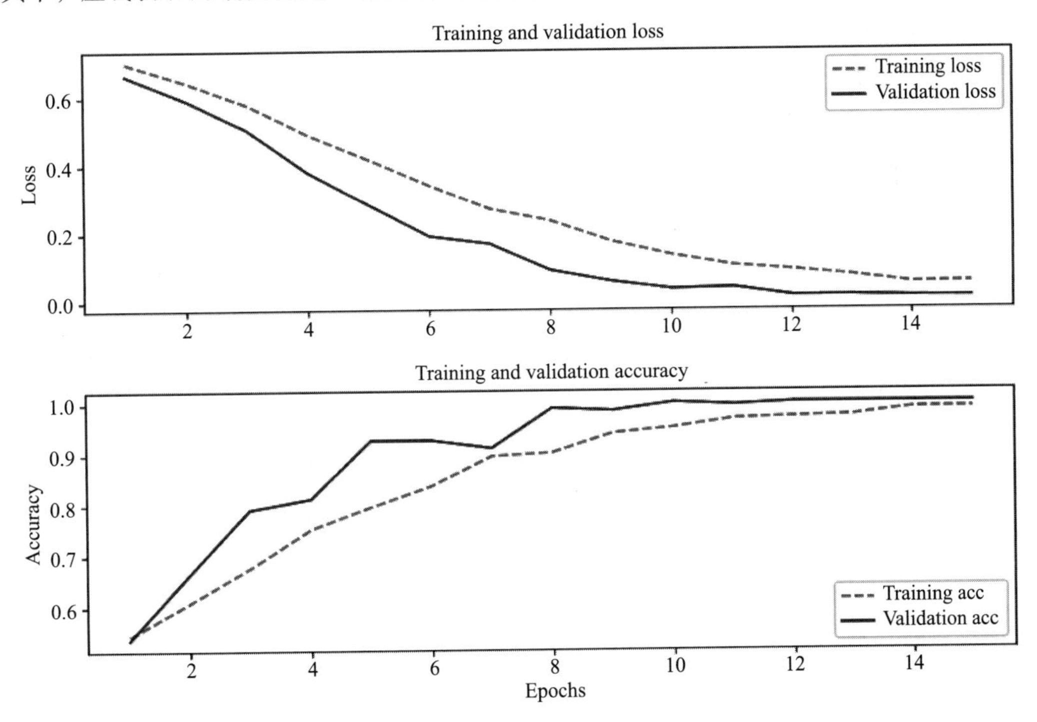

图 11.2 准确率和损失函数值随训练轮数的变化情况

最典型的情况是验证准确率小于训练准确率，验证损失大于训练损失。但也有可能出现不同情况，具体取决于验证数据集和训练数据集是如何被切分的。在这个示例中，验证损失始终低于训练损失，验证准确率始终高于训练准确率。从图 11.2 中可以看到，在第 14 轮训练之后，模型的指标逐渐收敛。事实上，此时模型的表现已趋于完美。

因此，在第 14 轮训练之后就不再需要训练模型了。相比之下，在第 4 轮训练之后，损失仍然在减少，准确率仍然在增加，所以在第 4 轮训练之后停止训练并不可取。从图 11.2 中还可以看到另一个有趣的现象，大约在第 7 轮训练时，模型的准确率似乎有所下降。如果在第 7 轮训练之后就停止训练，那么将无法判断准确率在第 8 轮训练之后是否会再次增加。因此，在第 7 轮训练后应当继续训练，直到指标趋于稳定或开始持续变差，这样可以确保模型在性能方面得到充分优化。

下面来测试训练好的模型在新数据上的表现，这些新数据是在切分数据时搁置的测试数据。

11.4.10　使用测试数据评估模型

下述代码使用测试数据集评估模型。可以看出，模型表现非常出色，准确率接近 100%，损失接近于零：

```
loss, accuracy = classifier_model.evaluate(test_ds)

print(f'Loss: {loss}')
print(f'Binary Accuracy: {accuracy}')

1/7 [===>..........................] - ETA: 9s - loss: 0.0239 -
binary_accuracy: 0.9688
2/7 [=======>......................] - ETA: 5s - loss: 0.0189 -
binary_accuracy: 0.9844
3/7 [===========>..................] - ETA: 4s - loss: 0.0163 -
binary_accuracy: 0.9896
4/7 [================>.............] - ETA: 3s - loss: 0.0140 -
binary_accuracy: 0.9922
5/7 [====================>.........] - ETA: 2s - loss: 0.0135 -
binary_accuracy: 0.9937
6/7 [========================>.....] - ETA: 1s - loss: 0.0134 -
binary_accuracy: 0.9948
7/7 [==============================] - ETA: 0s - loss: 0.0127 -
binary_accuracy: 0.9955
7/7 [==============================] - 8s 1s/step - loss: 0.0127 -
binary_accuracy: 0.9955
Loss: 0.012707981280982494
Accuracy: 0.9955357313156128
```

这与图 11.2 给出的模型在训练期间的表现是一致的。

至此，我们得到了一个非常准确的模型。可以保存模型的参数以备后续使用。

11.4.11　保存模型

最后一步是保存微调后的模型参数以供后续使用，例如，在后续部署的系统中使用该模型或在后续实验中继续使用该模型。保存模型的代码如下：

```
dataset_name = 'movie_reviews'
saved_model_path = './{}_bert'.format(dataset_name.replace('/', '_'))

classifier_model.save(saved_model_path, include_optimizer=False)
reloaded_model = tf.saved_model.load(saved_model_path)
]
```

上述代码既展示了如何保存模型，也展示了如何重新加载所保存的模型。

通过本节的示例可以看出，可以使用小规模数据集（2000 个左右样本）微调 BERT 模型，使其具有非常优秀的性能。这使得 BERT 模型成为解决许多实际问题的理想选择。回顾第 10 章中的多层感知器文本分类示例，在训练 20 轮后模型在验证数据上的准确率也没有超过 80%（如图 10.4 所示）。相比较而言，BERT 模型的表现要好很多。

尽管 BERT 模型表现出色，但最新的基于云的预训练大语言模型目前已经超越了 BERT 模型。11.5 节将对其进行介绍。

11.5　基于云的大语言模型

近期，涌现出一系列基于云的预训练大语言模型，例如 GPT-2、GPT-3、GPT-4、ChatGPT 和 OPT-175B 等，并且还有新的模型不断被发布。这些模型展现出了令人印象深刻的性能，这主要归功于它们在大规模数据上训练过。相较于 BERT 模型，这些模型规模庞大，其中一些模型没有开源，因此无法直接下载。这些新模型与 BERT 模型原理相同，但它们使用的训练数据比 BERT 模型所使用的训练数据更庞大，因而表现出了非常出色的性能。但由于这些模型无法下载，因此这些模型不适用于所有应用场景。尤其是在涉及数据隐私或安全问题时，将数据传输至云端进行处理并不合适。

以大语言模型为代表的 NLP 领域的重大进展主要归功于三个因素。第一个因素是注意力机制等方法的发展。与之前的循环神经网络相比，注意力机制能更好地捕捉文本中单词之间的关系。与第 8 章介绍的基于规则的方法相比，注意力机制的可扩展性更好。第二个因素是互联网提供了大量可用的训练数据。第三个因素是用于处理数据和训练大语言模型的计算资源极大增加，从而促进了 NLP 的发展。

在本书之前讨论的所有模型中，针对特定任务所开发的模型的语言知识都是从训练数据中学习得到的，模型最初对语言一无所知。与之相反，大语言模型通过处理大量通用语言文本获得了语言的基本知识，只需要使用较少的额外训练数据微调模型就能使其处理特定任务。在 NLP 研究领域中，有一种前沿的模型训练方法被称为**少样本学习**，模型可以仅学习少量样本就能识别新的类。除此之外，还有**零样本学习**方法，它能够使模型识别训练数据中不存在的类别。

11.5.1 节中将介绍当前最流行的大语言模型之一，即 ChatGPT。

11.5.1　ChatGPT

ChatGPT（`https://openai.com/blog/chatgpt/`）是一个能够使用文本与用户进行交互的系统。ChatGPT 非常强大，可以与用户交互讨论任何话题。尽管在撰写本书时，还很难为具体的应用程序定制 ChatGPT，但它能实现除自定义自然语言应用程序以外的其他目的。例如，生成传统应用程序的训练数据。如果使用本书之前所介绍过的方法开发银行咨询应用程序，那么需要给应用程序提供一些用户可能提出的问题作为训练数据。通常情况下，这需要收集用户的问题，将会非常耗时。然而，通过向 ChatGPT 询问，可以轻松生成所需的训练数据。例如，针对提示问题“*give me 10 examples of how someone might ask for their checking balance*”，ChatGPT 的作答如图 11.3 所示。

ChatGPT - Question (prompt)

Model: ChatGPT App - text-davinci-002-render-sha

Sure, here are 10 examples of how someone might ask for their checking balance:

- "What's my checking account balance?"
- "Can you tell me how much money is in my checking account?"
- "I need to know how much money I have in my checking account. Can you help me with that?"
- "Could you please give me my current checking account balance?"
- "What is my current balance in my checking account?"
- "I'd like to check my checking account balance. Can you assist me with that?"
- "Can you provide me with my checking account balance, please?"
- "How much money do I have available in my checking account right now?"
- "May I know the balance in my checking account, please?"
- "What's the balance on my checking account statement?"

图 11.3　ChatGPT 生成的银行咨询问题

数据中的大多数问题都是关于支票账户的问题，而且听起来很合理，但其中一些问题看起来不是很自然。因此，用这种方式生成的数据需要进行审查。例如，开发人员可能会删除数据集中倒数第二个问题，因为这个句子的表达十分生硬。但总的来说，这种方法能为开发人员节省相当多的时间。

11.5.2　GPT-3

GPT-3 是另一个著名的大语言模型，它也可以通过特定的训练数据进行微调，从而具有更好的性能。使用 GPT-3 需要付费，因此需要 OpenAI API 密钥。当使用 GPT-3 时，微调模型和推理时处理新数据都会产生费用。因此在使用大型数据集进行训练之前，需要验证训练过程是否能够按预期进行，这一点非常重要，因为一旦开始训练就会产生费用。

OpenAI 推荐通过以下步骤来微调 GPT-3 模型。

1）在官网 `https://openai.com/` 注册一个账户并获取一个 API 密钥。API 密钥将根据使用情况向账户收取费用。

2）使用以下命令安装 OpenAI 命令行界面（Command Line Interface，CLI）：

```
! pip install --upgrade openai
```

可以在 Unix 操作系统的终端使用这个命令（一些开发人员报告在 Windows 或 macOS 中使用会出问题）。或者，可以使用以下代码安装 GPT-3 以便在 Jupyter Notebook 中使用：

```
!pip install --upgrade openai
```

以下所有示例都假设代码在 Jupyter Notebook 中运行：

1）设置 API 密钥：

```
api_key =<your API key>
openai.api_key = api_key
```

2）接下来需要指定用于微调 GPT-3 的训练数据。这个过程与训练其他 NLP 系统的过程非常相似，但是 GPT-3 要求训练数据具有特定的格式，即必须使用 JSONL 格式的数据。在 JSONL 格式中，每一行都是一个独立的 JSON 表达式。举例来说，如果想要微调 GPT-3 以对电影评论数据集进行分类，那么一些训练样本将如下所示（为清晰起见，省略了一些文本）：

```
{"prompt":"this film is extraordinarily horrendous and i'm
not going to waste any more words on it . ","completion":"
negative"}
{"prompt":"9 : its pathetic attempt at \" improving \" on a
shakespeare classic . 8 : its just another piece of teen fluff .
7 : kids in high school are not that witty . … ","completion":"
negative"}
{"prompt":"claire danes , giovanni ribisi , and omar epps make a
likable trio of protagonists , …","completion":" negative"}
```

每个样本都包含一个 JSON 字典，字典有两种类型的键，即 `prompt` 和 `completion`。`prompt` 对应要分类的文本，`completion` 对应正确的类别。这三个示例数据都是负面评论，所以每一个的 completion 都被标记为 negative。

如果数据是另一种格式，那么将其转换为 JSONL 格式可能并不方便。因此，OpenAI 提供了一个工具可以将其他格式的数据转换为 JSONL 格式。该工具接收各种格式的输入，例如 CSV、TSV、XLSX 和 JSON，对输入的唯一要求是要包含名字分别为 prompt 和 completion 的两个列。表 11.2 展示了一个电影评论数据 excel 表格中的一部分。

表 11.2　部分用于微调 GPT-3 的电影评论数据

Prompt	Completion
kolya is one of the richest films i've seen in some time . zdenek sverak plays a confirmed old bachelor (who's likely to remain so), who finds his life as a czech cellist increasingly impacted by the five-year old boy that he's taking care of …	positive
this three hour movie opens up with a view of singer/guitar player/musician/composer frank zappa rehearsing with his fellow band members. all the rest displays a compilation of footage, mostly from the concert at the palladium in new york city, halloween 1979 …	positive
' strange days ' chronicles the last two days of 1999 in los angeles. as the locals gear up for the new millenium, lenny nero (ralph fiennes) goes about his business …	positive

使用 fine_tunes.prepare_data 工具将其他格式数据转换为 JSONL 格式。假设数据在 movies.csv 文件中，下述代码完成数据格式的转换：

```
!openai tools fine_tunes.prepare_data -f ./movies.csv -q
```

fine_tunes.prepare_data 工具将创建一个包含数据的 JSONL 文件，并提供一些可以帮助改进数据的诊断信息。其中最重要的诊断信息是数据量是否充足，OpenAI 建议至少有几百个数据样本，这样才能使模型具有良好的性能。其他诊断信息包括各种类型的数据格式信息，例如 prompt 和 completion 之间的分隔符。

在将数据格式转换为正确格式之后，可以将其上传至 OpenAI 账户并保存文件名称：

```
file_name = "./movies_prepared.jsonl"
upload_response = openai.File.create(
  file=open(file_name, "rb"),
  purpose='fine-tune'
)
file_id = upload_response.id
```

下一步是创建并微调模型。有多种不同的 OpenAI 模型可以使用，本示例将使用 ada 模型。这个模型速度快、成本低，而且在很多分类任务上表现很好：

```
openai.FineTune.create(training_file=file_id, model="ada")
fine_tuned_model = fine_tune_response.fine_tuned_model
```

最后可以用一个新的 prompt 对模型进行测试：

```
answer = openai.Completion.create(
  model = fine_tuned_model,
    engine = "ada",
  prompt = " I don't like this movie ",
  max_tokens = 10, # Change amount of tokens for longer completion
  temperature = 0
)
answer['choices'][0]['text']
```

本示例只使用了少量训练数据，所以结果不是很好。可以尝试使用更多训练数据来微调模型。

11.6　本章小结

本章介绍了当前 NLP 领域表现最佳的方法——Transformer 和预训练模型，并展示了如何使用本地和基于云的预训练模型来处理特定应用程序数据。

具体来说，本章介绍了注意力机制、Transformer 和预训练模型的基本概念，并将 BERT 预训练模型应用于一个分类问题。此外，本章还介绍了如何使用基于云的 GPT-3 模型生成数据和处理特定应用程序数据。

第 12 章将转向另一个主题，即无监督学习。到目前为止，本书讨论过的所有模型都是有监督学习模型，即训练数据都已经被标注，有正确的分类结果。第 12 章将讨论无监督学习的应用程序，包括主题建模和聚类，并探讨无监督学习在数据挖掘和解决数据不足问题中的应用。此外，第 12 章还将介绍弱监督学习、远距离监督学习等部分监督学习算法。

CHAPTER12

第12章

无监督学习方法应用

本书第5章所讨论的监督学习需要已标注的数据。在监督学习中，通常需要人工标注的数据，这种人工标注的数据也决定了**自然语言处理**系统将如何分析这些数据。以电影评论数据集为例，数据集中的每一条评论都需要被人工标注为正面评论或负面评论。这个标注过程一般非常耗时且成本很高。

本章将介绍一些处理未标注数据或无标签数据的方法，以避免数据标注这一耗时过程。尽管无监督学习并不适用于所有NLP问题，但了解这个领域的基本知识有助于决定在NLP任务中如何使用这些方法。

本章还将深入探讨无监督学习的应用程序，例如主题建模，并探索无监督学习在数据挖掘和处理稀缺数据方面的价值。我们还会介绍无监督分类中标签的生成方法。此外，本章还将简要介绍部分监督学习，这是一种能够充分利用部分带标签数据的方法。

本章将介绍以下内容：

- 无监督学习的概念
- 基于聚类和标签生成的主题建模
- 充分利用数据的部分监督学习方法

12.1 无监督学习的概念

本书之前章节所介绍的应用程序都使用了带有标签的数据，而这些数据的标签一般由人工标注。例如，电影评论数据集中的每条评论都经标注人员阅读，并根据标注人员的主观判断给出正面标签或负面标签。基于这些带有标签的评论数据集，使用之前学习的机器学习算法训练模型，使模型能够对新的评论进行分类。这个训练过程称为监督学习。在监督学习训练过程中，模型实际上被带有标签的训练数据引导。人工为训练数据标注的标签称为黄金标准（golden standard）或真实值（golden truth）。

监督学习也存在一些缺点，其中最主要的缺点是标注数据真实标签的成本很高，因为人工标注数据是一项费时费力的任务。此外，针对同一个数据样本，不同标注人员的标注结果可能存在差异，甚至同一标注人员在不同时间的标注结果也可能不一致。如果数据的真实标签本身就不明确或具有主观性，那么很容易出现标注不一致的情况。在这种情况下，标注人员很难就正确的标注达成一致。

在许多情况下，监督学习是唯一的选择，但也有一些应用程序适合使用**无监督学习**方法。

无监督学习通常不需要训练数据带有标签，因为希望从自然语言数据中学习的内容不需要任何人工标注的标签。相反，算法可以从原始文本中学习到它想要的内容。相关的应用包括计算文档之间的相似性以及根据相似性对文档进行分组。本章将特别关注无监督学习中的聚类任务。聚类是一种根据相似性将数据（特别是文本）分组的方法。在开发分类应用程序过程中，在获取文档类别之前，第一步通常是查找相似的文档。一旦得到了聚类结果，就可以用一些其他方法来确定每个簇的标签，尽管在某些情况下，通过人工检查聚类结果很容易确定每个簇的标签。本章后续将介绍确定簇标签的工具。

除了聚类之外，无监督学习的另一个重要应用是第 11 章介绍的大语言模型。训练大语言模型不需要数据带标签，因为训练过程只考虑一个单词的上下文所涉及的单词。本书不详细介绍大语言模型的训练过程，因为这需要大量的计算资源，而绝大多数开发人员没有这样的资源。此外，大多数实际应用程序不需要专门训练大语言模型，因为现有的已经训练好的大语言模型可以满足大多数应用程序需求。

本章将详细介绍一个适合使用无监督学习的 NLP 问题——主题建模。主题建模从一组没有标签的文本开始，数据没有预设的类别，例如，聊天机器人应用程序中用户的输入。相反，我们使用单词本身来寻找文本之间的语义相似程度，从而能够将文本分成不同的类别或主题。

12.2 节将介绍如何利用语义相似性对文本进行分组。

12.2　基于聚类和标签生成的主题建模

在讨论主题建模问题之前，首先需要考虑如何根据语义相似程度对文档进行分组。然后，通过一个具体示例探讨主题建模。

12.2.1　基于语义相似程度的文档分组

与之前所讨论的大多数机器学习问题一样，一个整体任务被分解为两个子问题：如何表示数据以及如何根据数据表示完成这个任务。接下来我们将讨论这两个子问题。

1. 数据表示

第 7 章介绍了一些数据表示方法。这些方法包括简单的**词袋模型**及其变体、**词频逆文档频率**以及较新的 **Word2Vec**。Word2Vec 向量仅表示单词本身，而不考虑其上下文。第 11 章所讨论的 **BERT** 模型使用一种较新的数据表示方法，它通过考虑单词在句子或文档中的上下文创建单词的向量表示或词嵌入。本章将使用 BERT 词嵌入来揭示文档之间的相似性。

2. 数据处理

接下来探讨如何处理词嵌入。首先，研究如何将相似的词嵌入聚类，然后再讨论如何可视化聚类结果或簇。

（1）聚类

聚类是本章主要讨论的 NLP 任务。聚类试图根据数据表示的相似性对数据进行分组。聚类可以应用于任何数据集，不仅限于文本数据，只要存在一种方法可以用数值来表示数据相似性即可。聚类方法有很多，其中最常见的两种方法是 k 均值算法和带噪声应用的基于分层密度的空间聚类（Hierarchical Density-Based Spatial Clustering of Applications with Noise，HDBSCAN）算法。

- **k 均值算法**：这是一种非常常见的聚类方法，本书第 6 章对其进行过简要介绍。初始化时，每个样本点被随机分配到 k 个簇中，然后计算每个簇的均值作为中心。在每次迭代中，更新每个样本点的归属值和每个簇的中心来最小化所有样本点到其对应簇中心的距离平方和。k 是一个超参数，代表簇的数量，其值由开发人员决定。k 均值方法高效且易于实现，因而被广泛应用，但其他聚类算法（如 HDBSCAN 算法）在某些任务上可能会产生更好的结果。
- **HDBSCAN 算法**：这是一种基于密度的聚类算法，在聚类过程中将数据的密度考虑在内。HDBSCAN 算法能够发现大小不一、密度不同的簇。与 k 均值算法那种将每个样本都分配给一个簇不同，HDBSCAN 算法可以检测异常样本，即不适合分配给任何一个簇的样本。

（2）可视化簇

可视化在聚类等无监督学习方法中非常重要，因为它能够以图形化方式表示相似数据，从而可以帮助我们评估数据聚类结果的有效性。虽然我们可以在任意维度空间中表示相似数据，但只能在三维空间可视化数据。因此，在实践中，需要使用降维方法来减少维度的数量。为此，我们使用**统一流形逼近与投影**（Uniform Manifold Approximation and Projection，UMAP）算法来进行数据降维。

以下小节将通过一个具体的无监督学习应用（即主题建模）来说明数据聚类和数据可视化方法。主题建模的目标是根据文档内容将文档分组成不同的主题。与前几章所介绍的分类方法不同，主题建模能够在不清楚最终标签的情况下识别相似文档。

本示例将使用 BERT Transformer 词嵌入来表示文档，并使用 HDBSCAN 算法进行聚类。具体来说，使用的是 BERTopic Python 库（`https://maartengr.github.io/BERTopic/index.html`）。虽然 BERTopic 库是可定制的，但在本示例中我们使用默认设置。

本示例使用的数据集为著名的 `20newsgroups` 数据集。该数据集由来自 20 个网站新闻组的 20 000 个文档组成。这个数据集是文本处理领域常用的数据集，其中包含了发送至新闻组长度不一的电子邮件。以下是该数据集中的一个样本，邮件的标题已经被删除：

```
I searched the U Mich archives fairly thoroughly for 3D graphics
packages,
I always thought it to be a mirror of sumex-aim.stanford.edu... I was
wrong.
I'll look into GrafSys... it does sound interesting!

Thanks Cheinan.
BobC
```

可以直接从 scikit-learn 数据集导入 `20newsgroups` 数据集，也可以从网站（`http://qwone.com/~jason/20Newsgroups/`）下载该数据集：

数据集引用

Ken Lang，*Newsweeder：Learning to filter netnews*，*Proceedings of the Twelfth International Conference on Machine Learning*，331-339，1995.

下面使用 `20newsgroups` 数据集和 BERTopic 库详细说明主题建模过程，包括创建词嵌入、构建模型、为主题生成预测标签、可视化聚类结果等。最后展示模型如何预测新文档的主题。

12.2.2　使用 BERTopic 模型处理 20newsgroups 数据集

第一步是安装 BERTopic 库，并在 Jupyter Notebook 中导入必要的库，代码如下所示：

```
!pip install bertopic
from sklearn.datasets import fetch_20newsgroups
from sklearn.feature_extraction.text import CountVectorizer
from sentence_transformers import SentenceTransformer
from bertopic import BERTopic
from umap import UMAP
from hdbscan import HDBSCAN
# install data
docs = fetch_20newsgroups(subset='all',  remove=('headers', 'footers',
'quotes'))['data']
```

1. 词嵌入

第二步是创建词嵌入，代码如下所示。这个过程比较慢，可以将 show_progress_bar 参数设置为 True 来查看程序进度，虽然有时进度会非常缓慢：

```
# Prepare embeddings
docs = fetch_20newsgroups(subset='all',  remove=('headers', 'footers',
'quotes'))['data']
#The model is a Hugging Face transformer model
embedding_model = SentenceTransformer("all-MiniLM-L6-v2")
corpus_embeddings = embedding_model.encode(docs, show_progress_bar =
True)
Batches: 100%|###############################################################
#################| 589/589 [21:48<00:00,  2.22s/it]
```

这里使用的不是第 11 章所使用的 BERT 模型，而是 SBERT（Sentence BERT）模型。SBERT 模型会为每一个句子生成一个词嵌入。BERTopic 推荐使用 all-MiniLM-L6-v2 模型，这个模型在 SentenceTransformers 包中，可以从 Hugging Face 获取。除此之外，还有许多其他的 Transformer 模型可供选择，例如，spaCy 包中的 en_core_web_trf 模型或 Hugging Face 中的 distilbert-base-cased 模型。BERTopic 在其官网（https://maartengr.github.io/BERTopic/getting_started/embeddings/embeddings.html）上给出了其他可使用模型的列表和指南。

以下是部分词嵌入结果：

```
corpus_embeddings.view()
array([[ 0.002078   ,  0.02345043,  0.02480883, ...,  0.00143592,
         0.0151075 ,  0.05287581],
       [ 0.05006033,  0.02698092, -0.00886482, ..., -0.00887168,
        -0.06737082,  0.05656359],
       [ 0.01640477,  0.08100049, -0.04953594, ..., -0.04184629,
        -0.07800221, -0.03130952],
       ...,
       [-0.00509084,  0.01817271,  0.04388074, ...,  0.01331367,
        -0.05997065, -0.05430664],
       [ 0.03508159, -0.05842971, -0.03385153, ..., -0.02824297,
        -0.05223113,  0.03760364],
```

```
[-0.06498063, -0.01133722,  0.03949645, ..., -0.03573753,
  0.07217913,  0.02192113]], dtype=float32)
```

使用 corpus_embeddings.view() 方法显示结果，可以看到词嵌入是一个嵌套数组，所包含数字的类型为浮点数。直接查看词嵌入本身并不是特别有用，但它直接展示了词嵌入数据的实际情况。

2. 构建 BERTopic 模型

计算出词嵌入后，就可以开始构建 BERTopic 模型。BERTopic 模型的输入涉及大量参数，在此我们不展示全部输入参数，而只展示其中一些对任务有用的参数。对于其他输入参数，你可以参阅 BERTopic 说明文档进行了解。BERTopic 模型的构建过程非常简单，只需将文档和词嵌入向量作为参数，如下所示：

```
model = BERTopic().fit(docs, corpus_embeddings)
```

BERTopic 模型有默认输入参数。一般情况下，使用模型的默认参数就可以得出合理的结果。但为了说明 BERTopic 模型的灵活性，下述代码将使用一些更丰富的参数集来构建模型：

```
from sklearn.feature_extraction.text import CountVectorizer
vectorizer_model = CountVectorizer(stop_words = "english", max_df =
.95, min_df = .01)
# setting parameters for HDBSCAN (clustering) and UMAP (dimensionality
reduction)
hdbscan_model = HDBSCAN(min_cluster_size = 30, metric = 'euclidean',
prediction_data = True)
umap_model = UMAP(n_neighbors = 15, n_components = 10, metric =
'cosine', low_memory = False)

# Train BERTopic
model = BERTopic(
    vectorizer_model = vectorizer_model,
    nr_topics = 'auto',
    top_n_words = 10,
    umap_model = umap_model,
    hdbscan_model = hdbscan_model,
    min_topic_size = 30,
    calculate_probabilities = True).fit(docs, corpus_embeddings)
```

上述代码首先定义了几个有用的模型。第一个是在第 7 章和第 10 章都出现过的 CountVectorizer，它用于将文本文档转换为词袋向量等数据格式。在 CountVectorizer 模型中，在降维和聚类之后删除停用词，以避免它们最终出现在主题标签中。

请注意，在创建词嵌入之前，不能删除文档中的停用词，因为 Transformer 是在正常文本上（包括停用词）进行训练的。如果删除停用词，那么模型的效果可能会变差。

CountVectorizer 模型参数表明模型使用英语停用词，并且只关注文档中频率在 1% ～ 95% 的单词，这样是为了排除极其常见和罕见的单词，因为这些单词对区分主题帮助不大。

定义的第二个模型是用于聚类的 HDBSCAN 模型，其中的一些参数为：

- min_cluster_size：指定形成一个簇所需的最小文档数量，在代码中将其设置为 30。这个参数需要根据实际问题选择。一般来讲，如果数据集中的文档数量较大，则应该将其设置为一个较大的值。
- prediction_data：在代码中设置该参数为 True，表示模型训练完成后需要预测新文档的主题。

下一个模型是用于降维的 UMAP 模型，它不仅可以帮助可视化高维数据，而且可以使聚类变得更加容易。UMAP 模型中包含以下一些参数：

- n-neighbors：指定 UMAP 在学习数据结构时查看区域的大小。
- n-components：降维后的空间维数。
- low_memory：系统内存管理策略。如果设置为 False，则会使用运行速度更快的方法，但会占用更多内存。如果存在因数据集过大而导致内存不足的问题，则可以设置此参数为 True。

定义完这些模型之后，就可以定义 BERTopic 模型。本示例所使用的 BERTopic 模型的参数设置如下：

- 已经定义好的三个模型，即 CountVectorizer 模型、UMAP 模型和 HDBSCAN 模型。
- nr_topics：如果预先知道主题的个数，则将该参数设置为相应的数字。在本示例中，我们将其设置为 auto，代表算法自动估计主题数量。
- top_n_words：在生成标签时，BERTopic 需要考虑每个簇中频率最高的前 n 个单词。
- min_topic_size：形成一个主题所需的文档的最小数量。
- calculate_probabilities：计算每个文档对应所有主题的概率。

运行本节的代码对原始文档数据进行聚类，生成的簇的数量和大小取决于在模型构建时设置的输入参数。为了获得更好的结果，建议尝试不同的参数设置，以比较结果的差异，这样有助于选择最适合实际需求的参数。

到目前为止，我们已经根据文档的相似性完成了聚类任务，但是没有为这些簇标注任何类别或主题。接下来的部分将介绍如何为这些簇标注名称或主题。

3. 生成标签

在完成聚类任务后，有很多种方法可以标注簇的主题。最简单但不应该被忽略的方法为人工方法，由开发人员阅读每个簇内的文档，并思考最合适的标签。此外，还有一些方法能利用单词的频率特征自动推断出每个簇的主题。

BERTopic 采用 c-tf-idf（class-based-tf-idf，基于类的 tf-idf）方法来估计主题标签。在之前的章节中介绍过，词频逆文档频率是一种向量化文档的方法，能够识别文档中具有判别性信息的单词。词频逆文档频率方法比较单词在文档中的频率和在整个文档集合中的频率，确定在某一文档中频率较高但在整个数据集中频率较低的单词，从而判断该文档可能属于哪个类别。

基于词频逆文档频率思想，c-tf-idf 方法将每个簇视为一个文档，寻找在一个簇中频繁出现但在整个数据集中出现频率较低的单词，这些单词可以用来表征一个簇的主题。利用这种方法，可以找出每个簇中最具有判别性的单词，并使用它们来生成主题标签。表 12.1 展示了数据集中最常见的 10 个主题对应的标签，以及每个主题包含文档的数量。

需要注意的是，表中的第一个主题（-1）包含了不属于其他 10 个主题的所有文档。

表 12.1 20newsgroups 数据集中的 10 个主题及其生成的标签

序号	主题	计数	名称
0	−1	6928	-1_maxaxaxaxaxaxaxaxaxaxaxaxaxaxax_dont_know_like
1	0	1820	0_game_team_games_players
2	1	1569	1_space_launch_nasa_orbit
3	2	1313	2_car_bike_engine_cars
4	3	1168	3_image_jpeg_window_file
5	4	990	4_armenian_armenians_people_turkish
6	5	662	5_drive_scsi_drives_ide
7	6	636	6_key_encryption_clipper_chip
8	7	633	7_god_atheists_believe_atheism
9	8	427	8_cheek__
10	9	423	9_israel_israeli_jews_arab

4. 结果可视化

可视化在无监督学习中非常重要，因为通过不同的可视化方式查看结果有助于在开发过程中决定如何处理数据。

有很多方法可以可视化主题建模结果，其中 BERTopic 中的 model.visualize_barchart() 方法能显示常见的主题以及每个主题中的高频词汇，如图 12.1 所示。根据主题 1 中的热门词汇可以推断出这个主题与太空（space）有关，表 12.1 建议将这个主题标注为 space_launch_nasa_orbit。

另一个常用的可视化方法是将簇中的每个数据样本都表示为一个点。使用点与点之间的距离表示两个样本的相似性，并用不同的颜色或标记表示不同的簇。BERTopic 中的 visualize_documents() 方法可以实现这种可视化，代码如下所示：

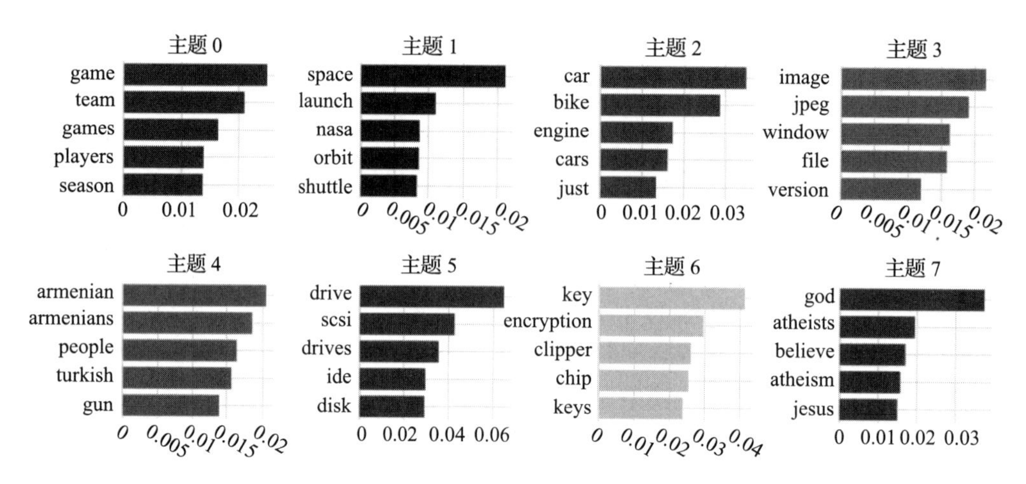

图 12.1　20newsgroups 数据集中的 8 个主题及每个主题中的高频词汇

```
model.visualize_documents(docs, embeddings = corpus_embeddings)
```

除了基本参数 docs 和 embeddings 之外，还可以设置其他参数来调整各种可视化效果，具体可参考 BERTopic 的官方文档。例如，可以设置显示或隐藏簇标签，或者只显示排名靠前的主题等。

图 12.2 展示了 20newsgroups 数据集中排名前 7 的主题及其聚类结果。

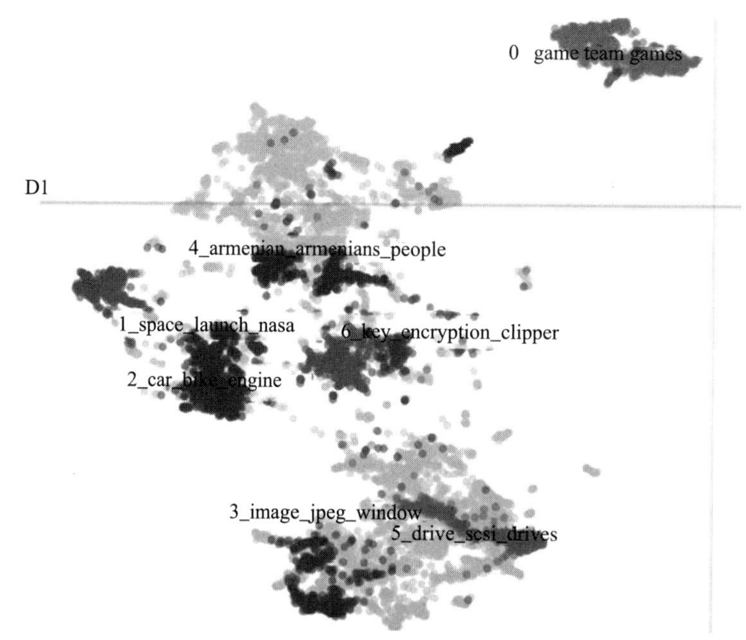

图 12.2　20newsgroups 数据集中排名前 7 的主题的聚类结果及其生成标签

图 12.2 展示了 20newsgroups 数据集中排名前 7 的主题及其聚类结果，每个主题都带有自动生成的标签，与图 12.1 相对应。此外，图 12.2 中还有一些浅灰色的点不在任何簇中，这些文档对应表 12.1 中标签为 –1 的主题。

从聚类结果的可视化中可以得到一些启示。例如，还有许多文档没有在任何簇中，这意味着可能需要增加主题数量（增加 model() 中 nr_topics 参数的值）。另一个启示是，某些主题对应多个簇，例如，1_space_launch_nasa 主题。这可能意味着这个主题最好被分成多个独立的主题，就像那些未被聚类的文档一样。针对这个问题，可以增加主题数量参数，从而可以进一步探索。

到目前为止，本节已经介绍了两个有用的 BERTopic 可视化方法，除此之外，还有许多其他可视化方法。建议查阅 BERTopic 的官方文档学习其他聚类结果可视化方法。

5. 预测新文档的主题

与分类任务类似，在完成数据聚类后，可以使用该模型预测新文档的主题。model.transform() 方法可以实现模型对新文档主题的预测，代码如下所示：

```
sentence_model = SentenceTransformer("all-MiniLM-L6-v2")
new_docs = ["I'm looking for a new graphics card","when is the next
nasa launch"]
embeddings = sentence_model.encode(new_docs)
topics, probs = model.transform(new_docs,embeddings)
print(topics)
[-1, 3]
```

针对 new_docs 文档，模型预测的两个主题分别是 -1（无主题）和 3（space_launch_orbit_nasa）。

12.2.3　聚类和主题建模之后的工作

聚类最常见的应用是数据挖掘，通常为监督分类任务准备数据。根据聚类结果的可视化可以做出一些决策。例如，如果某些簇彼此非常接近，那么即使用监督学习方法也可能很难区分这些主题中的文档。在这种情况下，可以将这些簇合并。类似地，如果发现某个簇非常小或包含的样本非常少，那么可以将这些簇与相似的大簇合并，这样会得到更可靠的结果。

除此之外，还可以修改标签，使其提供更有用的信息。例如，在表 12.1 中，主题 1 的生成标签是 1_space_launch_nasa_orbit，但直接使用 space 会更加简洁，且其中包含的信息量与自动生成标签的相似。

在调整完聚类和标签之后，就能得到一个带有标签的数据集，就如我们在监督学习中使用的数据集一样，如电影影评数据集。可以在 NLP 应用程序中像使用任何监督数据集一样使用它。

无监督主题建模是一种非常有用的方法，但也可以利用仅部分数据带标签的数据集。12.3 节将总结 NLP 领域中常用的部分监督学习方法。

12.3　充分利用数据的部分监督学习方法

介于监督学习和无监督学习之间，还有一种部分监督学习。在部分监督学习中，数据集只有部分数据是有标签的。与监督方法一样，部分监督学习的目标是最大限度地利用带标签的数据。部分监督学习方法相较于无监督学习的一个优点是，无监督学习给出的结果不会自动带有标签，需要通过人工方法或本章前面提到的自动方法来生成标签。一般来说，在部分监督学习情况下，可以根据监督数据子集生成无标签数据的标签。

这是一个非常活跃的研究领域，在此不展开介绍。但是，建议了解部分监督学习的一般策略，以便你能够根据具体数据在特定任务中使用部分监督学习。

部分监督学习的策略一般包括以下几种：

- 不完全监督，只有部分数据有真实标签。
- 不精确监督，数据只有粗粒度的标签。
- 不准确监督，一些数据的标签可能不正确。
- 半监督学习，小部分数据样本具有预定类的标签。

当标注所有数据过于昂贵或耗时太长时，可以考虑使用上述这些方法。此外，在无监督学习出现问题的情况下，这种方法也能派上用场。例如，具体的应用程序需要数据具有特定标签，如数据库给出的标签，而不是聚类给出的自动标签。

12.4　本章小结

本章介绍了无监督学习的基本概念，并探讨了一个具体的无监督学习应用——主题建模。主题建模过程中使用了基于 BERT 的工具——BERTopic——对文档进行基于语义相似性的聚类，并根据每个簇所包含的单词生成每个簇的主题标签。在此过程中没有使用任何数据标签的信息。

第 13 章将详细讨论如何定量地评估模型的性能。定量评估模型的性能在科研领域非常有用，因为可以将当前研究结果与之前的研究结果进行比较。在实际应用程序中，定量评估模型的性能有助于确保所使用的方法符合任务的要求。虽然本书前几章简要讨论过模型的评估方法，第 13 章将更深入地探讨这个话题，包括切分数据（将数据切分为训练数据、验证数据和测试数据）、使用交叉验证评估模型、常用的模型评估指标（准确率、精度、召回率，曲线下面积 AUC）、消融实验、统计显著性测试、标注一致程度以及用户测试等内容。

CHAPTER13

第13章 模型评估

本书前几章默认开发的自然语言理解系统在其任务上表现出色，但是并未具体介绍如何判断系统的工作效果，即如何评估NLU系统的性能。本章将介绍用于量化NLU系统性能的评估范式，以及一些防止根据评估指标得到错误结论的方法。

本章将介绍以下内容：

- 为什么要评估自然语言理解系统
- 评估范式
- 数据切分
- 评估指标
- 用户测试
- 差异的统计显著性
- 比较三种文本分类方法

13.1 为什么要评估自然语言理解系统

经常有很多关于NLU系统整体质量的问题，而模型评估恰恰能回答这些问题。系统评估方法的选择取决于系统的开发目标，以及为了达成开发目标所需要了解的系统相关信息。

不同类型的开发人员有不同的开发目标。考虑以下几种不同类型的开发目标：

- 我是一名科研人员，我想了解我的想法是否可以推动NLU领域的发展。换而言之，我的项目与最先进的方法（State of the Art，SOTA，即在某项特定任务上所有研究人员发布过的最佳结果）相比如何。

- 我是一名开发人员，针对一个具体应用程序，我想确保我的系统的整体性能足够好。
- 我是一名开发人员，我想了解我的更改对系统性能的提升程度。
- 我是一名开发人员，我想确保我的更改不会降低系统的性能。
- 我是一名科研人员或开发人员，我想了解系统在不同数据类上的表现如何。

对于所有的开发人员和科研人员来说，最重要的问题是系统在执行其预定任务上表现如何。

这将是本章关注的主要问题，本章将探讨不同类型开发人员需要关注的问题。通常，除了以上关于系统整体质量的问题外，还有一些 NLU 系统的其他属性需要进行评估，有时这些属性可能比系统的整体性能更为重要。在此，我们列举部分需要评估的系统属性：

- **模型规模**：现在很多模型的规模非常庞大，很多研究工作致力于在不显著降低模型性能的前提下减小模型规模。如果只能使用小规模模型，那么需要权衡模型规模和模型准确率。
- **训练时间**：一些算法需要在高性能 GPU 处理器上训练数周，尤其当数据集为大型数据集时。如果能减少训练时间，那么可以尝试训练其他算法，而且方便调整模型的超参数。理论上，更大的模型能提供更出色的结果，但需要投入更多的训练时间。在实际应用中，需要在大模型的训练时间和其对特定任务的性能提升之间进行权衡。
- **训练数据量**：当前的大语言模型需要巨大的训练数据。世界上仅有几家机构拥有足够多的数据量来训练大语言模型，使其性能达到 SOTA。对于大多数机构而言，其所拥有的数据量都不够。然而，正如第 11 章所述，可以使用具体应用程序的数据对大语言模型进行微调。另一个需要考虑的是，是否有足够的数据来训练一个能良好运行的系统。
- **专业开发人员或专家**：高度专业化的开发人员成本高昂，因此通常由非专业开发人员完成开发任务。第 8 章中所讨论的基于规则的系统通常需要具有高度专业化知识的开发人员，这是尽可能避免使用这种方法的原因之一。另外，开发最先进的深度学习模型也需要具有专业知识的数据科学家，这些专业人才难以寻找且成本较高。
- **训练成本**：即使只考虑算力花费，大模型的训练成本也高达数百万美元。较低的训练成本显然是 NLU 系统的一个理想特征。
- **环境影响**：训练过程对环境的影响非常大，会消耗大量能源。如果能降低能源消耗，显然，这是一件非常好的事。

- **推理时间**：推理时间是一个训练好的系统处理输入并生成结果所需的时间。对于大部分交互式应用程序（聊天机器人或口语对话系统等）而言，这通常不是关键问题。这些系统的输入文本都很短，几乎所有的现代方法都可以快速完成处理。然而，离线应用程序推理时间可能会很长，例如，在离线状态下从数小时的音频中提取信息或从几千兆字节的文本中提取信息。
- **预算**：GPT-4 等基于云端的大语言模型需要较高的预算，但通常可以提供非常出色的结果。BERT 模型等本地开源模型成本较低，而且在某些具体应用程序中也能给出较好的结果。

虽然这些属性对 NLU 方法的选择非常关键，但最重要的还是系统的总体质量。开发人员需要回答以下基本问题：

- 系统能否准确、高效地实现预期功能？
- 对系统进行的更改是否真正提升了其性能？
- 与其他系统相比，本系统的性能如何？

要准确回答这些问题，开发人员需要借助可量化的模型评估方法。因为只有具体的量化指标，才能为这些问题提供客观、准确的答案。主观或非量化的评估方法，如个别人的观察或感受，不足以精确衡量系统性能，也无法为上述问题提供可靠的答案。因此，科学可量化的模型评估方法对开发人员而言至关重要。

我们将从模型总体性能的评估方法或评估范式开始讨论模型评估问题。

13.2 评估范式

本节主要介绍一些用于量化和比较系统性能的评估范式。

13.2.1 标准评估指标

标准评估指标是最常见、最简便的系统评估范式。只需要给系统提供数据，标准评估指标就能够直接给出系统性能的定量评估结果。13.4 节将更详细地探讨这种方法。

13.2.2 评估系统的输出

自然语言理解中的翻译或文本总结等应用程序会生成自然语言作为输出。这些应用程序不同于具有固定正确答案的应用程序（例如，文本分类和槽填充），它们没有单一的正确答案，一个问题可能有多个合理的答案。

评估机器翻译质量的一种方法是人工比较原始文本和机器翻译结果，以评估机器翻译的准确性。但这种方法通常成本过高且无法广泛使用。因此，针对这一问题，开发人员开发了一些可以自动应用的评估指标。虽然这些指标不如人工评估方法准确，但它们提供了一些有用的度量标准。这里我们不会详细介绍这些指标，但会简要列出一些指标，以供读者在需要评估语言系统时再进行认真研究。

双语评估指标（BiLingual Evaluation Understudy，BLEU）是评估机器翻译质量的常用指标。BLEU 比较机器翻译结果和人工翻译结果，并测量两者之间的差异。然而，由于语法和语义等因素的影响，优秀的机器翻译结果可能与人工翻译结果之间存在较大的差异，因此 BLEU 分数不能完全代表机器翻译的质量。评估语言生成类应用的指标还包括具有明确顺序的翻译评估指标（Metric for Evaluation for Translation with Explicit Ordering，METEOR）、面向召回的摘要评估指标（Recall-Oriented Understudy for Gisting Evaluation，ROUGE）和跨语言优化的翻译评估指标（Cross-lingual Optimized Metric for Evaluation of Translation，COMET）等。

13.2.3 节将讨论另一种系统性能评估方法。这种方法移除系统中的某一部分来衡量这部分对系统输出的影响，例如，结果是会变好、变差，还是不会有任何变化。

13.2.3　消融实验

对于包含多个步骤的 pipeline 系统，可以通过移除 pipeline 中的某些步骤来探究这些步骤对系统整体性能的影响。这种方法被称为消融实验，适用于以下两种情况。

第一种情况是为一篇科研论文或科研项目做实验，其中包含一些前沿的创新技术。在这种情况下，我们希望量化 pipeline 中每个步骤对最终结果的影响，这将有助于评估每个步骤的重要性，特别是当论文试图说明 pipeline 中某个或多个步骤具有重大创新时。如果移除这些步骤后系统仍然表现良好，那么说明这些步骤并没有对系统的整体性能做出重要贡献。消融实验有助于明确每个步骤对最终结果的贡献。

第二种情况更加贴切实际。当你在一个需要高效计算才能部署的系统上工作时，比较 pipeline 中包含和不包含某些步骤，可以判断所花费的时间是否与系统性能的提升程度相匹配。这种情况的一个例子是在数据预处理时，确定删除停用词、词形还原、词干提取是否对系统性能有影响。

另一种评估方法使用多个系统独立处理相同的数据，并对结果进行比较。这种方法被称为共享任务。

13.2.4　共享任务

长期以来，共享任务极大地促进了 NLU 的发展。共享任务是指：对于某一特定任务，由多个开发人员开发的模型都在同一组共享数据上进行测试，并对结果进行比较。此外，参与任务的团队通常会公开发布他们的模型信息，描述模型如何取得结果并提供有意义的见解。

共享任务有两个优点：

- 首先，由于使用的数据完全相同，因参与共享任务的开发人员很容易获知自己的系统与其他系统在性能上存在的差异。
- 其次，共享任务中的数据可供研究人员开发全新系统。

共享任务的数据通常长时间有效，不受 NLU 方法变化的影响。例如，旅行规划任务中的航空旅行信息系统（Air Travel Information System，ATIS）自 20 世纪 90 年代初就一直在使用。

NLP-progress 网站（`http://nlpprogress.com/`）提供了大量关于常见共享任务和共享任务数据的信息。

13.3 数据切分

在本书之前的章节中，我们将数据集切分为训练数据集、验证数据集和测试数据集。

训练数据用于开发 NLU 模型，该模型用于执行 NLU 应用程序任务，无论是文本分类、槽填充、意图识别，还是其他 NLU 任务。

验证数据（有时也称开发测试数据）在训练过程中使用，用于评估模型在训练数据之外数据上的表现。验证数据非常重要，因为如果直接在训练数据上测试系统，系统只需要记忆训练数据就会给出非常好的结果。这很具有误导性，因为在训练数据上表现良好的系统在实际应用中可能表现不佳。这样这个系统用处不大，因为真正好的系统应该能够在部署时很好地处理新数据或泛化新数据。验证数据还可以用于帮助调整机器学习应用程序中的超参数，但同时这意味着在开发过程中验证数据已经暴露给了系统，因此验证数据对于系统来说不算新数据。

基于上述原因，需要在开发过程中保留一部分数据不被系统所接触，这类数据就是测试数据。对系统而言，测试数据是全新的，用于模拟模型在实际应用中遇到的新数据。在系统开发准备阶段，数据集被切分为训练数据、验证数据和测试数据。通常，约 80% 的数据被切分为训练数据，10% 被切分为验证数据，10% 被切分为测试数据。

有三种主要的数据切分方法：

- 一些通用数据集，如本书中使用的一些数据集以及共享任务数据集，数据已经被切分为训练数据集、验证数据集和测试数据集。有的数据集只切分为训练数据和测试数据，此时，需要从训练数据中再切分一个子集作为验证数据。Keras 提供了一个通过路径加载数据集的方法 `text_dataset_from_directory()`。这种方法将文件夹名称作为文本的类别，并能按设置的比例切分出一个验证数据子集。

下述代码从 aclImdb/train 路径中加载训练数据，然后将其 20% 的数据切分出来作为验证数据：

```
raw_train_ds = tf.keras.utils.text_dataset_from_directory(
    'aclImdb/train',
    batch_size=batch_size,
    validation_split=0.2,
    subset='training',
    seed=seed)
```

- 当然，上述方法仅适用于已经切分好的数据集。如果使用的是自己的数据，则需从头开始切分数据集。一些常用的软件库都有数据切分函数，这些函数在加载数据时自动对数据进行切分。例如，scikit-learn、TensorFlow 和 Keras 都包含用于切分数据的函数 train_test_split()。
- 还可以动手从零开始编写 Python 代码来切分数据。通常情况下，最好还是使用软件库中经过测试的函数。除非找不到合适的库，或对数据切分过程感兴趣，否则不建议自己编写 Python 代码实现数据切分。

最后一种数据切分策略是 k 折交叉验证，它将整个数据集切分为 k 个子集（或 k 折），依次将每个子集作为评估系统的测试数据。总体得分是 k 次评估得分的平均值。

这种方法的优点是减小了测试数据和训练数据之间的随机差异，这种差异会导致模型在测试数据集上表现不佳。在 k 折交叉验证中，这种随机的差异很难影响最终的结果，因为训练数据和测试数据之间没有严格的界线，k 个子集中的每个子集都轮流充当测试数据。这种方法的缺点是它将测试时间扩大 k 倍，如果数据集很大，那么训练时间会变得非常长。

除了用户测试方法除外，在使用本章所介绍的评估指标之前都需要先切分数据。

13.4 节将介绍一些最常见的模型量化指标。第 9 章中介绍了最基本、最直观的模型评估指标，准确率。接下来将介绍比准确率更好的定量评估指标，及其使用方法。

13.4　评估指标

在选择指标评估 NLP 系统或其他任何系统时，我们应该牢记以下两个重要的标准：

- **有效性**：指标应当与我们的直觉认知一致。例如，不能选择文本长度作为衡量文本情感的指标，因为文本长度并不能有效度量情感。
- **可靠性**：重复测量一个系统的同一个指标总是会得到相同的结果。

接下来介绍一些 NLU 领域常用的有效且可靠的指标。

13.4.1　准确率和错误率

第9章将准确率定义为系统正确输出的数量除以总输入数量。类似地，将错误率定义为错误输出的数量除以总输入数量。请注意，语音识别转录报告经常涉及词错误率这一概念。通常使用另外一个公式计算语音转录报告中的词错误率，该公式考虑到了语音识别时常见的各种错误。因此，这个指标与常见错误率不同，本书对此不进行介绍。

接下来将详细介绍一些具体的评估指标，包括第9章简要提到的精度、召回率和F1分数。与准确率相比，这些指标通常能更好地反映系统的性能。

13.4.2　精度、召回率和F1分数

在某些条件下，**准确率**有时可能具有误导性。例如，有一个数据集，包含100个样本，但类不平衡，其中的绝大多数（90个）属于一个类别，我们称之为多数类。这种情况在真实数据集中很常见。在这种情况下，如果将所有样本都预测为多数类，那么准确率会达到90%，但另一类中的10个样本的分类结果是错误的。在这种情况下，准确率无效且具有误导性。针对该问题，需要引入一些更有效的评估指标，其中最重要的两个指标是召回率和精度。

召回率为系统正确识别某类样本的比例。在上述例子中，系统正确地识别了多数类的所有90个样本，但没有正确识别另一个类中的10个样本。

召回率的计算公式如下所示，其中真阳性（True Positives，TP）是被正确识别的样本个数，假阴性（False Negatives，FN）是被错误识别的样本个数。假设数据集中有100个样本，系统正确识别了多数类中的全部样本，但错误识别了另一个类中所有10个样本。因此，多数类的召回率为1.0，而另一个类别的召回率为0：

$$\text{召回率}=\frac{\mathrm{TP}}{\mathrm{TP}+\mathrm{FN}}$$

精度表示在所有被识别为同一个类的样本中，被正确分类样本的比例。完美的精度意味着在分类后的类中，没有样本被错误分类，但可能被漏掉。以下是精度的计算公式，其中假阳性（False Positives，FP）是被错误分类为该类的样本数。在上述例子中，FP是被错误地被识别为多数类的10个样本。因此，在上例中，多数类的精度为0.9，而少数类的精度为0。综上，精度和召回率能够提供系统所犯错误的更多信息。

$$\text{精度}=\frac{\mathrm{FP}}{\mathrm{TP}+\mathrm{FP}}$$

最后，还有另一个非常重要的指标，即**F1分数**。F1分数结合了精度和召回率。F1分数是一个有用的指标，因为我们经常希望有一个能够描述系统整体性能的指标。F1分

数可能是 NLU 中最常用的指标。F1 分数的公式如下：

$$\mathrm{F1}=\frac{\text{精度} \times \text{召回率}}{\text{精度}+\text{召回率}}$$

图 13.1 显示了一个类的分类结果。椭圆内的样本被分类为类 1。椭圆内的圆形标记是 TP，即真正属于类 1 的样本；椭圆内的方形标记是 FP，即实际属于类 2 但被错误分类为类 1 的样本。椭圆外的圆形标记是 FN，即实际属于类 1 但没有被成功分类的样本。

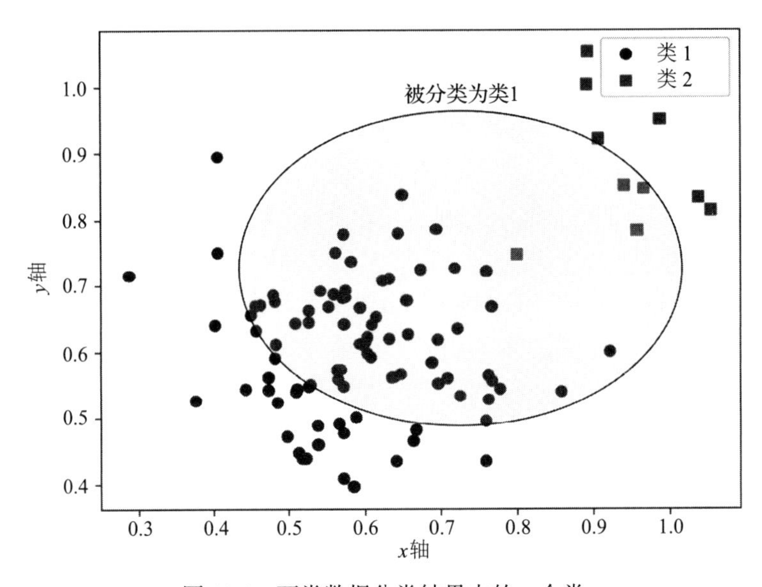

图 13.1 两类数据分类结果中的一个类

F1 分数假设召回率和精度同等重要，但在实际应用中，这并不总是正确的。例如，考虑一个应用程序，其目标是检测推文中是否提及某个公司的产品。系统的开发人员认为系统一定不能错过任何提及这个公司产品的推文，在这种情况下，系统需要保证高的召回率而牺牲精度。这意味着系统可能会给出许多假阳性，即很多系统认为包含公司信息的推文实际上没有提及这个公司。还有基于 F1 分数的衍生指标，用于表示对召回率和精度的侧重程度。在召回率和精度不同等重要的情况下，可以使用这些指标。

13.4.3 ROC 曲线和曲线下面积

一个测试样本的分类结果取决于系统对其预测的分数。如果分数超过了给定的阈值（阈值大小由开发人员决定），那么系统判定样本属于正类。可以看到，TP 和 FP 的值会受到此阈值的影响。过高或过低的阈值都会有问题。一方面，如果阈值设置过高，则被分类到正类的样本数量减少，TP 值会降低；另一方面，如果阈值过低，则系统会判定许多样本属于正类，此时很多不属于正类的样本也可能会被判定为正类，会使 FP 值变得非常高。因此，需要比较在不同阈值条件下系统的分类能力。

一种可视化 FP（精度低）和 FN（召回率低）之间权衡的方法是受试者操作特征（Receiver Operating Characteristic，ROC）曲线以及其曲线下面积。ROC 曲线能衡量系统总体上的分类能力。图 13.2 给出一个 ROC 曲线的例子，这个图基于随机生成的数据。

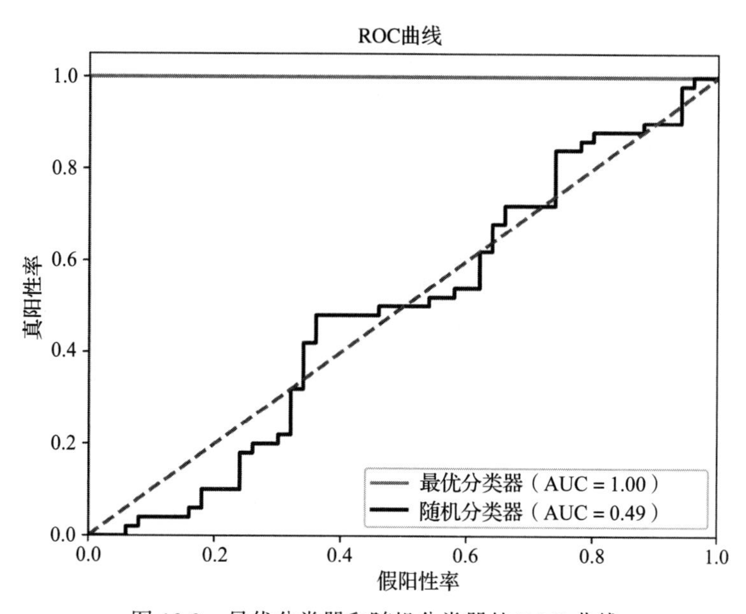

图 13.2　最优分类器和随机分类器的 ROC 曲线

在图 13.2 中，最优分类器在点（0，1）处没有 FP，所有的 TP 都被正确分类。此时，即使将阈值设置为 1，系统给出 TP 的预测仍然都是正确的。另外，随机分类器无法区分数据中的两个类。根据其 ROC 曲线可以看出，无论将阈值设置为多少，系统都会犯很多错误，就像是针对一个输入，系统给出一个随机预测一样。

总结系统分类能力的常用方法是 AUC。最优分类器的 AUC 值为 1.0，随机分类器的 AUC 值约为 0.5。如果分类器的性能低于随机水平，那么 AUC 值会小于 0.5。请注意，本节所讨论的是二分类问题，请阅读 scikit-learn 在线文档 `https://scikit-learn.org/stable/auto_examples/model_selection/plot_roc.html` 学习多分类问题 ROC 曲线知识，本书对此不进行详细讨论。

13.4.4　混淆矩阵

另一个重要的模型评估方法是**混淆矩阵**。混淆矩阵统计了每个类与其他类发生混淆的次数。本章最后会给出混淆矩阵的详细介绍。

13.5 用户测试

除了直接使用评估指标评估模型，还可以通过用户测试来评估模型的性能。在用户测试过程中，需要让预期用户或目标用户与系统进行交互。

用户测试耗时且昂贵，但在某些情况下，这是唯一一种可以定性了解系统性能的方法。例如，衡量用户使用系统完成任务的难易程度，或者用户使用系统的舒适程度。显然，用户测试方法只适用于那些能够被感知的系统，例如口语对话系统。而且这种方法只能从整体上对模型进行评估，也就是说，参与测试的用户无法区分系统中语音识别模块和 NLU 模块的具体性能。

实际上，有效且可靠的用户测试评估方法实际上是一项心理学实验。这是一个非常复杂的主题，很容易出现错误，因此无法从结果中得出准确的结论。基于这些原因，本书不提供用户测试方法的完整说明。在实际开发 NLP 应用程序时，可以让几位用户与系统进行交互并记录其体验，从而可以进行一些探索性的用户测试。在用户测试过程中，可以收集一些常用的简单指标，包括：

- 通过问卷调查了解用户使用系统的体验与感受。
- 用户与系统交互的时间。时间长短取决于系统的目的：
    - 如果开发的是社交系统，则希望用户花更多的时间与系统互动。
    - 如果开发的是以任务为导向的系统，则希望用户花费较少的时间与系统互动，以保证系统能够帮助用户快速解决问题。

在进行用户测试时，需要注意以下几点：

- 选择能够代表实际用户群体的用户参与测试。这一点很重要，否则评估结果可能具有误导性。例如，一个用于与公司客户聊天的机器人应该让客户测试，而不是让员工测试，因为员工对公司的了解比客户详细得多，并且两者提问的角度也不同。
- 保持问卷简单，避免要求用户提供与测试内容无关的信息。复杂冗长的问卷会让用户厌倦或不耐烦，此时用户不会提供有用信息。
- 如果用户测试的结果对项目非常重要，则应该寻找一位有设计经验的人因工程师来设计测试过程，以确保结果有效且可靠。

到目前为止，本章已经介绍了多种用于评估系统性能的方法，这些方法包含一个或多个可以量化系统性能的数值指标。这些指标可以用来比较几个系统或同一系统的不同版本。但在某些情况下，指标之间的差别很小。值得思考的是这些差异较小的指标是否有意义。13.6 节将通过统计显著性来解决这个问题。

13.6　差异的统计显著性

模型评估部分讨论的最后一个主题是确定实验结果之间的差异是真实差异还是由偶然因素导致的差异。这种方法被称为**统计显著性**。虽然无法确定评估指标的差异是不是系统之间的真实差异，但是可以计算差异由偶然因素所导致的可能性有多大。假设数据分布如图 13.3 所示。

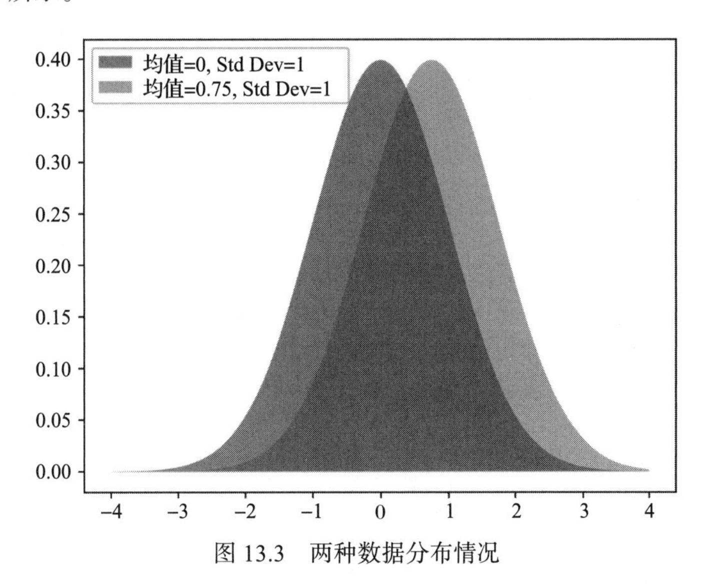

图 13.3　两种数据分布情况

图 13.3 展示了两种数据的分布，左侧数据的均值为 0，右侧数据均值为 0.75。这里，假设我们在比较两种分类算法在数据集上的分类性能。通过观察图片，看起来两个算法之间存在差异，但这种差异是偶然发生的吗？通常来说，如果一个差异发生的概率小于或等于 1/20，那么就认为这个差异具有统计学意义上的显著性，也就是说，这个差异不是由偶然因素造成的。当然，这也意味着在 20 个具有统计学意义的结果中，只有 1 个实际上可能是由于偶然因素造成的。这个概率由标准的概率公式计算而确定，例如 t 统计值或方差分析等。

有的文献会对结果进行显著性检验，得到类似于 $p<0.05$ 的结论。这里的 p 指的是差异是由偶然因素造成的可能性。这种统计分析方法常用于数据分析。学术会议或期刊论文常使用这种方法，用于评估差异是否具有统计学意义。计算统计显著性的过程较为复杂，本书不提供详细说明，但你需要知道统计显著性的意义，尤其是当你需要使用它的时候。

还需要注意，具有统计显著性的结果在实际情况下可能并不具有真正的实用价值。如果一个分类算法比另一个算法只是稍微好一点，但运行过程更复杂，那么需要考虑是否要使用这个算法。具体如何选择应考虑算法具体应用场合。在学术论文中，一个微小但显著的差异可能非常重要，但在实际部署的应用程序中，这种差异可能并不重要。

现在本书已经介绍了几种系统评估方法，接下来将在实践中使用这些评估方法。13.7节将通过一个案例，比较三种文本分类方法在相同数据上的表现。

13.7　比较三种文本分类方法

模型评估方法最有用的地方在于确定要使用的模型或方法。传统方法（如词频逆文档频率、支持向量机或条件随机场）是否能够完成预期任务？是否需要使用深度学习和Transformer方法，以更长的训练时间为代价来取得更好的结果？

本节在一个较大版本的电影评论数据集上比较三种文本分类方法的性能，包括小型BERT模型，使用词频逆文档频率向量的朴素贝叶斯分类算法以及大型BERT模型。

13.7.1　小型Transformer模型

本节使用第11章使用的BERT模型small_bert/bert_en_uncased_L-2_H-128_A-2，这是最小的BERT模型之一。该模型由2层网络组成，隐藏层网络有128个神经元，包含2个注意力头。

下面对这个模型进行一些更改，以便更好地评估该模型的性能。

首先，除了BinaryAccuracy，为metrics添加新的评价指标，即精度和召回率：

```
metrics = [tf.metrics.Precision(),tf.metrics.Recall(),tf.metrics.
BinaryAccuracy()]
```

在添加了这些指标之后，history对象中将增加前10轮训练过程中模型的精度和召回率的变化。可以运行以下代码查看具体的变化：

```
history_dict = history.history
print(history_dict.keys())

acc = history_dict['binary_accuracy']
precision = history_dict['precision_1']
val_acc = history_dict['val_binary_accuracy']
loss = history_dict['loss']
val_recall = history_dict['val_recall_1']
recall = history_dict['recall_1']
val_loss = history_dict['val_loss']
val_precision = history_dict['val_precision_1']
precision = history_dict['precision_1']
val_recall = history_dict['val_recall_1']
```

如上述代码所示，首先从history对象中提取想要的结果，接下来将绘制结果随训练轮数的变化情况，代码如下：

```
epochs = range(1, len(acc) + 1)
fig = plt.figure(figsize=(10, 6))
fig.tight_layout()

plt.subplot(4, 1, 1)
# r is for "solid red line"
plt.plot(epochs, loss, 'r', label='Training loss')
# b is for "solid blue line"
plt.plot(epochs, val_loss, 'b', label='Validation loss')
plt.title('Training and validation loss')
# plt.xlabel('Epochs')
plt.ylabel('Loss')
plt.legend()
```

运行上述代码将绘制在训练过程中训练损失函数和验证损失函数变化情况，生成图 13.4 中顶部的图。图 13.5 和图 13.4 中底部的图都是以同样的方式计算得到的，所以这里不展示绘制图 13.5 的完整代码。

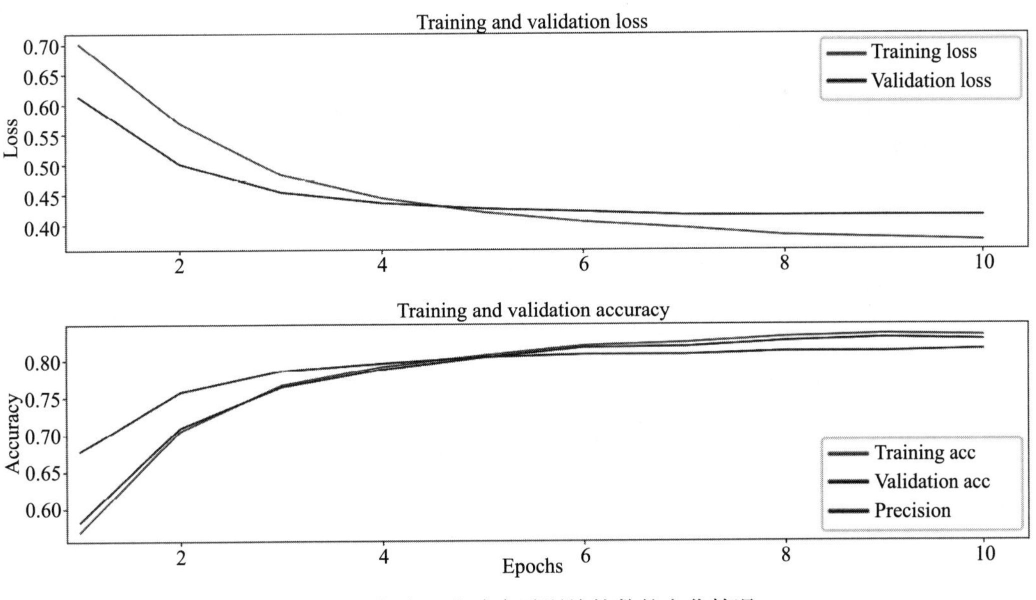

图 13.4 损失和准确率随训练轮数的变化情况

图 13.4 展示了在训练过程中损失函数和准确率随训练轮数的变化情况。可以看到训练数据和验证数据的损失值都处于 0.40 和 0.45 之间，且趋于稳定。在训练第 7 轮后，增加训练轮数对提高模型性能的帮助不大。

图 13.5 展示的是精度和召回率指标的变化情况，可以看到这两个指标也是在训练大约 7 轮后趋于稳定，在 0.8 左右。

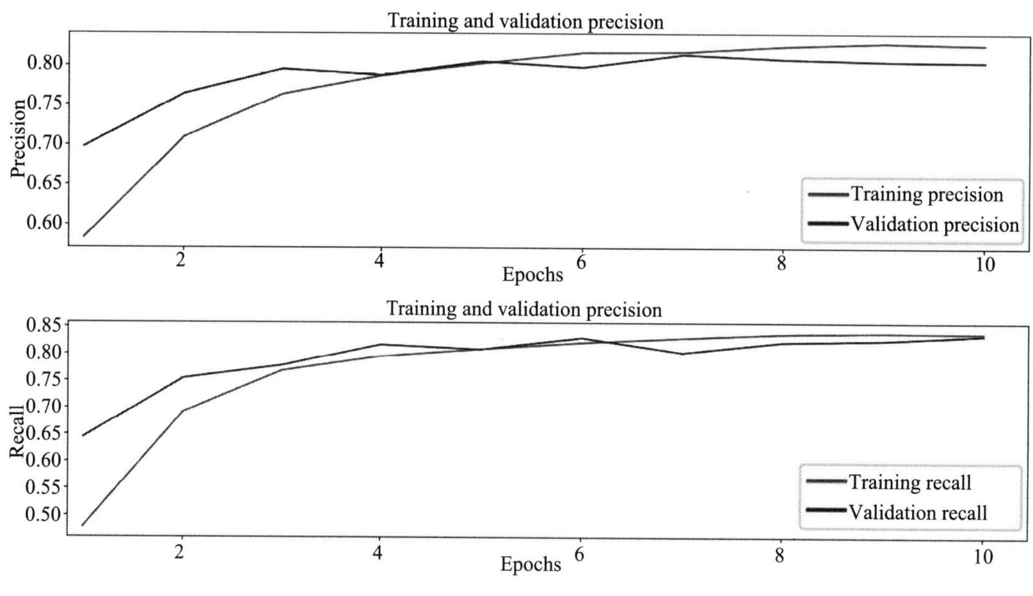

图 13.5 精度和召回率随训练轮数的变化情况

使用 scikit-learn 中的相关函数可以查看混淆矩阵和分类情况，代码如下所示：

```
# Displaying the confusion matrix
%matplotlib inline
from sklearn.metrics import confusion_
matrix,ConfusionMatrixDisplay,f1_score,classification_report
import matplotlib.pyplot as plt
plt.rcParams.update({'font.size': 12})

disp = ConfusionMatrixDisplay(confusion_matrix = conf_matrix,
                                display_labels = class_
names)
print(class_names)
disp.plot(xticks_rotation=75,cmap=plt.cm.Blues)

plt.show()
```

绘制的混淆矩阵如图 13.6 所示。

图 13.6 中的深色单元格显示正确分类结果，表示负面评论或正面评论被正确分类。通过混淆矩阵，可以看到还有相当多的错误分类情况。运行以下代码，可以获得分类汇总信息：

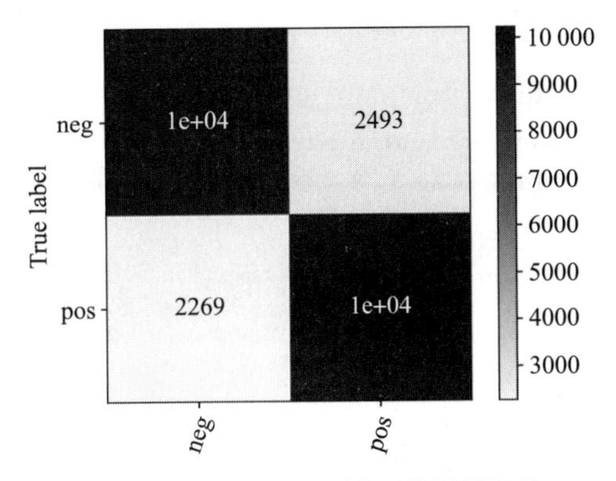

图 13.6　小型 BERT 模型的混淆矩阵

```
print(classification_report(y_test, y_pred, target_names=class_names))
['neg', 'pos']
```

分类报告显示了两个类别的精度、召回率和 F1 分数：

```
              precision    recall      f1-score   support

neg           0.82         0.80        0.81       12501
pos           0.80         0.82        0.81       12500

accuracy                               0.81       25001
macro avg     0.81         0.81        0.81       25001
weighted avg  0.81         0.81        0.81       25001
```

从上述结果中可以看到系统在识别正面评论和负面评论时的表现基本相同。系统正确分类了大部分评论，但仍然存在错误分类情况。

下面将这个小型 BERT 模型与本书之前提到的使用词频逆文档频率向量的朴素贝叶斯分类算法进行比较。

13.7.2　TF-IDF 评估

第 9 章介绍了词频逆文档频率词向量表示文本方法，还介绍了如何使用朴素贝叶斯算法对文本进行分类。我们使用电影评论语料库展示如何使用这种文本分类方法。本节将比较这个传统的统计方法和基于 Transformer 的大语言模型 BERT 方法，从而展示相对于传统方法，Transformer 到底有多大的优势，并探讨使用更大规模和需要更长训练时间的 Transformer 模型是否值得。为了公平地比较 TF-IDF/ 朴素贝叶斯算法和 BERT 方法，本节将使用第 11 章所使用电影评论数据集 aclimdb。

使用与第 9 章相同的代码设置系统、运行朴素贝叶斯算法，在此不再重复。添加用于显示混淆矩阵的代码如下所示：

```
# View the results as a confusion matrix
from sklearn.metrics import confusion_matrix
conf_matrix = confusion_matrix(labels_test, labels_
pred,normalize=None)
print(conf_matrix)
[[9330 3171]
 [3444 9056]]
```

输出的混淆矩阵是一个数组：

[[9330 3171]

[3444 9056]]

这不美观也不容易理解。可以运行以下代码得到更容易理解的可视化结果：

```
# Displaying the confusion matrix
from sklearn.metrics import confusion_
matrix,ConfusionMatrixDisplay,f1_score,classification_report
import matplotlib.pyplot as plt
plt.rcParams.update({'font.size': 12})

disp = ConfusionMatrixDisplay(confusion_matrix = conf_matrix, display_
labels = class_names)
print(class_names)
disp.plot(xticks_rotation=75,cmap=plt.cm.Blues)

plt.show()
```

生成的结果如图 13.7 所示。

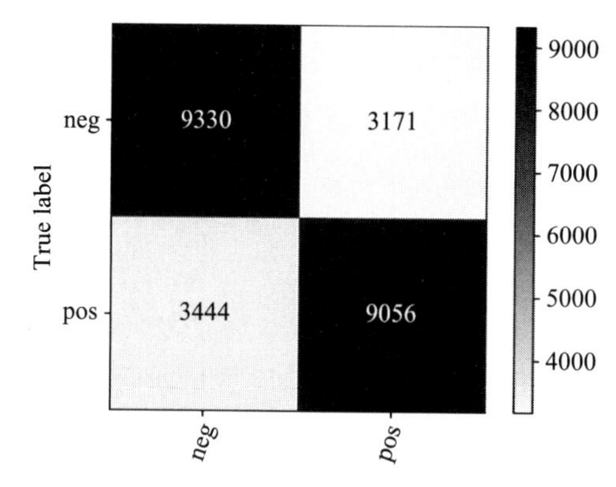

图 13.7　TF-IDF/ 朴素贝叶斯分类算法的混淆矩阵

图 13.7 中深色单元格显示正确分类结果，浅色单元格显示错误分类结果。可以看到，有 3171 个负面评论被错误地分类为正面评论，有 3444 个正面评论被错误地分类为负面

评论。

下述代码输出分类报告：

```
print(classification_report(labels_test, labels_pred, target_
names=class_names))
```

分类报告显示了召回率、精度和F1分数，以及准确率、每个类中样本的数量(support)和其他统计信息：

```
              precision    recall    f1-score    support
neg             0.73        0.75       0.74       12501
pos             0.74        0.72       0.73       12500
accuracy                               0.74       25001
macro avg       0.74        0.74       0.74       25001
weighted avg    0.74        0.74       0.74       25001
```

从这份报告中可以看出系统在识别负面评论时表现略好。系统能够正确分类许多评论，但仍然会犯错误。将这些结果与图 13.6 进行比较，可以看出小型 BERT 模型表现要好得多，其 F1 分数为 0.81，而 TF-IDF/ 朴素贝叶斯分类算法的 F1 分数为 0.74。对于这个任务，小型 BERT 模型是一个更好的选择。

接下来考虑使用基于 Transformer 的其他 BERT 模型。一般来说，规模较大的模型性能一般优于规模较小的模型，但训练时间会更长。规模较大模型的性能能提升多少是一个值得研究的问题。

13.7.3 较大规模 BERT 模型

在对同一数据集进行分类时发现，就正确分类而言，与朴素贝叶斯分类算法相比 BERT 模型表现更好，但是 BERT 模型训练速度要慢很多。

下面考虑使用 BERT 模型的其他衍生模型以获得更好的分类性能。网站 https://tfhub.dev/google/collections/bert/1 提供了各种不同规模和复杂程度的 BRET 模型。

本节开头使用的是 small_bert/bert_en_uncased_L-2_H-128_A-2 模型，该模型包含 2 层网络和 2 个注意力头，隐藏层包含 128 个神经元。下面选用另一个更大的模型 small_bert/bert_en_uncased_L-4_H-512_A-8 对同一数据集进行测试，并比较结果。这个模型包含 4 层网络和 8 个注意力头，隐藏层包含 512 个神经元。这个模型的规模仍然相对较小，可以在 CPU 上进行训练。运行这个模型相对简单，只需修改上述 BERT 模型代码中的一部分：

```
bert_model_name = 'small_bert/bert_en_uncased_L-4_H-512_A-8'
```

```
map_name_to_handle = {
    'small_bert/bert_en_uncased_L-4_H-512_A-8' :
        'https://tfhub.dev/tensorflow/small_bert/bert_en_uncased_L-
4_H-512_A-8/1',
}
map_model_to_preprocess = {
    'small_bert/bert_en_uncased_L-4_H-512_A-8':
        'https://tfhub.dev/tensorflow/bert_en_uncased_
preprocess/3',
}
```

如上述代码所示，仅需修改模型名称、将其映射到新的 URL、并将其分配给一个预处理器，其余的代码保持不变。图 13.8 显示了使用规模较大 BERT 模型得到的混淆矩阵。

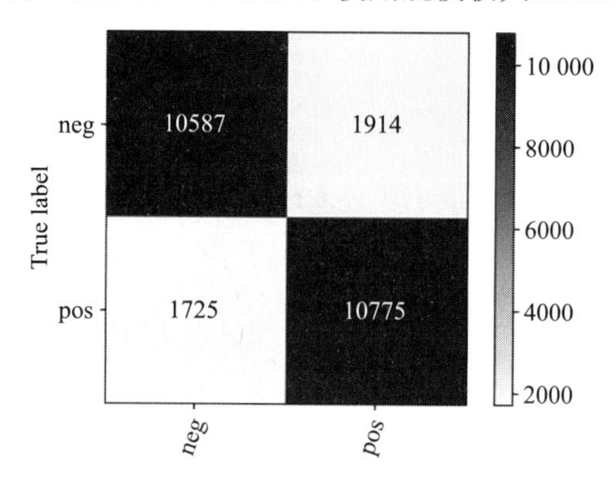

图 13.8　规模较大 BERT 模型的混淆矩阵

根据混淆矩阵可知该模型的性能优于小型 BERT 模型以及 TF-IDF/ 朴素贝叶斯分类算法。下面显示了该模型的分类报告，在本节的三个模型中大规模 BERT 模型具有最佳的性能，其平均 F1 分数为 0.85，小型 BERT 模型和 TF-IDF/ 朴素贝叶斯模型的 F1 分数分别是 0.81 和 0.74。

```
             precision    recall      f1-score    support

neg            0.86        0.85        0.85       12501
pos            0.85        0.86        0.86       12500

accuracy                               0.85       25001
macro avg      0.85        0.85        0.85       25001
weighted avg   0.85        0.85        0.85       25001
```

在包含 25 000 个样本的 aclimdb 数据集上，使用 CPU 训练该模型耗时约为 8 小时，这对于大多数应用程序来说是可以接受的。显然，还有很大的改进空间，例如可以继续尝试测试其他更大的 BERT 模型以获取更好的性能。最终的结果是否可以接受取决于开发人员和开发目标，这在每个应用程序中都不一样。建议尝试规模更大的模型，并在模型性能提升和训练时间之间进行权衡。

13.8 本章小结

本章围绕 NLP 模型的性能评估方法展开，介绍了数据切分方法以及一些常用的评估 NLU 系统性能的指标，如准确率、精度、召回率、F1 分数、AUC 和混淆矩阵等，并通过一个示例来说明如何使用这些指标来比较不同的系统。此外，本章还讨论了一些其他的评估方法，如消融实验、共享任务、用户测试，以及统计显著性测试等。

第 14 章开始进入到本书的第三部分，即自然语言理解系统的规模化应用。第 14 章将介绍如何应对系统无法正常工作的情况。当系统性能不佳或者用户环境信息发生改变都会导致系统不工作。第 14 章将讨论两种提升系统性能的策略：添加数据和重构应用程序。

P A R T 3

第三部分

自然语言理解系统的大规模应用

本部分将介绍如何将自然语言理解用于实际应用系统中。这部分将讨论的话题包括向现有应用程序中添加新数据、处理不稳定的应用、添加和删除类别等。第15章将总结本书并展望自然语言理解的未来。

我们关注如何让NLU系统走出实验室，解决实际问题。本部分包括以下两章：

- ❑ 第14章　如果系统不工作怎么办
- ❑ 第15章　总结与展望

CHAPTER 14

第14章 如果系统不工作怎么办

本章将讨论如何改进系统。如果经过第一次训练，模型的性能差强人意，或者系统所处理问题的场景发生了变化，那么这时需要修改系统来提升系统的性能。本章将讨论一些提升系统性能的方法，包括更改应用程序结构和添加新数据。显然，提升系统性能是一个很大的话题，并且有很多方法来提高**自然语言理解**系统的性能。尽管本书不可能讨论所有可能的方法，但本章会提供一些提高系统性能最重要的方法。

本章将介绍以下内容：

- 找出系统不工作的原因
- 解决系统准确率过低的问题
- 系统部署
- 部署之后的问题

首先需要做的是确定系统未按预期工作。本章将列举一些工具及其使用示例，用来帮助确定系统确实出了问题或系统未按预期工作。本章将从这些软件使用方法开始。

14.1 技术要求

本章中的示例将使用以下数据和软件：

- 常用的开发环境，即 Python 3 和 Jupyter Notebook
- TREC 数据集
- Matplotlib 和 Seaborn 软件包，用于图形和图表的可视化
- pandas 和 NumPy 软件包，用于处理数据

- ❑ BERT 模型，曾在第 11 章和第 13 章中使用过
- ❑ Keras 机器学习库，配合 BERT 模型使用
- ❑ NLTK 库，用于生成新数据
- ❑ OpenAI API 密钥，用于使用 OpenAI 的工具

14.2　找出系统不工作的原因

无论是在系统开发阶段，还是在系统部署阶段，确定系统是否按照预期工作都非常重要。本节首先关注在系统开发阶段系统性能不佳的问题。

系统初次开发

用于确定系统是否正常工作的主要方法即为第 13 章所介绍的方法。本章将使用这些方法来确定一个系统是否正常工作。本章还将使用混淆矩阵来检测系统在处理某些类数据时其性能不及其他类的情况。

首先应该查看数据集，并检查不同类别的数据是否平衡，因为数据不平衡是造成常见问题的根源。数据不平衡并不意味着一定会出现准确率问题，但在一开始就了解数据是否平衡是有价值的。这样，随着系统开发的推进，我们将随时准备好解决数据类不平衡所造成的问题。

1. 检查类别是否平衡

本章将使用**文本检索会议**（Text Retrieval Conference，TREC）数据集，这是一个常用的多分类数据集，可以从 Hugging Face 网站（`https://huggingface.co/datasets/trec`）下载。

> **数据集引用**
>
> *Learning Question Classifiers*，Li，Xin and Roth，Dan，*{COLING} 2002: The 19th International Conference on Computational Linguistics*，2002，`https://www.aclweb.org/anthology/C02-1150`
>
> *Toward Semantics-Based Answer Pinpointing*，Hovy，Eduard and Gerber，Laurie and Hermjakob，Ulf and Lin，Chin-Yew and Ravichandran，Deepak，*Proceedings of the First International Conference on Human Language Technology Research*，2001，`https://www.aclweb.org/anthology/H01-1069`

TREC 数据集包含用户对系统提出的问题，由训练数据集和测试数据集构成。训练数据集有 5452 个样本，测试数据集有 500 个样本。分类任务的目标是识别问题的主题类

别，作为系统回答用户所提出问题的第一步。问题的主题类别被组织为两个层次，包括 6 个大类和 50 个小类。每个大类主题都包含若干小类主题。

6 个大类问题如下：

- 缩略（ABBR）
- 描述（DESC）
- 实体（ENTY）
- 人类（HUM）
- 地点（LOC）
- 数字（NUM）

一开始的一个重要任务是找出每个类有多少个文档，目的是确定是否所有的类都有足够的训练样本数据，以及是否某些类的样本明显多于或少于其他类。

迄今为止，本书已经介绍了许多加载数据集的方法。一种最简单的加载数据集方法是：首先将数据存储到文件夹中，每个类都有一个单独的文件夹，然后，使用 tf.keras.utils.text_dataset_from_directory() 函数加载数据集并查看类名，这个函数在之前的章节中多次使用。整个流程如以下代码所示：

```
# find out the total number of text files in the dataset and what the
classes are
import tensorflow as tf
import matplotlib.pyplot as plt
import pandas as pd
import seaborn as sns
import numpy as np

training_ds = tf.keras.utils.text_dataset_from_directory(
    'trec_processed/training')
class_names = training_ds.class_names
print(class_names)
Found 5452 files belonging to 6 classes.
['ABBR', 'DESC', 'ENTY', 'HUM', 'LOC', 'NUM']
```

加载完数据集后，使用 matplotlib 和 seaborn 计算每个类所包含样本的数量，并使用柱状图对数据进行可视化：

```
files_dict = {}
for class_name in class_names:
    files_count = training_ds.list_files(
        'trec_processed/training/' + class_name + '/*.txt')
    files_length = files_count.cardinality().numpy()
    category_count = {class_name:files_length}
    files_dict.update(category_count)

# Sort the categories, largest first
```

```
from collections import OrderedDict
sorted_files_dict = sorted(files_dict.items(),
    key=lambda t: t[1], reverse=True)
print(sorted_files_dict)

# Conversion to Pandas series
pd_files_dict = pd.Series(dict(sorted_files_dict))

# Setting figure, ax into variables
fig, ax = plt.subplots(figsize=(20,10))

# plot
all_plot = sns.barplot(x=pd_files_dict.index,
    y = pd_files_dict.values, ax=ax, palette = "Set2")
plt.xticks(rotation = 90)
plt.show()
[('ENTY', 1250), ('HUM', 1223), ('ABBR', 1162),
     ('LOC', 896), ('NUM', 835), ('DESC', 86)]
```

虽然上述代码将每个类中的文本数量输出为文本，但将这些数据以柱状图形式显示也非常有帮助。可以使用图形库来创建这些柱状图，如图 14.1 所示。

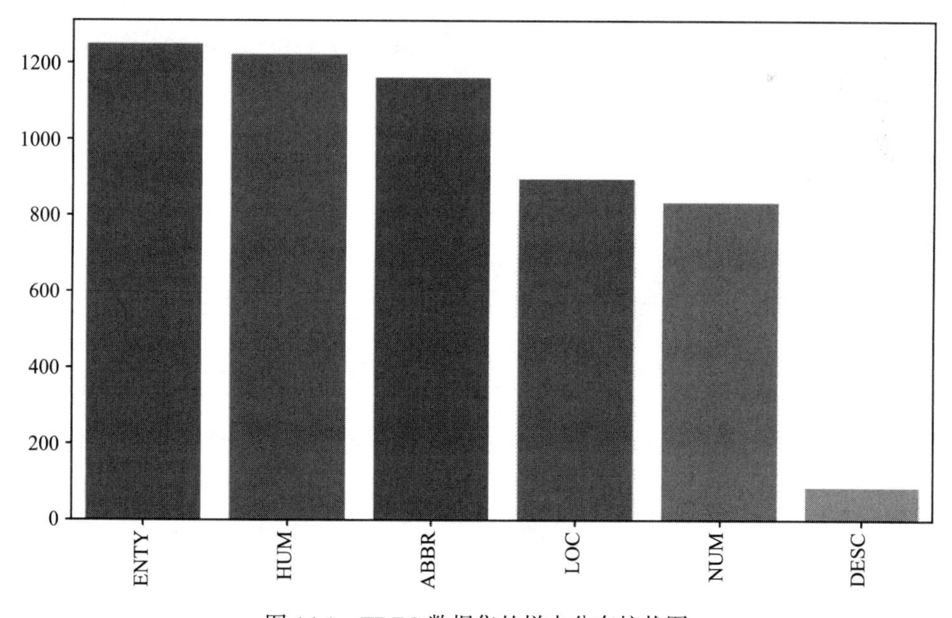

图 14.1　TREC 数据集的样本分布柱状图

如图 14.1 所示，DESC 类所包含的样本比其他类少得多，这可能会导致该类准确率过低的问题。有一些方法可以解决这个问题，这也是本章主要讨论的内容之一。但在问题出现之前，我们不会对数据做任何更改。

2. 模型初始评估

一旦完成了数据的初步探索，下一步将尝试使用数据训练一个或多个模型，并使用第 13 章中学到的一些方法来评估这些模型。

这里将使用第 13 章所介绍的 BERT 模型，在此不会重复描述模型的训练过程。然而，由于现在处理的是一个多分类问题（6 个类），而不是一个二分类问题，因此需要更改模型。下述代码给出了一个新模型：

```
def build_classifier_model():
    text_input = tf.keras.layers.Input(shape=(),
        dtype=tf.string, name='text')
    preprocessing_layer = hub.KerasLayer(
        tfhub_handle_preprocess, name='preprocessing')
    encoder_inputs = preprocessing_layer(text_input)
    encoder = hub.KerasLayer(tfhub_handle_encoder,

        trainable=True, name='BERT_encoder')
    outputs = encoder(encoder_inputs)
    net = outputs['pooled_output']
    net = tf.keras.layers.Dropout(0.1)(net)
    net = tf.keras.layers.Dense(6, activation =
        tf.keras.activations.softmax,
        name='classifier')(net)
    return tf.keras.Model(text_input, net)
```

对于这个六分类任务的模型，有两个地方需要更改：输出层有 6 个输出，对应 6 个类；输出层的激活函数是 softmax 函数，而不是二分类问题用的 sigmoid 函数。

针对这个分类任务，其他更改包括损失函数和模型度量指标，如下代码所示：

```
loss="sparse_categorical_crossentropy"
metrics = tf.metrics.CategoricalAccuracy()
```

这里定义了类别损失函数和度量函数。也可以使用其他模型度量指标，但这里使用准确率作为模型的度量指标。

正如第 13 章所做的那样，在训练模型之后，可以查看模型的最终得分。使用已选指标，如果模型不满足预定的性能指标，那么可以尝试调整超参数，或者尝试使用其他模型。这就是第 13 章所遵循的过程。第 13 章比较了三种不同模型在电影评论数据上的表现。

请注意，更大的模型可能性能更好，因此可以尝试增加模型的规模。但是，这种策略有一个限制，即当模型规模超过某个临界点时，模型将变得非常缓慢而且笨重。你可能还会观察到，继续增大模型的规模，回报率越来越小，模型的性能趋于平稳。这意味着单纯增加模型规模并不能解决所有问题。

调整模型超参数会改变模型的性能。一般来说，模型超参数空间是一个巨大的空间，无法完全搜索这个空间来寻找最优超参数。但有一些启发式方法可以用于寻找能够提高模型性能的超参数。例如，在模型训练阶段，查看每轮训练模型的损失函数值和准确率，可以帮助判断增加训练轮数是否有必要。还可以尝试调整其他超参数，例如批数据大小、学习率、优化器以及 dropout 层。

度量系统性能的另一种策略是查看数据本身。

还可以通过查看数据集中每个样本的预测概率或分类概率，来关注预测概率过低的类。接下来将继续讨论这个话题。

3. 预测概率过低的类

对于某个类，如果模型给出的类概率很小，表明模型无法以高的置信度预测此类，因此模型出错的可能性很大。为了验证这一点，以下代码使用模型来预测数据的一个子集，并查看模型给出的平均预测分数：

```
import matplotlib.pyplot as plt
import seaborn as sns

scores = [[],[],[],[],[],[]]

for text_batch, label_batch in train_ds.take(100):
    for i in range(160):
        text_to_classify = [text_batch.numpy()[i]]
        prediction = classifier_model.predict(
            text_to_classify)
        classification = np.max(prediction)
        max_index = np.argmax(prediction)
        scores[max_index].append(classification)
averages = []
for i in range(len(scores)):
    print(len(scores[i]))
    averages.append(np.average(scores[i]))
print(averages)
```

此代码遍历了 TREC 训练数据的一个子集，预测每个样本的类，将预测结果保存在 `classification` 变量中，然后将其添加到 `scores` 列表中。代码中的最后一步遍历 `scores` 列表，并输出每个类所有样本数量和预测平均分数。结果如表 14.1 所示。

表 14.1　每个类的样本数量和预测平均分数

类名称	样本数量	预测平均分数
ABBR	792	0.907 053 2
DESC	39	0.819 110 6
HUM	794	0.889 916 1
ENTY	767	0.963 887 1
LOC	584	0.976 745 2
NUM	544	0.965 173 7

从表 14.1 可看出，不同类的样本数量和预测平均概率（分数）差别很大。正如图 14.1 中所看到那样，DESC 类尤其引人注目，因为相对于其他类来说 DESC 类包含的样本数量异常少。运行以下代码来查看每个类中所有样本的预测分数的统计值：

```
def make_histogram(score_data,class_name):
    sns.histplot(score_data,bins = 100)
    plt.xlabel("probability score")
    plt.title(class_name)
    plt.show()
for i in range(len(scores)):
    make_histogram(scores[i],class_names[i])
```

观察 DESC 类和 LOC 类的分数直方图，可以看到分数都分布在右侧。LOC 类分数直方图如图 14.2 所示。

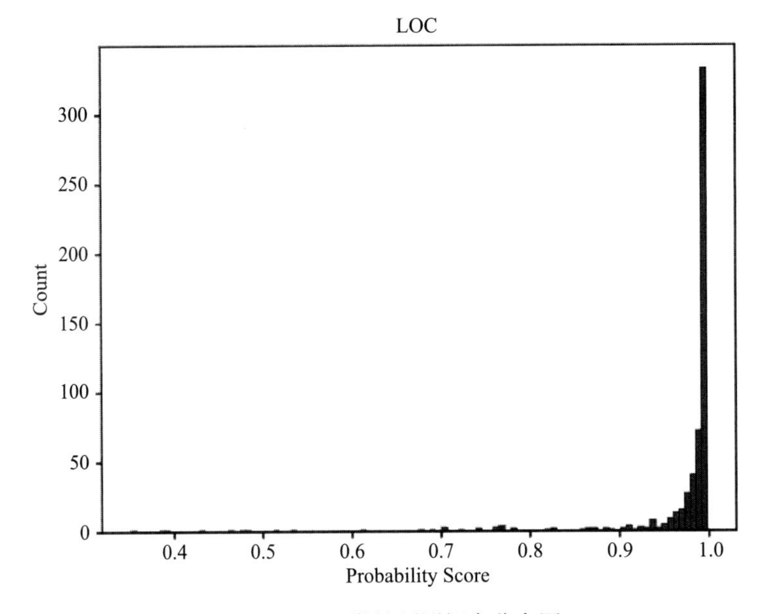

图 14.2　LOC 类的预测概率分布图

从图 14.2 可以看到，LOC 类不仅平均概率非常高（在表 14.1 中也可以看到这一点），而且小于 0.9 的概率也非常少。在部署后的应用程序中，模型预测这个类的样本可能非常准确。

从图 14.2 可以看出，LOC 类还有另外一个不那么明显的优势。在部署的交互式应用程序中，我们不希望系统给用户提供不太有信心的答案。这是因为这些答案可能是错误的，会误导用户。因此，开发人员应该定义一个概率阈值，只有当答案的分数超过这个阈值时，系统才会向用户提供答案；如果答案的分数低于阈值，那么系统应该回应用户说它不知道答案。这个阈值必须由开发人员设定。在设置这个阈值时，开发人员应该权衡给用户提供错误答案的风险和系统频繁说“我不知道”而让用户烦躁的风险。根据图 14.2 可以看出，如果将阈值设置为 0.9，那么系统不会经常说“我不知道”，这将提高用户对系统的满意程度。

让我们将图 14.2 与 `DESC` 类的直方图进行对比，`DESC` 类如图 14.3 所示。

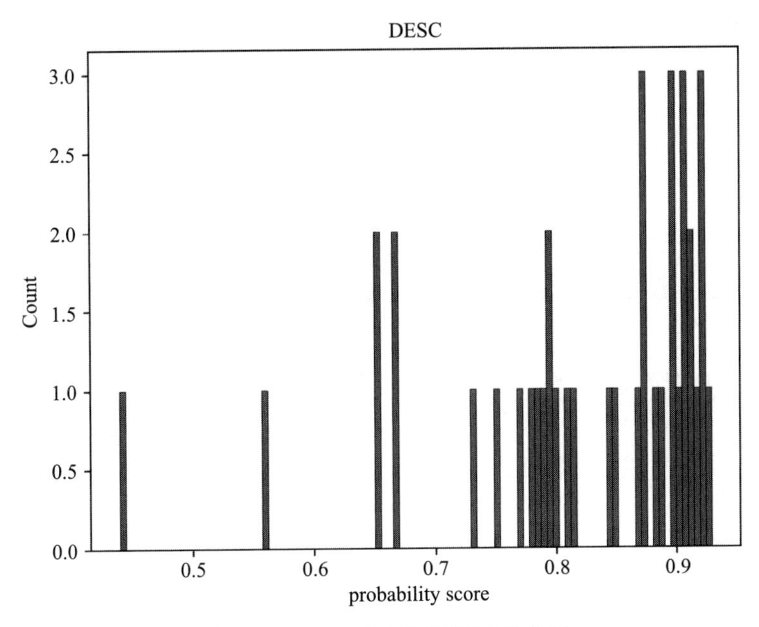

图 14.3　`DESC` 类的预测概率分布图

在图 14.3 中，许多样本的预测概率小于 0.9。如果将回答“我不知道”的阈值设置为 0.9，那么系统将会频繁回答“我不知道”。正如图 14.1 所展示的那样，`DESC` 类的样本数量比其他类小得多，这可能就是 `DESC` 类预测概率偏低的原因。显而易见，在系统部署时，`DESC` 类将会出现问题。

第 13 章介绍的混淆矩阵也可以帮助检测表现不佳的类。以下代码为 TREC 数据集生成一个混淆矩阵：

```
y_pred = classifier_model.predict(x_test)
y_pred = np.where(y_pred > .5, 1,0)
print(y_pred)
print(y_test)

predicted_classes = []
```

```
for i in range(len(y_pred)):
    max_index = np.argmax(y_pred[i])
    predicted_classes.append(max_index)
# View the results as a confusion matrix
from sklearn.metrics import confusion_
matrix,ConfusionMatrixDisplay,f1_score,classification_report
conf_matrix = confusion_matrix(y_test,predicted_classes,
    normalize=None)
```

此代码预测了测试数据每个样本的类（使用`predicted_classes`变量表示），并将其与真实类（使用`y_test`变量表示）进行比较。可以使用scikit-learn的`ConfusionMatrixDisplay`函数来显示混淆矩阵，如下所示：

```
# Displaying the confusion matrix
import matplotlib.pyplot as plt
plt.rcParams.update({'font.size': 12})

disp = ConfusionMatrixDisplay(confusion_matrix =
    conf_matrix, display_labels = class_names)
print(class_names)
disp.plot(xticks_rotation=75,cmap=plt.cm.Blues)
plt.show()
```

图14.4展示了生成的混淆矩阵。混淆矩阵告诉我们每个类被预测为其他类（包括自身）的频率。

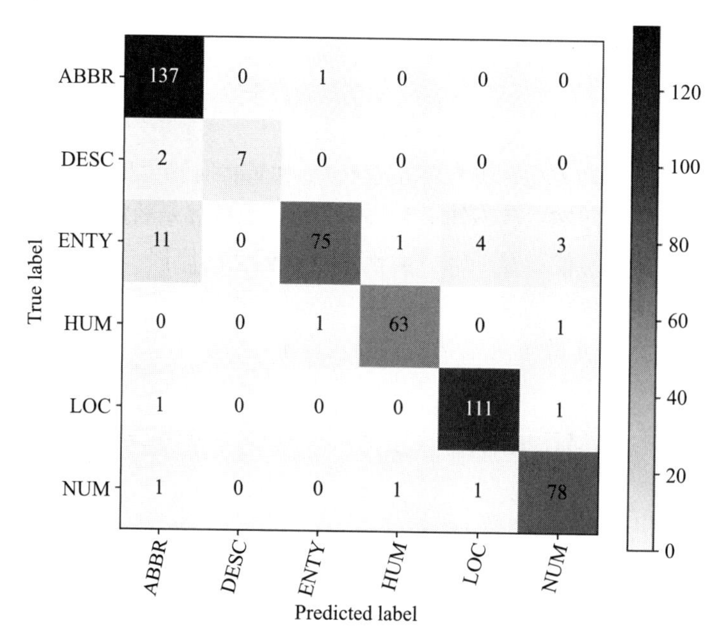

图14.4　TREC测试数据集的混淆矩阵

混淆矩阵的对角线元素表示正确预测的样本数量。例如，ABBR 被正确预测为 ABBR 的次数为 137。除此之外，还可以看到每个类的错误预测。最常见的错误是将 ENTY 错误地分类为 ABBR，共有 11 次。在这个例子中，我们并未看到明显的证据表明特定的类会相互混淆，尽管 ENTY 容易与 ABBR 混淆。

最后，可以查看分类报告，以查看每个类的精度、召回率和 F1 分数，以及整个测试数据集的预测概率平均值。分类报告中的 DESC 和 ENTY 的召回率略低于其他类的召回率，反映了这两个类中某些样本被错误地识别为 ABBR 这一事实：

```
print(classification_report(y_test, predicted_classes, target_names =
class_names))
['ABBR', 'DESC', 'ENTY', 'HUM', 'LOC', 'NUM']
              precision    recall  f1-score   support

        ABBR       0.90      0.99      0.94       138
        DESC       1.00      0.78      0.88         9
        ENTY       0.97      0.80      0.88        94
         HUM       0.97      0.97      0.97        65
         LOC       0.96      0.98      0.97       113
         NUM       0.94      0.96      0.95        81

    accuracy                           0.94       500
   macro avg       0.96      0.91      0.93       500
weighted avg       0.94      0.94      0.94       500
```

值得指出的是，系统是否能够给出足够优秀的决定，取决于开发人员的决策和应用程序类型。在某些应用程序中，系统最好给用户提供一些结果，即使结果可能是错误的；而在其他应用程序中，每个结果都需要正确，即使系统几乎总是在说“我不知道”。根据第 13 章所介绍的精度和召回率这两个概念，上述两种情况可以表述为：在某些应用程序中，召回率更为重要；而在其他情况下，精度更为重要。

如果想要提高模型在 TREC 数据上的性能，那么下一步就要寻找影响系统性能的地方，并解决系统准确率过低的问题。

14.3 解决系统准确率过低的问题

本节将使用两种策略来解决系统性能问题。第一种策略通过更改数据来解决此问题；第二种策略需要重新构造应用程序。一般来说，改变数据比较容易，因为一般都需要保持应用程序的结构不变。也就是说，如果不想删除已有类或引入新的类，那么更改数据是一个好策略。本节将首先讨论更改数据，然后讨论重构应用程序。

14.3.1　更改数据

更改数据可以极大地提高系统的性能。然而，更改数据并非永远可行。例如，如果使用的数据是一个标准数据集，而且打算与其他研究人员的工作进行比较，那么不能改变数据集。因为如果改变数据集，自己所开发的系统将无法与其他研究人员的系统进行比较。如果系统的性能不令人满意，但又不能改变数据，唯一的选择是使用不同的模型或调整模型超参数。

另外，在开发一个应用程序时，如果拥有数据集的控制权，那么改变数据集是改进系统性能的一个非常有效的方法。

许多系统性能问题都是由数据不足引起的，无论是总体数据还是特定类的数据。模型性能的其他问题可能是由数据的错误标注引起的。接下来将关注数据标注错误问题。

1. 数据标注错误

在监督学习应用程序中，系统性能较差的原因可能是数据标注错误。换而言之，数据的真实标签是错误的，系统被训练去做错误的事情。可能是标注人员不小心将一些数据的类标注错误，从而导致数据的标签错误。如果数据是训练数据，那么数据中的错误类会使模型的准确率降低；如果数据是测试数据，那么该样本的预测将不正确。

排查数据集中每个样本的标签去寻找标注错误的样本非常耗时，而且不太可能显著地提升系统性能。这是因为如果数据集足够大，这种偶发性的标签标注错误不太可能对整个系统性能产生太大的影响。然而，如果怀疑数据中错误的标注导致的系统性能变差，那么只需要查看预测置信度较低的样本，而不需要检查每个样本。可以改变14.2节所使用的代码来完成这个任务。那段代码预测了数据集中每个样本的类，计算了预测概率（分数），并计算了每个类所有样本预测概率的平均值。为了修改代码以寻找预测概率较低的样本，可以保存每个样本及其预测概率，然后在最终列表中查找那些预测概率较低的样本。鼓励读者自己完成这个练习。

另外，除了偶发性错误，数据可能还包含系统性的标注错误。系统性的标注错误可能是由于标注人员对类的理解存在差异，导致相似的样本被不同的标注人员标注为不同的类。理想情况下，在标注之前，应该为标注人员准备明确的标注指南，甚至培训课程，这样可以避免或至少减少系统性标注错误。

第5章提到的kappa统计量等工具可以度量标注人员之间的标注差异。如果kappa统计量表明标注人员之间存在较大的差异，那么需要根据标注指南重新标注这些数据。还有可能存在多个标注人员无法达成一致标注的情况。因为标注人员做出的决策过于主观，因此无论他们经过多少培训也无法达成一致。这种现象表明这个问题可能不适合用NLU技术来解决，因为这些数据可能根本就没有正确的分类。

除了标注错误之外，还可以创建一个更平衡的数据集来提高系统性能。为此，首先需要研究如何从类中添加和删除数据。

2. 从类中添加和删除数据

不同类中的样本数量差异巨大是导致模型性能不佳的常见原因。数据集不平衡反映了应用数据的实际情况。例如，一个用于检测互联网仇恨言论的应用程序所处理的数据，很可能正常言论远多于仇恨言论，但即使仇恨言论很少，检测仇恨言论仍然很重要。另一个数据不平衡的例子是关于银行的应用程序，我们会发现客户查询账户余额问题比更改账户地址问题多得多。换而言之，与查询余额相比，更改账户地址不经常发生。

有几种方法可以使每个类别的数据分布更均匀。

其中两种常用的方法是通过复制生成小类数据样本或删除大类数据[⊖]。添加数据被称为**过采样**，删除数据被称为**欠采样**。一种最简单的过采样方法是随机复制一些数据样本，并将其添加到训练数据中。类似地，可以从某个类中删除数据的样本，这种方法被称为欠采样。此外，还有其他更复杂的欠采样和过采样方法，可以在网上找到许多这些方法的讨论，例如 `https://www.kaggle.com/code/residentmario/undersampling-and-oversampling-imbalanced-data`。

欠采样和过采样很有帮助，但需要谨慎使用。例如，在 TREC 数据集中，可以尝试对五个大类数据进行欠采样，使它们的样本个数不超过 `DESC` 类样本个数，这将需要删除数百个样本。同样，可以对 `DESC` 这样的小类进行过采样，使其样本个数与大类相同，这意味着过采样后在 `DESC` 类中存在大量的重复样本。这可能会导致模型过度拟合 `DESC` 类，从而使模型难以泛化新的测试数据。

虽然欠采样和过采样可能有用，但这个解决方案并非总适用。只有当不同类样本数量差异不极端且小类也有大量样本时，过采样和欠采样才最有帮助。此外，请注意，所有类不必完全平衡，系统才能表现良好。

另一种添加数据的方法是生成新数据，我们将在下一小节讨论。

3. 生成新数据

如果数据集的某些类样本不足，或者数据集太小，那么需要生成新数据，并将生成的新数据添加到数据集中。本节将探讨以下三种新数据生成方法：

- ❑ 根据规则生成新数据
- ❑ 使用大语言模型生成新数据
- ❑ 使用众包方式生成新数据

（1）根据规则生成新数据

基于已有的数据，编写规则来生成新数据是创建新数据的方法之一。在根据规则生

⊖ 这里的小类指的是包含样本比较少的类，大类指的是包含样本比较多的类。——译者注

成新数据方面，第 8 章使用的 NLTK 库很有用。举个例子，假设正在开发一个商业聊天机器人，开发者发现需要在餐厅搜索（restaurant search）类中添加更多的数据。此时，可以写一个 CFG 规则（第 8 章介绍过）生成新数据。以下代码使用 NLTK 库的 parse 子库生成新数据：

```
from nltk.parse.generate import generate
from nltk import CFG
grammar = CFG.fromstring("""
S -> SNP VP
SNP -> Pro
VP -> V NP PP
Pro -> 'I'
NP -> Det Adj N
Det -> 'a'
N -> 'restaurant' | 'place'
V -> 'am looking for' | 'would like to find'
PP -> P Adv
P -> 'near'| 'around'
Adv -> 'here'
Adj -> 'Japanese' | 'Chinese' | 'Middle Eastern' | 'Mexican'
for sentence in generate(grammar,n = 10):
    print(" ".join(sentence))
```

请注意，NLTK 中的 CFG 的规则与上下文无关，不必对应实际语言的任何语法。例如，可以将最后一个规则命名为 Adj_Cuisine。如果计划搭配其他形容词（如 good 或 low-priced）生成句子，那么可以这样做。规则名称和规则本身对 CFG 无关紧要；唯一重要的是编写的语法要与 CFG 使用的语法一致。规则的名称和规则本身可以是任何方便生成新样本的规则。

上述代码的最后两行将根据该语法生成 10 个句子，结果如下：

```
I am looking for a Japanese restaurant near here
I am looking for a Japanese restaurant around here
I am looking for a Japanese place near here
I am looking for a Japanese place around here
I am looking for a Chinese restaurant near here
I am looking for a Chinese restaurant around here
I am looking for a Chinese place near here
I am looking for a Chinese place around here
I am looking for a Middle Eastern restaurant near here
I am looking for a Middle Eastern restaurant around here
```

如果想根据这些规则生成所有可能的句子，需要省略 n=10 这个参数设置。

这种方法能够快速生成大量的句子，但正如所看到的那样，这些句子大部分几乎重复。这是因为 NLTK 的 generate 方法生成所有符合语法的句子。将大量几乎重复的句子添加到训练数据中会导致模型过拟合这些句子，从而可能使模型更难以识别其他表达方式。为了生成更加多样性的句子，可以首先使用 NLTK 的 CFG 编写更加多样性的规则，然后生成遵循这些规则的句子，最后随机选择生成的句子，并将这些句子添加到训练数据集中。

使用**大语言模型**生成新样本是另一种有用且简单的方法。接下来将讨论如何使用大语言模型生成新样本。

（2）使用大语言模型生成新数据

另一种获取更多训练数据的方法为使用在线大语言模型，如 ChatGPT。要求大语言模型生成训练数据非常容易。例如，假设给 ChatGPT 输入以下提示：

"*generate 20 requests to find local restaurants of different cuisines and price ranges*"

ChatGPT（`chat.openai.com/chat`）将生成如图 14.5 所示的答案。

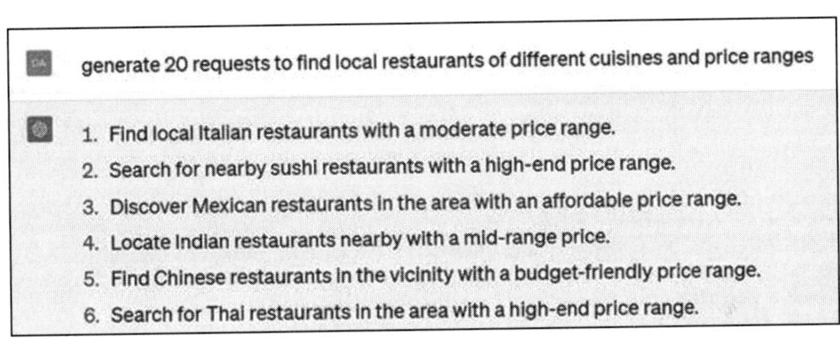

图 14.5 ChatGPT 生成的餐厅搜索问题（为简洁起见，并没有显示所有结果）

可以看出，这些句子比 NLTK `generate` 方法生成的句子的重复性要少得多。在 ChatGPT 的提示中，还可以限制问题的风格，例如，可以要求 ChatGPT 生成口语化的句子。图 14.6 展示了 ChatGPT 生成的口语化的问题。

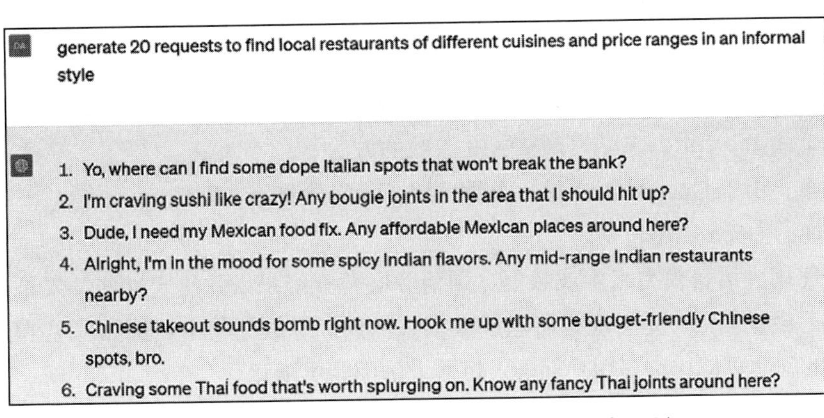

图 14.6 ChatGPT 生成的口语化的餐厅搜索问题

还可以更改 ChatGPT API 提供的温度参数来控制 ChatGPT 回复文本之间的差异。一般来说，设置参数在 0 ～ 2 之间。设置参数为 0 意味着 ChatGPT 针对同一个问题产生的多个回复区别不大。设置更大的参数意味着 ChatGPT 针对同一个问题产生的多个回复更具有多样性。

在 ChatGPT 中，温度参数较小意味着模型选择高概率词作为下一个词，而温度参数较大意味着模型有可能选择低概率词作为下一个词。使用较大的温度参数，生成的结果具有丰富的多样性，但其中一些文本可能没有意义。图 14.7 展示了如何在 ChatGPT API 中设置温度参数。

```
1  import os
2  import openai
3  openai.api_key = OPENAIKEY
4
5  completion = openai.ChatCompletion.create(
6    model="gpt-3.5-turbo",
7      temperature=1.5,
8    messages=[
9      {"role": "user", "content": "generate 6 ways of asking for local restaurants of different cusines and price ranges"}
10   ]
11 )
12
13 result = completion.choices[0].message
14 result_content = result.get("content")
15 print(result_content)
16
```

```
1. "Can you recommend a good Italian restaurant that's not too expensive around here?"
2. "Are there any Thai restaurants that you would suggest trying in this area?"
3. "Could you point us in the direction of a steakhouse in town that won't break the bank?"
4. "We're looking for a Mexican restaurant with authentic cuisine. Any suggestions?"
5. "Do you know of any seafood restaurants that are a reasonable price nearby?"
6. "Where would you recommend going for some upscale dining? Possibly French cuisine."
```

图 14.7　使用 OpenAI API 设置 ChatGPT 的温度参数

图 14.7 中的代码将 `temperature` 参数设置为 `1.5`，这使 ChatGPT 生成一组具有多样性的结果。可以在图 14.7 的底部看到生成的结果。此外，代码还将 `model` 参数设置为 `gpt-3.5-turbo`，并设置 `messages` 参数为要发送的消息。如果你对调整 API 的其他参数感兴趣，可以查看 OpenAI API 的官方文档（`https://platform.openai.com/docs/api-reference`）学习调整 API 参数的方法。

请注意，由于 OpenAI API 是一个付费服务，需要将第 3 行的 `openai.api_key` 变量设置为你的 OpenAI 用户密码。

如果使用大语言模型来生成数据，则请务必检查结果，并决定这些结果是否代表了用户实际上会说的话，是否应该将这些数据添加到训练数据集中。例如，图 14.6 中的一些口语化的问题可能比许多用户问聊天机器人的问题更随意。

向代表性不足的类添加新数据的最后一种方法是雇用众包工人来创建数据。

（3）众包生成新数据

雇用数据标注人员创建数据耗时而且昂贵，具体取决于需要多少数据以及数据的复杂程度。尽管如此，如果没有其他方法获得足够的数据，那么人工产生数据也是一个选择。

当然，可以组合使用本书所介绍的数据生成方法（基于规则的方法、基于大语言模型的方法和人工产生数据方法），并不要求新训练的数据都必须来自单一渠道。

另一种类似于改变数据的方法是改变应用程序本身，这将在 14.3.2 节进行讨论。

14.3.2　重构应用程序

在某些情况下，针对模型预测某些类性能差的问题，最佳的解决方案是重构应用程序。但重构应用程序或更改数据集的结构有时并不适用。例如，在科研领域某个数据集被用于比较不同科研团队提出的方法，此时不能改变数据，因为要确保不同科研团队使用具有相同结构的数据集，使结果具有可比性。

如果确实有改变应用程序的自由度，那么可以添加、删除或者合并表现不佳的类。这可以极大地提高应用程序的整体性能。接下来我们通过一个需要重构的示例来学习各种重构方法。

1. 可视化需要重组的类

通过数据集的可视化，通常可以发现模型潜在的性能问题。有两种方式可以用来可视化数据集中类别样本之间的相似程度。

首先，图 14.4 所示的混淆矩阵展示了哪些类的样本是相似的，哪些类的样本容易混淆。从图 14.4 中可以看到 ENTY 和 DESC 类经常与 ABBR 类混淆。为了解决这个问题，可能需要向这些类中添加更多的数据，如 14.3.1 节所讨论的那样，或者也可以考虑重构应用程序，我们接下来将进行详细讨论。

第二种可视化方法是第 12 章所介绍的主题建模法。主题建模用于检查应用程序是否存在结构问题。

图 14.8 显示了使用第 12 章所介绍的 **Sentence Bert** 和 **BERTopic** 对人工构建的数据集进行聚类的结果，这个数据集包含四个类。可以看出这个数据集存在一些问题。

首先，**类 1**（图中用圆形表示的点）的样本似乎聚类成两个不同的簇，一个簇以点（0.5,0.5）为中心，另一个簇以点（0.5,1.75）为中心。如果这两个簇确实如此不同，那么似乎不太应该将它们都归为同一类。这种情况下，**类 1** 可能需要拆分，目前类 1 中的样本应该被分成两个类，甚至可能是三个类。

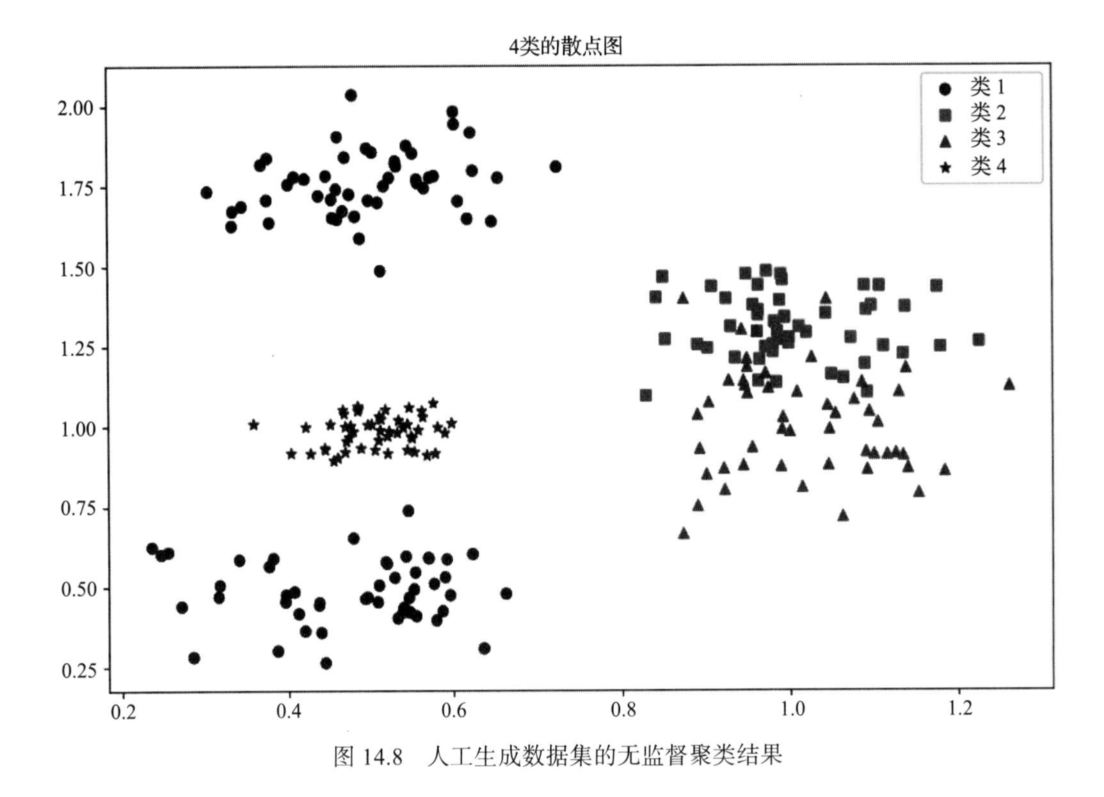

图 14.8　人工生成数据集的无监督聚类结果

图 14.8 中的**类 2**（图中用正方形表示的点）和**类 3**（图中用三角形表示的点），似乎也存在问题。尽管这两类点没有完全混合，但也没有完全分开。由于这两个类相似，因此这两个类中的某些样本可能会被错误地分类。对于**类 2** 和**类 3** 这样存在样本重叠的类，如果两个类在语义上相似，那么可以将它们合并为一个类；如果在语义上不相似，那么可以向其中一个类或两个类添加更多的样本。最后，**类 4**（图中用星号表示的点）的样本非常紧凑，并且与其他类的样本都不重叠。因此，**类 4** 不需要做任何调整。

现在，我们将探讨三种应用程序重组方法，包括合并类、分裂类和定义新类。

2. 合并类

那些样本数量明显小于其他类的类可以与语义相似的类进行合并，尤其这两个类经常因语义相似而混淆。这通常是一个明智的策略，因为在许多实际应用中，有些类不经常出现。但与前面提到的仇恨言论例子不同，通常区分类之间的微小差异并不至关重要。当然，这只适用于多类问题，即有两个以上类的问题，因为不可能将二分类问题中的两个类合并。

在某些情况下，可以将一个类的所有数据添加到另一个类中，从而完成类合并。这是一种最简单的数据重构。如果新的结构太复杂，例如涉及添加新的槽标签，则可以采用稍微复杂的类合并方法。例如，图 14.8 中的类 2 和类 3 实际上可能并没有实质性的差异，因此没有必要将它们分成不同的类。

举例来说，假设我们正在开发一个通用的语音助手应用程序，该应用程序可以处理不同类的问题，包括播放音乐、寻找餐厅、获取天气预报、查找书店和查找银行等。可能会发现，餐厅搜索的数据比查找书店的数据要多得多，因此，查找书店经常与寻找餐厅混淆。在这种情况下，应该考虑是否将所有涉及“查找”的类合并为一个更大的类。这个更大的类可以被命名为“本地商家搜索”，其中“书店”“餐厅”和“银行”被视为槽标签，正如第 9 章所讨论的那样。

另一种策略是将图 14.5 中的类 1 这样的类分成两个不同的类。接下来将讨论分裂类。

3. 分裂类

有时，如果一个类中的样本呈现出两个或多个明显的簇，且各个簇之间存在系统性差异，那么将这个大类分裂成多个小类是合理的。如果难以根据类中的样本来确定新类的名称，那么可以借助 BERTopic 等工具，这些工具可以给出新类名称的建议。不幸的是，与合并类不同，分裂类需要为新类中的样本进行重新标注。虽然重新标注工作量很大，但如果必须将一个大类分裂为多个更有意义的小类，那么分裂和重新标注是有必要的。

4. 增加一个“其他”类

增加一个“其他”类是一种合并类的策略。如果存在几个小类，而且没有足够的训练数据训练模型对其进行可靠的分类，那么将它们合并为一个名为“其他”的类是一个好办法。也就是说，“其他”类包含了那些不适合任何类的样本。这种方法的一个成功应用是电话语音自助服务中的转接“其他”服务。

在这个应用程序中，有时呼叫的电话有数百种类。几乎在每一种此类应用程序中，都存在一些不常见的类，其数据量明显少于其他类。在这种情况下，最好不要试图识别这些类，因为可用的数据过少，准确识别这些类非常困难。一个更明智的策略是将这些类合并为一个“其他”类中。尽管这个类中的样本不会非常相似，系统很难识别“其他”类中的样本，但合并为“其他”类将防止这些样本降低系统的整体准确率。如何处理“其他”类中的样本取决于具体的应用程序目标，处理方法包括人工处理（例如，人工客服处理）或简单地告知用户系统无法回答他们的问题。

在解决了初步开发阶段模型的准确率问题后，下一步需要关注系统部署时涉及的问题。

14.4 系统部署

如果已经修复了到目前为止所讨论的系统性能问题，那么就能训练出一个满足性能要求的模型，然后可以部署模型，即安装系统并使系统完成预设的任务。与任何软件系统一样，已部署的 NLU 模型可能存在一些系统或硬件问题，例如网络问题、大规模部署带来的问题以及常见的软件问题。本书不会讨论这类问题，因为这些问题是软件部署时的通用问题，并非 NLU 独有。

14.5 节将讨论部署后 NLU 模型出现的性能问题，以及如何解决这些问题的注意事项。

14.5　部署之后的问题

当完成了 NLU 系统的开发并将其应用于应用程序后，仍然需要监控 NLU 系统。一般系统的性能达到了可接受水平并且已经部署完毕，人们可能不会再关注此系统，但事实并非如此。至少，已部署的系统将持续接收新的数据，而这些新数据在某种程度上可能与训练数据不同，从而可能会对现有系统构成挑战。另外，如果新数据与训练数据不存在差异，那么可以将新数据作为新的训练数据。最好在内部测试时主动检测模型性能问题，而不是等到客户提出负面反馈才意识到模型的性能出现了问题。

从宏观角度来看，可以将模型的性能问题归结于两个因素：系统自身发生变化，或者系统部署环境发生变化。

在新系统部署之前，需要进行系统测试，以检测是否存在由系统改变导致的系统性能变化。这种测试与任何软件部署前都必须进行的测试类似，因此本书不会详细介绍测试过程。通过系统版本控制，可以检测系统性能是否发生变化。在每次更改系统版本后，都需要使用相同的数据和指标对模型进行评估，以检测模型性能是否下降。这对于及时发现系统性能的变化以及记录系统性能的改进都非常有帮助。

与任何使用机器学习的系统一样，新数据可能会给 NLU 系统带来问题，因为新数据在某些方面与训练数据显著不同。这种差异通常是由部署环境的变化造成的。

部署环境的变化是什么意思？部署环境是指除了 NLU 系统之外，与应用程序有关的一切信息。具体来说，部署环境包括用户信息、用户所在地人口统计数据、用户地理位置、后端提供的信息，甚至包括当时世界的信息，如天气等。这些信息中的任何一个都可能改变应用程序所处理文本的特征。这些变化可能使训练数据和正在处理的新数据不一致，从而导致系统性能下降。

一些部署环境的变化是可以预测的。例如，一家公司推出了一款新产品，对于聊天机器人、语音助手或电子邮件来说，这将引入一个需要识别的新词汇，因为客户将会谈论这个产品。最佳的做法是使用包含新产品名称的数据重新评估系统的性能，并决定是否要添加新数据并重新训练系统。

另外，有些变化是无法预测的，例如，COVID-19 大流行引入了许多新词汇和新概念，因此，许多医疗或公共卫生领域的 NLU 应用程序需要重新训练。因为一些系统部署环境的变化是无法预测的，所以一个明智的做法是定期使用从部署中获得的新数据评估系统的性能。

14.6　本章小结

本章介绍了一些提高 NLU 应用程序性能的关键策略。首先，我们探讨了如何对数据进行初步探索，以识别训练数据潜在的问题。然后，我们探讨了如何发现模型准确率过低的问题。接下来，我们提供了提高系统性能的策略，即添加数据和重构应用程序。最后，我们探讨了已部署的应用程序可能会出现的问题，以及如何解决这些问题。

第 15 章将概述本书内容并展望未来。届时将讨论 NLU 领域潜在的发展方向，以及模型的快速训练和更具挑战性的应用程序。随着大语言模型的广泛应用，我们也将展望 NLU 技术未来的无限可能性。

CHAPTER 15

第 15 章 总结与展望

本章将总结本书，并展望**自然语言理解**技术的未来。本章将探讨 NLU 领域具有潜力和改进余地的方向，包括模型性能的提升、更快的训练速度、更具挑战性的应用程序，以及 NLU 研究与应用的未来发展方向。

本章将介绍以下内容：

- 本书概述
- 更高的准确率和更快的训练速度
- 超越当前技术水平的应用程序
- 自然语言理解未来发展方向

15.1 本书概述

本书涵盖了 NLU 的基础知识。NLU 技术使计算机能够处理自然语言，这项技术可以用于各种实际的应用程序。

本书的目标是为 Python 开发人员提供坚实的 NLU 基础知识。具备本书所提供的 NLU 基础知识，你在开发应用程序时不仅能够选择正确的工具和软件库，而且还能够熟练使用互联网上的资源。当开发更高级的项目时，这些知识和资源会拓展你的知识、提升你的技能、帮助你跟上这个快速发展的领域、掌握不断推陈出新的工具。

本书主要探讨了三个主题：

- 第一部分介绍了 NLU 的背景以及如何开始一个 NLU 项目。
- 第二部分探讨了完成 NLU 任务所需要使用的 Python 工具和相关技术。

❑ 第三部分讨论了在管理和部署 NLU 应用程序时应该考虑的因素。

本书内容的顺序对应一个典型 NLU 项目的开发流程：从最初的想法开始，然后是系统的开发与测试，最后进行应用程序的微调与部署。图 15.1 展示了本书的内容。

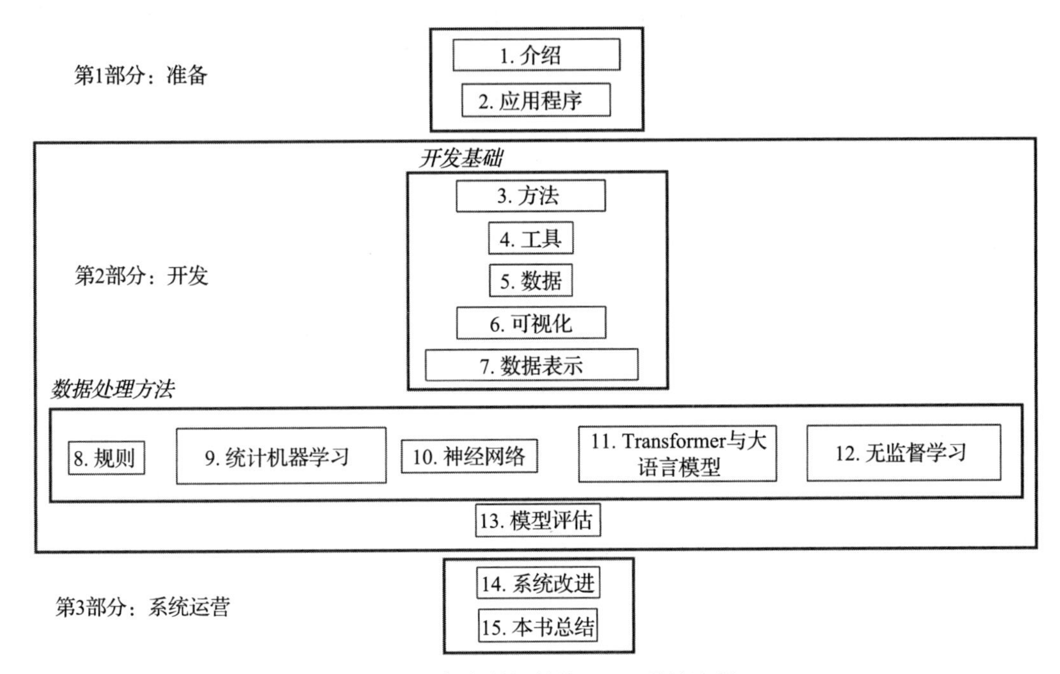

图 15.1 本书所涵盖的 NLU 项目流程

第一部分介绍了 NLU 领域的常见技术，以及 NLU 技术适用的任务类型。

第二部分首先介绍了 NLU 应用程序常用的工具与技术，包括软件开发工具、数据可视化方法和表示 NLU 数据的方法。然后，第 8 章～第 12 章介绍了 5 种自然语言处理方法，包括基于规则的方法、传统机器学习算法、神经网络、Transformer 和无监督学习算法。掌握这些知识不但让你具备 NLU 算法基础，还帮助你学习本书未提及的最新 NLU 技术。第二部分最后介绍了模型的评估。对于 NLU 的实际部署和学术研究，模型评估都至关重要。第 13 章列举了各种重要的 NLU 评估方法。掌握这些模型评估方法会帮助你评估自己的 NLU 项目。

第三部分探讨了系统实际应用时涉及的问题，并重点关注了（特别是在第 14 章）在系统部署前和部署后提高系统性能的方法。

如果你从事 NLU 相关的工作，那么你会发现 NLU 领域仍然存在许多挑战，尽管最新的**大语言模型**已经极大地提高了 NLU 系统在许多任务上的性能。

接下来的两节将探讨 NLU 领域中一些具有挑战性的问题。首先讨论如何提高模型训练速度和模型准确率这两个重要问题，然后讨论该领域其他需要改进的地方。

15.2　更高的准确率和更快的训练速度

第 13 章开头列举了几个可以用于评估 NLU 系统的准则。人们通常首先想到的准则是准确率，即给系统提供一个输入，系统是否能够提供一个正确的答案。虽然在特定的应用程序中，其他准则可能会优于准确率，但准确率必不可少。

15.2.1　更高的准确率

正如在第 13 章所提到的，即使作为最好的 NLU 系统，BERT 模型在电影评论数据集上的 F1 分数也仅为 0.85，这意味着 15% 的分类结果不正确。目前，最先进的大语言模型在电影评论数据集上的准确率为 0.93，这意味着系统仍然做出许多错误分类结果（SiYu Ding，Junyuan Shang，Shuohuan Wang，Yu Sun，Hao Tian，Hua Wu，and Haifeng Wang. 2021. *ERNIE-Doc：A Retrospective Long-Document Modeling Transformer*）。因此，我们可以看到在提升系统准确率方面仍然有很大的提升空间。

大语言模型代表了 NLU 技术的最新水平。然而，关于最新大语言模型的预测准确率的研究并不多，因此很难准确量化这些大语言模型的性能。在一项具有挑战性的医疗信息处理任务中，医生评估了 ChatGPT 的回答的准确率，发现 ChatGPT 的回答总体上非常准确，平均得分为 4.6 分［Johnson，D.，et al.（2023）. *Assessing the Accuracy and Reliability of AI-Generated Medical Responses：An Evaluation of the Chat-GPT Model.* Research Square，rs.3.rs-2566942. https://doi.org/10.21203/rs.3.rs-2566942/v1］。然而，大语言模型仍然犯了许多错误，论文作者强调了医生审查 ChatGPT 提供的医疗建议的重要性，总的来说，在目前的 NLU 技术水平下，任何大语言模型都是如此。

更高的准确率一直是 NLU 追求的目标。为了实现更高的准确率，未来需要开发更大的预训练模型和更有效的微调技术。由于研究广泛而深入，因此大语种大语言模型具有较高的性能。将大语种大语言模型的高性能迁移到小语种大语言模型也需要大量的工作。

15.2.2　更快的训练速度

从本书前面章节可知，从零开始训练一个 NLU 模型或微调大语言模型并不需要花费太多时间，通常为几个小时。本书有意选择较小的数据集，以便可以在较短时间内获得训练反馈。即使是一个较大的实际问题，训练时间也不会超过几天。尽管如此，训练一个大语言模型也是一个耗时过程。在一个包含了 3000 亿个 token 的训练数据集上，使用英伟达 V100 GPU 训练一个 GPT-3 模型估计耗时 355 年。在实践中，通常在多个 GPU 上并行运行训练模型（https://lambdalabs.com/blog/demystifying-gpt-3）。尽管如此，训练大语言模型仍然需要巨大的算力和高昂的成本。

由于大多数预训练模型是由具有大量算力的大公司训练的，而不是由小组织或研究人员训练的，因此大模型的长时间训练不会直接影响大多数人，因为大多数个人使用大公司开发的预训练模型。然而，人们会间接地受到大模型长时间训练的影响，因为过长的训练时间会影响到模型的发布速度。

除了提高模型的准确率和训练速度，NLU 技术还有许多其他地方需要改进。我们将在 15.2.3 节中讨论这些需要改进的地方。

15.2.3　其他需要改进的地方

本节将探讨在实际工程方面 NLU 技术需要改进的地方，例如加快开发速度、在系统开发和运行期间减少所需要计算机的数量。本小结所讨论的主题包含小模型、小规模微调数据和模型的可解释性。

1. 小模型

第 11 章和第 13 章介绍的 BERT 模型相对较小。选择小模型的一个原因是模型下载和模型微调耗时较少。然而，根据经验，大模型通常比小模型更准确。尽管如此，不能总使用大模型，因为有些模型过大以至于无法在单个 GPU 上进行微调，如 TensorFlow 网站指出的那样（`https://colab.research.google.com/github/tensorflow/text/blob/master/docs/tutorials/classify_text_with_bert.ipynb#scrollTo=dX8FtlpGJRE6`）。一般来说模型越大准确率越高。如果小模型也具有较高的准确率，那么这个小模型将非常有用。此外，大模型不适用于资源受限的设备，例如手机、智能手表等。因此，减小模型的规模是 NLU 领域的一个重要的研究方向。

2. 小规模微调数据

对于大多数使用预训练模型的 NLU 应用程序，需要使用指定的应用数据对预训练模型进行微调。第 11 章和第 13 章介绍了模型微调过程。显而易见，减少微调数据量会减少模型微调时间。例如，在讨论 GPT-3 微调时，OpenAI 表示，“用于微调的训练样本越多越好。我们建议至少有几百个样本。通常来说，我们发现训练数据集的大小每增加一倍，模型性能就会线性增加”（`https://platform.openai.com/docs/guides/fine-tuning`）。正如第 5 章中所提到的那样，收集和标注数据耗时且昂贵，因此我们希望所需要的微调数据越少越好。

3. 模型的可解释性

在大多数情况下，基于机器学习的 NLU 系统只给出一个数字作为结果，例如输入文本属于正确类别的概率。不管系统给出的结果正确与否，没有一个简单的方法来理解这个系统是如何得到这个结果的。如果结果是错误的，那么可以尝试通过添加更多的数据、调整超参数，或者使用第 14 章中所提到的方法来改进模型，但很难准确理解系统为什么会给出错误的结果。

相比之下，如果一个基于规则的系统——例如第 8 章所讨论的系统——出现了错误，通常这个错误可以追溯到一个不正确的规则，这意味着这个错误是可以修复的。然而，由于目前几乎所有的系统都是基于机器学习方法而非规则方法，因此很难理解系统是如何得到结果的。然而，对于用户来说，了解系统如何得到结果通常非常重要。如果用户不理解系统如何得出结果，那么他们可能不会信任系统。如果系统提供一个用户不理解的答案，那么即使答案正确也会破坏用户对系统的信心。因此，一般来说，NLU 和人工智能的可解释性是一个重要的研究课题。请阅读网页 https://en.wikipedia.org/wiki/Explainable_artificial_intelligence 了解更多关于模型可解释性的知识。

4. 信息的时效性

第 14 章讨论了系统部署环境变化导致的系统错误。新产品、新电影、重大新闻事件的出现都可能导致系统不知道用户所提问题的答案，甚至给出错误的答案。由于大语言模型训练时间较长，因此它们特别容易因世界信息的变化而出错。

例如，ChatGPT 的知识截止日期为 2021 年 9 月[⊖]，这意味着它不知道在此之后发生的事情。正因如此，ChatGPT 可能会犯如图 15.2 所示的错误，图 15.2 中 ChatGPT 说英国的现任君主是伊丽莎白二世。这一说法在 2021 年 9 月是正确的，但目前已不再正确。

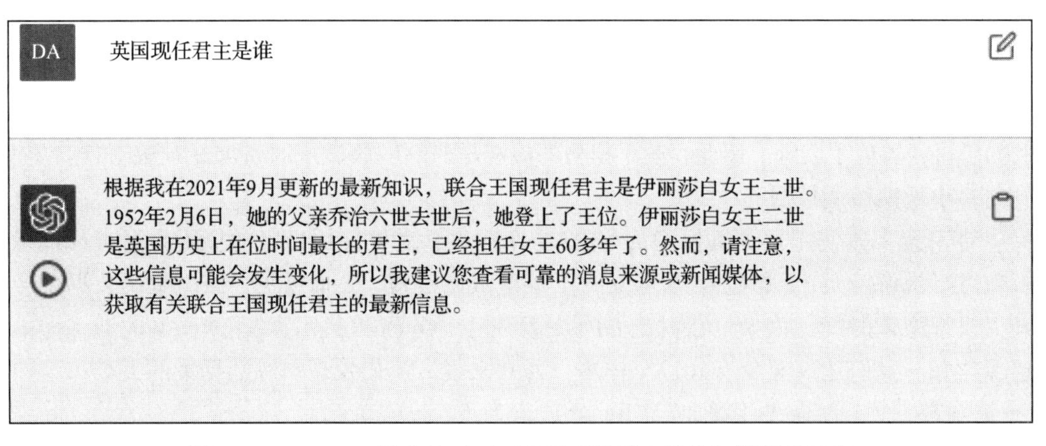

图 15.2　ChatGPT 给出的对于“英国现任君主是谁”问题的答案

尽管 ChatGPT 承认其信息已经过时，但是如果系统部署环境发生了某些变化，这种时效性的缺乏会导致系统出错。如果你正在开发自己的应用程序，而且在部署系统时信息发生了变化，那么可以使用新数据从头开始重新训练系统，或者向现有模型中添加新数据。但是，如果你正在使用基于云的大语言模型，那么应该意识到模型提供的信息

⊖ OpenAI 在 2023 年 9 月更新了 ChatGPT，使其知识永远保持最新。——译者注

可能已经过时。请注意，不同的大语言模型所使用知识的截止时间不同。例如，谷歌的 Bard 系统就能够正确回答图 15.2 所提出的问题。

如果应用程序使用大语言模型并需要访问实时信息，那么应该验证系统是否定期更新。

15.3 节将探讨未来可能实现的一些 NLU 前沿应用程序。

15.3　超越当前技术水平的应用程序

本节将探讨一些尚不可实现但理论上可行的应用程序。在某些情况下，如果有合适的训练数据和计算资源，可能可以实现这些应用程序。在其他情况下，可能需要一些新的算法和思路。思考一下这些应用程序在未来会如何实现也是一件非常有趣的事情。

15.3.1　处理长文档

当前的大语言模型对输入文本（或提示）的长度有限制，通常要求长度较短。例如，GPT-4 只能处理包含最多 8192 个 token 的文本（https://platform.openai.Com/docs/models/gpt-4），这大约是 16 页单倍行距的文本。很显然，这意味当前的大语言模型无法处理长文档。如果要求完成一个典型的文本分类任务，那么可以训练一个模型，例如使用词频逆文档频率作为文本的特征，可以训练一个传统模型对长文档进行分类，但大规模预训练模型无法输入太长的文档。

在这种情况下，如果使用传统模型，那么此时对输入文本的长度没有限制，但丧失了大语言模型的优势。有一些新研发的系统，例如 Longformer，通过高效地利用计算资源，也能够处理长文档。如果你有处理长文档的需求，那么有必要研究如何使用这种模型。

15.3.2　理解和创建视频

要理解视频，系统需要能够理解图像和音频，并将它们相互关联。如果系统在视频的早期学习到某人的名字，而且这个人在视频的后期又出现了，那么系统应该能够识别出这个人，并给出这个人的名字。系统还能够完成电影自动脚本转录，并添加诸如“角色 X 微笑”之类的文本。对于人类来说，这并不是一项非常困难的任务，因为人类非常擅长识别以前见过的人，但对系统来说，这是非常困难的。虽然系统识别图像中人的能力相当好，但识别视频中人的能力就比较弱。与理解视频相比，生成视频似乎是一项更容易的任务。例如，目前有一些系统可以根据文本生成视频，例如 Meta 开发的系统（https://ai.facebook.com/blog/generate-ai-text-to-video/），尽管这些视频看起来还不够好。

15.3.3 翻译和生成手语

理解视频的一个应用是理解手语，如理解美国手语，并将其翻译成口语。类似地，也可以使用系统将口语翻译成手语。口语与手语之间相互翻译大大降低了手语使用者和口语使用者之间交流的难度。在手语翻译和生成领域，已经有了一些探索性的研究。

例如，有一项研究工作（https://abdulhaim.github.io/6.S198-Assignments/final_project.html）使用**卷积神经网络**解释阿根廷手语。这是一个有趣的用于概念验证的实验，只适用于阿根廷手语中的64种手势。事实上，实际使用的手语有数千种，因此处理64种手势只是一个小规模的示范实验，用于证明手语自动翻译的可行性。

此外，这项研究只使用手部姿势来识别手语，而实际上，也可以通过身体其他姿势来识别手语。还需要更多的工作来证明自动手语翻译的可行性和实用性。更多的手语数据集也将推进自动手语翻译技术的发展。

15.3.4 创作引人入胜的小说

如果使用过ChatGPT或其他大语言模型，那么你可能会注意到大语言模型的写作风格相当乏味无聊。这是因为训练数据是互联网上的文本数据和其他来源的文本数据，没有办法使ChatGPT具有训练数据之外的创造性。另一方面，引人入胜的小说是独特的，通常包含以前从未在文学作品中出现过的场面和情节。

举个例子，图15.3展示了珀西·比希·雪莱（Percy Bysshe Shelley）创作的著名英语诗歌《致云雀》的一部分。

致云雀

珀西·比希·雪莱

你好啊，欢乐的精灵！
你似乎从不是飞禽，
从天堂或天堂的邻边，
以酣畅淋漓的乐音，不事雕琢的艺术，
倾吐你的衷心。
向上，再向高处飞翔，
从地面你一跃而起，
像一片烈火的轻云，
掠过蔚蓝的天心，
永远歌唱着飞翔，飞翔着歌唱。

图15.3 珀西·比希·雪莱的诗歌《致云雀》（1820）节选

这首诗使用了一些新颖的修辞手法，例如将鸟儿比作“烈火的轻云”，并用“蔚蓝的天心”描绘天空，这在文学作品中独具创意。

图 15.4 给出了 ChatGPT 生成的诗。与雪莱的诗相比，当要求 ChatGPT 写一首关于云雀在天空中飞翔的诗时，ChatGPT 生成的诗平淡无奇、缺乏独创性，并包含诸如“无垠的天空 ”和“高耸入云”之类较为平淡的词语。

DA
用50个词，用诗意的方式描述一只云雀飞向天空

在无垠的天空中，一只云雀在飞翔，
它的旋律超越了视线的境界。
带着优雅和自由，高耸入云，
象征着梦想伸向天空。

图 15.4　ChatGPT 生成的关于云雀的诗

让我们思考一下如何训练一个大语言模型使其学习生成高质量的诗歌或有趣的小说。如果遵循标准 NLU 开发范式从训练数据中学习，那么要求 NLU 系统创作引人入胜的小说需要一个既包含引人入胜的小说也包含索然无味小说的数据集，以让模型从此数据集中学习。另外，可能还需要识别引人入胜的写作特征（例如，频繁使用动词、避免使用被动语态等），这些特征可以用于训练系统生成高质量的文本或评估生成的文本。要理解我们离这种应用还有多远，可以考虑一下 NLU 系统需要具备哪些能力才能写出具有深度的图书评论。系统必须熟悉作者的其他著作、相似类型的书籍、书中提到的相关历史事件，甚至是作者的传记等。然后，系统需要把所有这些知识整合到一起，撰写一篇关于这本书的简明分析。所有这些看起来都相当困难。

15.4 节将介绍当前正在研究、与现实更近的应用。我们有望在接下来的几年内看到这些应用大幅度的进步。

15.4　自然语言理解未来发展方向

虽然最近基于 Transformer 和大语言模型的 NLU 技术取得了令人瞩目的进展（如第 11 章所述），但需要指出的是，NLU 领域还有许多尚未解决的问题。本节将介绍一些最活跃的研究领域，包括将 NLU 扩展到新语言、语音到语音翻译、多模态交互和偏见消除等。

15.4.1　将自然语言理解技术扩展到新语言中

目前难以精确统计全球人类使用的语言种类。然而，根据 *WorldData.info* 的数据，目前全球大约有 6500 种语言（https://www.worlddata.info/languages/index.php#:~:text=There%20are%20currently%20around%206%2C500,of%20Asia%2C%20Australia%20and%20Oceania）。有些语言，如普通话、英语、西班牙语和印地语，有数百万使用者，而其他语言只有很少的使用者，甚至面临灭绝的风险（可以在网站 https://en.wikipedia.org/wiki/List_of_endangered_languages_in_North_America 查看北美濒危语言列表）。

拥有数百万使用者的语言通常在经济上比使用者较少的语言更重要，因此，这些语言的 NLU 技术通常比小众语言先进得多。回想一下第 11 章对大语言模型的讨论，训练一个像 BERT 模型或 GPT-3 这样的大语言模型需要耗费大量的时间和金钱，以及大量的文本数据。将这个训练过程应用于成千上万种语言不切实际。因此，研究人员一直在研究如何将大语种大语言模型扩展到小语种语言。

这是一个非常活跃的研究领域，对 NLU 技术提出了许多挑战。例如，一个挑战是模型如何在适应新语言时不会忘记原始语言的信息，这个遗忘过程被称为**灾难性遗忘**。

> **引用**
>
> 以下这篇论文研究了如何将大语言模型迁移到新语言上：
>
> Cahyawijaya, S., Lovenia, H., Yu, T., Chung, W., & Fung, P.（2023）. *Instruct-Align: Teaching Novel Languages with to LLMs through Alignment-based Cross-Lingual Instruction*. arXiv preprint arXiv: 2305.13627. https://arxiv.org/abs/2305.13627.

15.4.2　实时语音到语音翻译

对于前往外国旅行的人，特别是不懂或不太懂当地语言的人，交流可能是一项非常令人沮丧的事情。使用手机应用程序或纸质词典查找单词或短语的速度很慢，而且准确性也得不到保障。在这种情况下，实时语音到语音翻译是一个更好的解决方案。语音到语音翻译技术听取一种语言的语音，将其翻译成另一种语言，然后系统以第二种语言播放翻译的内容，这比手动在手机应用程序中输入单词要快得多。

语音到语音翻译背后的技术相当先进。例如，Microsoft Cognitive Services 提供了一项语音到语音的翻译服务（https://azure.microsoft.com/en-us/products/cognitive-services/speech-translation/），支持 30 多种语言。支持的语

言数量还在继续增加，例如 Speechmatics 提供 69 对语言的翻译服务（https://www.speechmatics.com/product/translation）。

然而，大多数这类服务都在云端处理语言数据。考虑到旅行者是语音到语音翻译最重要的客户，用户可能不希望使用云服务。用户可能没有稳定的网络连接，或者可能不愿意支付手机漫游费用。针对这些问题，离线语音翻译是一个很好的解决方案，但离线语音翻译要困难得多，因为移动设备的计算资源比云端要少得多。因此，翻译结果通常不那么准确，支持的语言也有限。例如，苹果翻译应用程序（https://apps.apple.com/app/translate/id1514844618）声称支持 30 种语言，但用户评价非常低，特别是离线模式下的翻译。离线语音到语音翻译的技术仍然有很大的改进空间。

15.4.3　多模态交互

多模态交互是用户与计算机系统进行交互的一种方式，其中用户可以通过多种方式（多模态）与系统交流，而不局限于语音交流。例如，多模态交互可以包括摄像头输入，这样系统不仅能够听到用户的语音输入，还可以识别用户的面部表情。这将使系统能够解读用户的肢体语言，检测用户的情感，如快乐或困惑，而不是只解释用户所说的话。除了理解多模态用户的输入，多模态系统还可以生成图像、动画、视频和图形，以回应用户的问题，而不是只使用语言回应用户。

然而，多模态交互在实际应用程序中并未普及。部分原因可能是多模态系统的训练数据相对稀缺，因为多模态系统的训练数据需要涵盖系统将要使用的所有模态的数据，而不仅仅是语言数据。例如，如果计划开发一个应用程序，使用用户的面部表情和自然语言来理解用户的情绪，这样的话需要一个同时包含面部表情和自然语言的视频数据集。尽管存在一些这样的数据集，例如，网站 https://www.datatang.ai/news/60 列出的数据集，但这些数据集远不及本书一直使用的文本数据集丰富。多模态交互是一个非常有趣的话题，随着可用的数据集增加，未来必将出现一些突破性工作。

引用

多模态交互已广泛应用于科研领域，例如：António Teixeira, Annika Hämäläinen, Jairo Avelar, Nuno Almeida, Géza Németh, Tibor Fegyó, Csaba Zainkó, Tamás Csapó, Bálint Tóth, André Oliveira and Miguel Sales Dias, *Speech-centric Multimodal Interaction for Easy-to-access Online Services-A Personal Life Assistant for the Elderly*, Procedia Computer Science, Volume 27, 2014, Pages 389-397, ISSN 1877-0509, https://doi.org/10.1016/j.procs.2014.02.043.

15.4.4　偏见检测与校正

大语言模型的训练数据基于现有文本，其主要来源为互联网。这些文本往往蕴含了人类的偏见信息。虽然我们不希望 NLU 系统延续这些偏见，但很容易发现当前的大语言模型也存在这些偏见。例如，Suzanne Wertheim 发表的论文 “ChatGPT insists that doctors are male and nurses female”（https://www.worthwhileconsulting.com/read-watch-listen/chatgpt-insists-that-doctors-are-male-and-nurses-female）列举了许多例子表明 ChatGPT 将某些职业与性别关联。虽然关于这个问题已有许多研究，但这种偏见问题尚未得到解决。

> **引用**
>
> 下面这篇综述论文提供了更多**自然语言处理**领域偏见的例子：
>
> Alfonso, L.（2021）. *A Survey on Bias in Deep NLP*. Applied Sciences, 11（7）, 3184. https://doi.org/10.3390/app11073184.

15.5　本章小结

本章总结了本书的前几章内容，回顾了 NLU 技术面临的挑战，并探讨了 NLU 未来发展方向。NLU 是一个快速发展的领域，将在许多令人兴奋的方向上继续发展。通过本书，你已经获得了 NLU 的基础知识，这不仅能够帮助你为当前应用程序构建 NLU 系统，还能够让你利用 NLU 领域的最新技术。我希望基于这本书的内容，你能够创建实用的应用程序，使用 NLU 来解决实际问题和科学难题。

15.6　扩展阅读

SiYu Ding, Junyuan Shang, Shuohuan Wang, Yu Sun, Hao Tian, Hua Wu, and Haifeng Wang. 2021.*ERNIE-Doc: A Retrospective Long-Document Modeling Transformer*. In Proceedings of the 59th Annual Meeting of the Association for Computational Linguistics and the 11th International Joint Conference on Natural Language Processing（Volume 1: Long Papers）, pages 2914-2927, Online. Association for Computational Linguistics

Beltagy, I., Peters, M.E., & Cohan, A.（2020）. *Longformer: The Long-Document Transformer*. arXiv, abs/2004.05150